ANNA MARIA BIGATTI • GRAZIA TAMONE

MATEMATICA DI BASE

Esercizi svolti, testi d'esame, richiami di teoria

Società Editrice
ESCULAPIO

ISBN 978-88-7488-986-0

Società Editrice Esculapio s.r.l.
Via Terracini, 30 – 40131 Bologna
www.editrice-esculapio.com – info@editrice-esculapio.it

Ristampa: 2021

Impaginazione: Giancarla Panigali e Carlotta Lenzi
Layout copertina: Giancarla Panigali e Carlotta Lenzi

Società Editrice
ESCULAPIO

Indice

Introduzione

Molti studenti trovano grande difficoltà all'inizio degli studi universitari, e molto spesso la materia che spaventa di più è la Matematica.

Noi autrici amiamo la Matematica e ne vediamo la bellezza e l'eleganza, ma sappiamo che tanti nostri studenti di Scienze e di Farmacia la trovano troppo astratta e lontana dalla realtà. A volte però abbiamo la soddisfazione di sentirci dire (dopo un esame andato bene!) frasi del tipo "non riuscivo a capire la Geometria, ma all'improvviso mi si è aperto un mondo!", oppure "quando ho cominciato a capire mi è anche piaciuto!".

Abbiamo quindi deciso di scrivere questo libro con tanti esercizi sui vari argomenti trattati nei corsi di base di Matematica. All'inizio di ogni capitolo richiamiamo brevemente concetti basilari, definizioni, e formule utili alla soluzione degli esercizi.

Di tutti gli esercizi diamo separatamente i **Risultati** (per chi vuole "provarci da solo"), e le **Soluzioni** complete. In queste ultime evidenziamo i meccanismi di ragionamento, spesso con il supporto di diagrammi o grafici colorati. Inoltre, quando possibile, mostriamo come **verificare la correttezza** della risposta calcolata: questo, oltre a essere uno strumento di controllo che "conforta" lo studente, contribuisce a sviluppare un atteggiamento critico e scientifico utile per qualsiasi disciplina.

Alcuni esercizi riportano una etichetta:

- **(base)** esercizi *di sbarramento*, cioè da capire molto molto bene prima di affrontare gli altri esercizi del capitolo.
- **(esame)** di struttura e difficoltà paragonabile a esercizi in un *testo d'esame*.
- **(extra)** esercizi *particolarmente interessanti* per diversi motivi, per esempio se rappresentano un'applicazione ad altri contesti, o se richiedono ragionamenti più astratti o più raffinati.

... E speriamo che questo percorso aiuti a familiarizzare con la Matematica, e a scoprirne anche un po' la bellezza e l'eleganza!

Il problema più grande per una matricola è il cambio radicale del metodo di studio: non ci sono più i compiti a casa, le interrogazioni e le verifiche. Questo permette allo studente di organizzarsi personalmente il lavoro secondo i suoi ritmi e le sue preferenze, ma spesso induce alla fortissima tentazione di rimandare lo studio alla settimana prima dell'esame.

Per chi "non è un genio" l'impegno personale deve essere ben dosato e ben organizzato come un vero progetto di lavoro. Così, un po' per gioco e un po' per aiuto a pianificare lo studio, iniziamo il libro con questi esercizi.

Esercizio 0.1. QUANTE ORE AL GIORNO DEVO STUDIARE?
Se io...
(a) sono uno studente "normale" con una adeguata preparazione di base;
(b) vorrei essere libero il **sabato** e la **domenica**;
(c) vorrei fare 1 settimana di vacanze a **Natale**, 1 a **Pasqua**, e 5 in **estate**.

SOLUZIONE

Nel piano di studi di un anno accademico ci sono **60 CFU (crediti formativi universitari)**. Per uno studente medio, con una sufficiente preparazione, 1 credito corrisponde a **25 ore** di lavoro personale (ma chi ha una scarsa preparazione di base deve contarne di più). Quindi abbiamo $25 \cdot 60 =$ **1500 ore all'anno di impegno personale** (per legge: D.M. 509/99).

In un anno ci sono circa 52 settimane ($52 \cdot 7 = 364$ giorni).
Sottraggo 5 settimane di sospirata vacanza in luglio-agosto, 1 a Natale e 1 a Pasqua: 45 settimane.
Sottraggo 1 settimana (circa) di "feste comandate" e "ponti" (cioè 1 novembre, 8 dicembre, 25 aprile, ...) e 1 settimana (circa 10 mezze giornate) per sostenere gli esami: 43 settimane.

Quindi devo lavorare $1500/43 \approx 34.88$ ore alla settimana. Impegnandomi dal lunedì al venerdì, 5 giorni alla settimana, sono $(1500/43)/5 \approx 6.98$ ore al giorno **per tutti i giorni** considerati.

<u>Conclusione</u>: Alle ipotesi considerate devo impegnarmi circa **7 ore al giorno**.

<u>Nota 1</u>: Queste 7 ore comprendono le ore di lezione a condizione di essere attento! È come un **lavoro in proprio**, se un giorno studio un'ora di meno (o se a lezione non seguo bene), un altro giorno dovrò studiare un'ora in più. Non c'è la "mutua" e tutte le "ferie" sono nelle ipotesi.

<u>Nota 2</u>: Se sostenere un esame impegna mediamente 4 ore, "tentare" due prove d'esame senza adeguata preparazione consuma circa 8 ore, equivalentemente a **sprecare un giorno di vacanza**!

Esercizio 0.2. Sono uno studente lavoratore (lavoro 15 ore alla settimana, lunedì-venerdì) iscritto a tempo parziale (30 crediti). Quante ore al giorno devo studiare?

Esercizio 0.3. Vorrei fare anche la settimana bianca e quando ho l'influenza non capisco niente (circa 1 settimana ogni inverno). Quante ore al giorno devo studiare?

Esercizi

Esercizi Esercizi

Esercizio 1.1. Dati gli insiemi dei numeri naturali pari $P = \{2 \cdot n \mid n \in \mathbb{N}\}$ e dei numeri naturali dispari $D = \{2 \cdot n + 1 \mid n \in \mathbb{N}\}$ e gli insiemi $A = \{n \in \mathbb{N} \mid n \leq 12\}$ e $B = \{n \in \mathbb{N} \mid n > 7\}$, descrivere gli insiemi
(a) $P \cup D$ e $P \cap D$;
(b) $A \cup B$ e $A \cap B$;
(c) $A \cap P$ e $B \cap D$.

Esercizio 1.2. Dati gli insiemi dei numeri naturali pari $P = \{2 \cdot n \mid n \in \mathbb{N}\}$ e dei numeri naturali dispari $D = \{2 \cdot n + 1 \mid n \in \mathbb{N}\}$ e gli insiemi $A = \{n \in \mathbb{N} \mid n \leq 12\}$ e $B = \{n \in \mathbb{N} \mid n > 7\}$, tutti sottoinsiemi di $\mathbb{N}$, descrivere gli insiemi complementari
(a) $\mathbb{N} \backslash P$, $\mathbb{N} \backslash D$, $\mathbb{N} \setminus (\mathbb{N} \backslash P)$;
(b) $\mathbb{N} \backslash A$, $\mathbb{N} \backslash B$, $\mathbb{N} \setminus (\mathbb{N} \backslash A)$;
(c) $\mathbb{N} \setminus (A \cup B)$, $\mathbb{N} \setminus (A \cap B)$.

Esercizio 1.3. Dati in $\mathbb{R}$ gli intervalli $I_1 = (0, 9]$ e $I_2 = (2, 20)$ e gli insiemi $A = \{\pi, 15\}$ e $B = \{x \in \mathbb{R} \mid x \leq 12\}$, descrivere gli insiemi
(a) $I_1 \cup I_2$ e $I_1 \cap I_2$;
(b) $I_1 \cup A \cup B$ e $I_1 \cup (A \cap B)$;
(c) $I_2 \cap A \cap B$ e $I_2 \cap (A \cup B)$.

Esercizio 1.4. Due studenti, Andrea e Bruno, portano la loro collezione di minerali. Andrea ne ha 11 diversi e Bruno ne ha 18 diversi. In totale ci sono 21 minerali diversi.
(a) Quanti tipi sono presenti in entrambe le collezioni?
(b) Quanti minerali di Andrea mancano a Bruno?

Risultati

Risultati Risultati

Esercizio 1.1: **(a)** $\mathbb{N}$, $\emptyset$;
(b) $\mathbb{N}$, $\{n \in \mathbb{N} \mid 7 < n \leq 12\} = \{8, 9, 10, 11, 12\}$;
(c) $\{0, 2, 4, 6, 8, 10, 12\}$, $\{9, 11, ..., 2n + 1, ...\}$
Esercizio 1.2: **(a)** D, P, P;
(b) $\{n \in \mathbb{N} \mid n > 12\}$, $\{n \in \mathbb{N} \mid n \leq 7\}$, A;
(c) $\mathbb{N} \setminus (A \cup B) = (\mathbb{N} \backslash A) \cap (\mathbb{N} \backslash B) = \emptyset$,
$\mathbb{N} \setminus (A \cap B) = (\mathbb{N} \backslash A) \cup (\mathbb{N} \backslash B) = \{n \in \mathbb{N} \mid n < 8 \text{ oppure } n > 12\}$
Esercizio 1.3: **(a)** $(0, 20)$ e $(2, 9]$;
(b) $(-\infty, 12] \cup \{15\}$ e $(0, 9]$;
(c) $\{\pi\}$ e $(2, 12] \cup \{15\}$
Esercizio 1.4: **(a)** 8; **(b)** 3

Soluzioni

Soluzioni Soluzioni

Esercizio 1.1: SOLUZIONE

Sono dati gli insiemi $P = \{2{\cdot}n \mid n \in \mathbb{N}\}$ e $D = \{2{\cdot}n+1 \mid n \in \mathbb{N}\}$ (pari e dispari) e gli insiemi $A = \{n \in \mathbb{N} \mid n \leq 12\}$ e $B = \{n \in \mathbb{N} \mid n > 7\}$.

(a) $P \cup D$ è l'insieme dei numeri che stanno in P oppure in D (o in entrambi), in altre parole sono i numeri naturali che sono pari oppure dispari. Quindi è l'insieme di tutti i numeri naturali.

$P \cap D$ è l'insieme degli elementi che stanno sia in P che in D, in altre parole sono i numeri naturali che sono sia pari che oppure dispari. Quindi non contiene nessun numero, cioè è l'insieme vuoto.
Conclusione: $P \cup D = \mathbb{N}$ e $P \cap D = \emptyset$.

(b) $A \cup B$ è l'insieme dei numeri naturali che stanno in A oppure in B (o in entrambi), in altre parole sono i numeri naturali n tali che $n \leq 12$ oppure $n > 7$. Quindi è l'insieme di tutti i numeri naturali.

$A \cap B$ è l'insieme dei numeri naturali che stanno sia in A che in B, in altre parole sono i numeri naturali n tali che $n \leq 12$ e anche $n > 7$. Quindi è l'insieme $\{8, 9, 10, 11, 12\}$.
Conclusione: $A \cup B = \mathbb{N}$ e $A \cap B = \{8, 9, 10, 11, 12\}$.

(c) $A \cap P$ è l'insieme dei numeri naturali che stanno sia in A che in P, in altre parole sono i numeri naturali n che sono sia $n \leq 12$ che pari.

$B \cap D$ è l'insieme dei numeri naturali che stanno sia in B che in D, in altre parole sono i numeri naturali n che sono sia $n > 7$ che dispari (sono in numero infinito).
Conclusione: $A \cap P = \{0, 2, 4, 6, 8, 10, 12\}$ e $B \cap D = \{9, 11, ..., 2n+1, ...\}$.

Esercizio 1.2: SOLUZIONE

(a) $\mathbb{N} \backslash P$ è l'insieme dei numeri naturali che non sono pari, cioè i dispari D.
$\mathbb{N} \backslash D$ è l'insieme dei numeri naturali che non sono dispari, cioè i pari P.
$\mathbb{N} \backslash (\mathbb{N} \backslash P) = \mathbb{N} \backslash D = P$.
Conclusione: $\mathbb{N} \backslash P = D$; $\mathbb{N} \backslash D = P$; $\mathbb{N} \backslash (\mathbb{N} \backslash P) = P$.

(b) $\mathbb{N} \backslash A$ è l'insieme dei numeri $n \in \mathbb{N}$ che non sono ≤ 12, quindi $n > 12$.
$\mathbb{N} \backslash B$ è l'insieme dei numeri $n \in \mathbb{N}$ che non sono > 7, quindi $n \leq 7$.
$\mathbb{N} \backslash (\mathbb{N} \backslash A)$ è l'insieme dei numeri $n \in \mathbb{N}$ che non sono > 12, quindi $n \leq 12$.
Conclusione: $\mathbb{N} \backslash A = \{n \in \mathbb{N} \mid n > 12\}$; $\mathbb{N} \backslash B = \{n \in \mathbb{N} \mid n \leq 7\}$; $\mathbb{N} \backslash (\mathbb{N} \backslash A) = A$.

(c) $\mathbb{N} \backslash (A \cup B) = \mathbb{N} \backslash \mathbb{N} = \emptyset$.
$\mathbb{N} \backslash (A \cap B) = \mathbb{N} \backslash \{8, 9, 10, 11, 12\} = \{n \in \mathbb{N} \mid n < 8$ oppure $n > 12\}$.
Conclusione: $\mathbb{N} \backslash (A \cup B) = \emptyset$; $\mathbb{N} \backslash (A \cap B) = \{n \in \mathbb{N} \mid n < 8$ oppure $n > 12\}$.

Capitolo 2

Combinatoria

Nel linguaggio comune le domande "in quanti modi diversi ...?" mimetizzano o sottintendono dettagli essenziali per poterne astrarre il significato: per esempio il numero di facce di un dado, o il numero di lettere nell'alfabeto (in quale lingua?), oppure il fatto che lanciando due dadi possiamo ottenere due valori identici, ma pescando due carte da un mazzo no.

In questo capitolo vedremo diversi tipi di problemi: è utile conoscere che esistono le formule per risolverli, ma è generalmente più facile cercare le soluzioni direttamente, cioè ragionando sul testo dell'esercizio.

Se è importante l'ordine degli elementi:		
Disposizioni di n elementi a gruppi di k		
senza ripetizione	$D_{n,k} =$	$\frac{n!}{(n-k)!}$
con ripetizione	$D^{\text{rip}}_{n,k} =$	n^k
Se non è importante l'ordine degli elementi:		
Combinazioni di n elementi a gruppi di k		
senza ripetizione	$C_{n,k} =$	$\binom{n}{k}$
con ripetizione	$C^{\text{rip}}_{n,k} =$	$\binom{n+k-1}{k}$

$$n \textbf{ fattoriale: } \boldsymbol{n!} = n\cdot(n-1)\cdot(n-2)\cdots 2\cdot 1$$

$$\textbf{coefficiente binomiale } n \text{ su } k\text{: } \binom{\boldsymbol{n}}{\boldsymbol{k}} = \frac{n!}{(n-k)!k!} = \frac{n(n-1)(n-2)\cdots(n-k+1)}{k(k-1)(k-2)\ \cdots\ 1}$$

Esercizi

Esercizio 2.1. (base) Quanti oggetti possiamo catalogare con targhe formate con due simboli di cui il primo è una lettera dell'alfabeto italiano (21 lettere) e il secondo è una cifra da 0 a 9?

Esercizio 2.2. (base) A una gara partecipano 50 atleti. Quali sono le possibili classifiche ai primi tre posti?

Esercizio 2.3. (base) Scrivere tutte le possibili permutazioni delle 3 lettere A,B,C. Quante sono?

Esercizio 2.4. (base) Quante possibili "pagelle" ci sono con 5 esami e voti tra 18 e 30?

Esercizio 2.5. (base) In quanti modi diversi possiamo avere le carte a Scopa? (3 carte da un mazzo da 40)

Esercizio 2.6. (base) Quanti numeri naturali di quattro cifre iniziano con 7?

Esercizio 2.7. Quanti numeri di cellulare con prefisso 328 possono esistere? (cioè 328 seguito da 7 cifre)

Esercizio 2.8. Quanti giocate diverse ci sono al Superenalotto? (6 numeri diversi tra 1 e 90)

Esercizio 2.9. Con le quattro lettere A,B,C, e D si possono formare
(a) quante stringhe di 3 lettere (non ripetute)?
(b) quante stringhe di 3 lettere (eventualmente ripetute)?
(c) quanti insiemi di 3 lettere?

Esercizio 2.10. In un'aula con 180 posti entrano 145 studenti. In quanti modi diversi gli studenti possono disporsi nell'aula? Ci sono due possibili significati:
(a) conosciamo il nome degli studenti e vogliamo sapere ciascuno dove si siede;
(b) interessa solo considerare quali sedie sono occupate.

Esercizio 2.11. Abbiamo 3 tipi di gelatine: Fragola, Limone, Arancia. Quanti possibili sacchetti di 5 gelatine possiamo formare?

Esercizio 2.12. Quanti numeri di sei cifre hanno almeno una cifra pari?

Esercizio 2.13. Quante coppie di valori possiamo avere se...
(a) ...lanciamo un dado rosso e uno blu (quindi distinguibili)?
(b) ...lanciamo insieme due dadi rossi (indistinguibili)?

Esercizio 2.14. Dire quanti sono i polinomi di quarto grado...
(a) ... con coefficienti in $\{1, 2, 3\}$?
(b) ... con coefficienti in $\{0, 2, 4\}$?

Esercizio 2.15. (base) Quante sono le matrici 2×3 ...
(a) ... con entrate in $\{1, 2, 3, 4, 5\}$?
(b) ... con entrate non ripetute in $\{0, 1, 2, 3, 4, 5, 6\}$?

Esercizio 2.16. Quanti diversi numeri interi si possono rappresentare in un computer a 32 bit?

Esercizio 2.17. Quante sono le diagonali di un pentagono? Quante sono le diagonali di un ottagono?

Risultati Risultati Risultati

Esercizio 2.1: $21 \cdot 10 = 210$
Esercizio 2.2: $50 \cdot 49 \cdot 48 = 117600$
Esercizio 2.3: 6
Esercizio 2.4: $13^5 = 371293$
Esercizio 2.5: $\frac{40 \cdot 39 \cdot 38}{3 \cdot 2 \cdot 1} = 9880$
Esercizio 2.6: 10^3
Esercizio 2.7: $10^7 = 10000000$
Esercizio 2.8: $\binom{90}{6} = 622614630$
Esercizio 2.9: **(a)** 24; **(b)** 64; **(c)** 4.
Esercizio 2.10: **(a)** $180 \cdot 179 \cdots (180 - 145 + 1)$; **(b)** $\binom{180}{145}$
Esercizio 2.11: 21
Esercizio 2.12: 884375
Esercizio 2.13: **(a)** 36; **(b)** 21
Esercizio 2.14: **(a)** 243; **(b)** 162
Esercizio 2.15: **(a)** $5^6 = 15625$; **(b)** $7 \cdot 6 \cdot 5 \cdot 4 \cdot 3 \cdot 2 = 5040$
Esercizio 2.16: $2^{32} = 4294967296$
Esercizio 2.17: **(a)** 5; **(b)** 20

Soluzioni Soluzioni Soluzioni

Esercizio 2.1: SOLUZIONE

L'insieme delle targhe è il **prodotto cartesiano** degli insiemi delle lettere italiane $L = \{A, B, C..., Z\}$ e delle cifre $C = \{0, 1, .., 9\}$, cioè l'insieme delle coppie ordinate $\{(a, b) \mid a \in L, b \in C\}$: si indica con

$$L \times C = \{(A, 0), (A, 1), ...(Z, 9)\}$$

21	10
A-Z	0-9

Per la prima posizione vi sono 21 possibili scelte, e, per ognuna di queste, ci sono 10 possibili scelte per la seconda posizione. In totale sono qundi $21 \cdot 10$.
<u>Conclusione</u>: Possiamo costruire 210 targhe diverse.

Esercizio 2.2: SOLUZIONE

Disposizioni senza ripetizione di 50 elementi a gruppi di 3:
Ci sono 50 possibilità per il primo posto; per ognuna di queste ci sono 49 possibilità per il secondo, e per ognuna 48 per il terzo.

50	49	48

Conclusione: Ci sono $50 \cdot 49 \cdot 48 = 117600$ possibili classifiche.
Si può applicare la formula delle disposizioni senza ripetizione:

$$D_{50,3} = \frac{50!}{47!} = \frac{50 \cdot 49 \cdot 48 \cdot 47!}{47!} = 117600$$

Esercizio 2.3: SOLUZIONE

Le permutazioni delle lettere sono: `ABC ACB BAC BCA CAB CBA`.
Le **permutazioni** di n elementi (distinti) sono le disposizioni senza ripetizione di n elementi a gruppi di n.

3	2	1

Conclusione: Ci sono $3! = 3 \cdot 2 \cdot 1 = 6$ permutazioni.

Esercizio 2.4: SOLUZIONE

Disposizioni con ripetizione di 13 elementi a gruppi di 5:
Ci sono 13 possibilità (da 18 a 30) per ognuno dei 5 esami: per esempio 13 per Matematica, 13 per Fisica, e così via.

13	13	13	13	13

Conclusione: Ci sono $13 \cdot 13 \cdot \ldots \cdot 13 = 13^5 = 371293$ possibili "pagelle".
Si può applicare la formula delle disposizioni con ripetizione: $D^{\text{rip}}_{13,5} = 13^5$.

Esercizio 2.5: SOLUZIONE

Combinazioni senza ripetizione di 40 elementi a gruppi di 3:
Ci sono 40 possibilità per la prima carta, per ognuna di queste ci sono 39 possibilità per la seconda, e per ognuna 38 possibilità per la terza. Quindi ci sono $40 \cdot 39 \cdot 38$ disposizioni di 40 carte a gruppi di 3.
Dato che non ci interessa distinguere in che ordine ci sono date le carte, dividiamo per il numero di permutazioni di 3 carte: 3 carte possono essere ordinate in $3! = 3 \cdot 2 \cdot 1$ modi diversi.
Conclusione: Ci sono $\binom{40}{3} = \frac{40 \cdot 39 \cdot 38}{3 \cdot 2 \cdot 1} = 9880$ possibili "mani" a Scopa
Si può applicare la formula delle combinazioni senza ripetizione:

$$C_{4,3} = \binom{40}{3} = \frac{40 \cdot 39 \cdot 38 \cdot 37!}{37! \;\; 3!} = 9880$$

Esercizio 2.6: SOLUZIONE

Quanti numeri naturali di quattro cifre iniziano con 7?

1	10	10	10
7			

Conclusione: Ci sono 10^3 numeri, da 7000 a 7999 ($= D^{\text{rip}}_{10,3}$).

Esercizio 2.7: $10^7 = 10000000$ SOLUZIONE

Quanti numeri di cellulare con prefisso 328 possono esistere? cioè 328 seguito da 7 cifre (supponiamo che siamo ammessi tutti i numeri tra 328-0000000 e 328-9999999)

1	1	1	10	10	10	10	10	10	10
3	2	8							

<u>Conclusione</u>: Ci sono 10^7 diversi numeri di cellulare ($D^{\text{rip}}_{10,7}$).

Esercizio 2.8: SOLUZIONE

Estrazioni ordinate di 6 numeri diversi tra 1 e 90

90	89	88	87	86	85

Non ci interessa in che ordine sono stati estratti, quindi dividiamo per il numero delle permutazioni: 6!

(Combinazioni senza ripetizione di 90 elementi a gruppi di 6: $C_{90,6} = \binom{90}{6}$)
<u>Conclusione</u>: Il numero delle diverse giocate è $\frac{90 \cdot 89 \cdot 88 \cdot 87 \cdot 86 \cdot 85}{6 \cdot 5 \cdot 4 \cdot 3 \cdot 2 \cdot 1} = 622614630$

Esercizio 2.9: SOLUZIONE

Con le lettere A,B,C,D...

(a) quante stringhe di 3 lettere (non ripetute)?

4	3	2

<u>Conclusione</u>: Ci sono $4 \cdot 3 \cdot 2 = 24$ stringhe ($= D_{4,3}$).

(b) quante stringhe di 3 lettere (eventualmente ripetute)?

4	4	4

<u>Conclusione</u>: Ci sono $4 \cdot 4 \cdot 4 = 4^3 = 64$ stringhe ($= D^{\text{rip}}_{4,3}$).

(c) quanti insiemi di 3 lettere?

4	3	2

Ci sono $4 \cdot 3 \cdot 2$ diverse stringhe, e ogni insieme di tre elementi si scrive come stringa in 3! modi diversi.
<u>Conclusione</u>: Ci sono $\frac{4 \cdot 3 \cdot 2}{3!} = \binom{4}{3} = 4$ insiemi ($= C_{4,3}$).

Esercizio 2.10: SOLUZIONE

In un'aula con 180 posti entrano 145 studenti.

(a) conosciamo il nome degli studenti e vogliamo sapere ciascuno dove si siede:
Ci sono 180 possibilità per il 1° studente; 179 possibilità per il 2°, ..., e $180+1-145$ per il 145°

180	179	...	36

Conclusione: Ci sono $180 \cdot 179 \cdots 36$ possibili disposizioni degli studenti. Si può applicare la formula delle disposizioni senza ripetizione:

$$D_{180,145} = \frac{180!}{(180-145)!} = \frac{180!}{35!} = 180 \cdot 179 \cdots 36$$

(b) interessa solo considerare quali sedie sono occupate: dividiamo il numero delle disposizioni per il numero di possibili permutazioni degli studenti (145!)
Conclusione: Ci sono $\frac{180 \cdot 179 \cdots 36}{145!}$ possibili configurazioni di sedie occupate. Si può applicare la formula delle combinazioni senza ripetizione:

$$C_{180,145} = \binom{180}{145} = \frac{180}{35!\,145!}$$

Esercizio 2.11: SOLUZIONE
Combinazioni con ripetizione di 3 elementi a gruppi di 5:
Possiamo scriverle tutte in quest'ordine:

```
FFFFF,
FFFFL, FFFFA,
FFFLL, FFFLA, FFFAA,
FFLLL, FFLLA, FFLAA, FFAAA,
FLLLL, FLLLA, FLLAA, FLAAA, FAAAA,
LLLLL, LLLLA, LLLAA, LLAAA, LAAAA, AAAAA
```

Conclusione: Si possono formare 21 sacchetti diversi.
Si può applicare la formula delle combinazioni con ripetizioni:

$$C^{\text{rip}}_{3,5} = \binom{3+5-1}{5} = \binom{7}{5} = \frac{7!}{5!\,2!} = 21$$

Esercizio 2.12: SOLUZIONE
Abbiamo dieci cifre 0,1,...,9 di cui cinque pari $(0, 2, 4, 6, 8)$ e cinque dispari $(1, 3, 5, 7, 9)$. In un numero le cifre possono essere ripetute. Per calcolare quanti numeri di 6 cifre contengono almeno una cifra pari sottraiamo al totale dei numeri di 6 cifre quanti non contengono nessuna cifra pari.

Vi sono $9 \cdot 10 \cdot 10 \cdot 10 \cdot 10 \cdot 10 = 900000$ numeri con sei cifre (per la prima cifra devo escludere lo 0 e quindi abbiamo 9 scelte anziché 10) e $5^6 = 15625$ numeri con sei cifre tutte dispari.

numeri di 6 cifre: tutti

9	10	10	10	10	10
1-9	0-9	0-9	0-9	0-9	0-9

con solo cifre dispari

5	5	5	5	5	5
D	D	D	D	D	D

Conclusione: I numeri di sei cifre aventi almeno una cifra pari sono quindi $900000 - 15625 = 884375$.

Esercizio 2.13: SOLUZIONE

Quante coppie di valori possiamo avere... (a) ... lanciando un dado rosso e uno blu (distinguibili)?

(Disposizioni con ripetizione di 6 elementi a gruppi di 2)

6	6
Rosso	Blu

Conclusione: Ci sono $6 \cdot 6 = 36$ coppie di valori.

(b) ... lanciando insieme due dadi rossi (indistinguibili)?

Primo metodo: contiamo separatamente le coppie che hanno i due valori uguali e quelle che hanno i due valori diversi:
le coppie che hanno i valori uguali sono 6: 1–1, 2–2, 3–3, 4–4, 5–5, 6–6

le coppie che hanno i valori diversi sono $\frac{6 \cdot 5}{2!} = 15$:

6	5

abbiamo diviso $6 \cdot 5$ per $2!$ perché non distinguiamo le coppie A-B e B-A.
Conclusione: Ci sono $\frac{6 \cdot 5}{2!} + 6 = 15 + 6 = 21$ coppie diverse.

Secondo metodo: abbiamo 6 diversi valori e vogliamo le coppie di valori, non ordinati, e con possibile ripetizione (per analogia all'esercizio 2.11, è come prendere due gelatine da un barattolo che ne contiene molte in 6 gusti diversi!).
Conclusione: Ci sono $C_{6,2}^{\text{rip}} = \binom{6+2-1}{2} = \binom{7}{2} = \frac{7!}{2!\,5!} = 21$ coppie diverse.

Esercizio 2.14: SOLUZIONE

Un polinomio di quarto grado ha 5 coefficienti $f(x) = a_4x^4 + a_3x^3 + a_2x^2 + a_1x + a_0$ e $a_4 \neq 0$.

(a) coefficienti in $\{1, 2, 3\}$?

3	3	3	3	3
a_4	a_3	a_2	a_1	a_0

Conclusione: Ci sono $3^5 = 243$ polinomi ($= D_{3,5}^{\text{rip}}$).

(b) coefficienti in $\{0, 2, 4\}$?

2	3	3	3	3
a_4	a_3	a_2	a_1	a_0

Conclusione: Ci sono $2 \cdot 3^4 = 162$ polinomi.

Esercizio 2.15: SOLUZIONE

Una matrice 2×3 ha 6 entrate.

(a)... con entrate in $\{1, 2, 3, 4, 5\}$? (ripetute)

(5)	(5)	(5)
(5)	(5)	(5)

Conclusione: Ci sono 5^6 matrici diverse ($= D^{\text{rip}}_{5,6}$).

(b)... con entrate non ripetute in $\{0, 1, 2, 3, 4, 5, 6\}$?

(7)	(6)	(5)
(4)	(3)	(2)

Conclusione: Ci sono $7{\cdot}6{\cdot}5{\cdot}4{\cdot}3{\cdot}2 = 5040$ matrici diverse ($= D_{7,6}$).

Esercizio 2.16: SOLUZIONE

Le stringhe di 32 bit sono le stringhe di lunghezza 32 formate da 2 simboli ($\{0, 1\}$)

2	2	2					2	2	2

Conclusione: Si possono rappresentare $2^{32} = 4294967296$ numeri interi diversi, per esempio da 0 a 4294967295 (`unsigned int`), oppure da -2147483648 a 2147483647 (`int`)

Esercizio 2.17: SOLUZIONE

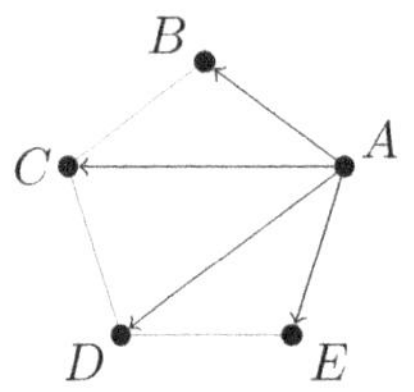

Per ogni vertice del pentagono ci sono 4 vettori (coppie ordinate di elementi di $\{A, B, C, D, E\}$).

5	4

Quindi ci sono $\frac{5 \cdot 4}{2} = 10$ segmenti (non orientati) tra i vertici ($= C_{5,2}$). A questi dobbiamo sottrarre i 5 lati.
Conclusione: Ci sono $10 - 5 = 5$ diagonali.

Per ogni vertice dell'ottagono ci sono 7 vettori.

Quindi ci sono $\frac{8 \cdot 7}{2} = 28$ segmenti

8	7

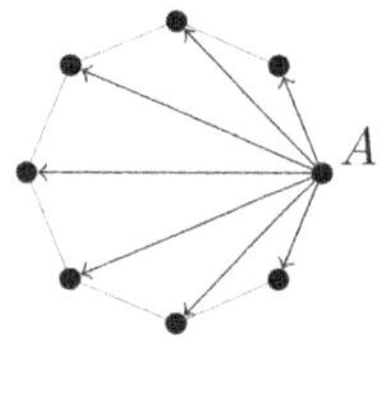

(non orientati) tra i vertici ($= C_{8,2}$).
A questi dobbiamo sottrarre gli 8 lati.
Conclusione: Ci sono $28 - 8 = 20$ diagonali.

Capitolo 3

Probabilità

Intuitivamente parlando, la probabilità di un evento è il rapporto tra il numero dei *casi favorevoli* e il numero dei *casi possibili*. Vediamo la definizione precisa.

Indichiamo con S lo **spazio dei campioni** cioè l'insieme di tutti i possibili risultati di un esperimento e chiamiamo **evento** un sottoinsieme A di S. Se S ha un numero finito di elementi, la probabilità dell'evento A è $P(A) = \frac{\#A}{\#S}$.

evento	*sottoinsieme di S*		*probabilità*
evento impossibile	insieme vuoto	$\emptyset$	$P(\emptyset) = 0$
evento certo	tutto l'insieme	S	$P(S) = 1$
ogni altro evento	altri sottoinsiemi	A	$0 < P(A) < 1$

Valgono le seguenti proprietà: (A, B, A_i eventi)

(a) $P(A \cup B) = P(A) + P(B) - P(A \cap B)$

(b) $P(A_1 \cup \cdots \cup A_n) = P(A_1) + \cdots + P(A_n)$
se gli eventi A_i si escludono a due a due, ossia se $A_i \cap A_j = \emptyset$ quando $i \neq j$

(c) $P(A \cap B) = P(A) \cdot P(B|_A)$
dove $P(B|_A)$ = probabilità che avvenga B quando si è verificato A;
in particolare se B è indipendente da A ($P(B|_A) = P(B)$), allora si ha $P(A \cap B) = P(A) \cdot P(B)$, da cui segue che
$P(A_1 \cap \cdots \cap A_n) = P(A_1) \cdot \ldots \cdot P(A_n)$
se gli eventi A_i sono a due a due indipendenti.

Esercizi

Esercizi Esercizi

Esercizio 3.1. (base) Si lanciano 100 dadi. Considerare gli eventi:

- A: su nessun dado esce 4.
- B: esce 4 solo sul primo dado.
- C: esce 4 su un solo dado.

Calcolare $P(A)$, $P(B)$, $P(C)$.

Esercizio 3.2. (esame) Si lanciano 20 dadi. Considerare gli eventi:

- A: esce un numero minore di 3 solo sui primi cinque dadi.
- B: esce un numero minore di 3 solo su cinque dadi.
- C: esce un numero maggiore o uguale a 3 sui primi cinque dadi e un numero minore di 3 sui dadi rimanenti.

(a) Calcolare $P(A)$.
(b) Calcolare $P(B)$.
(c) Dire se è vero che A e C sono complementari nello spazio dei campioni.

Esercizio 3.3. (base) Si hanno 50 oggetti, di colori giallo e verde. Il rapporto tra il numero degli oggetti gialli e il numero degli oggetti verdi è $\frac{7}{3}$. Si estraggono 10 oggetti uno dopo l'altro, con rimpiazzo. Trovare la probabilità degli eventi seguenti:

- X: "uno solo degli oggetti estratti è giallo" oppure "uno solo degli oggetti estratti è verde"
- Y: almeno 9 degli oggetti estratti sono gialli.

Esercizio 3.4. (esame) Un cesto contiene 20 mele, di cui 15 buone e 5 guaste. Si estraggono tre mele una dopo l'altra, con la modalità seguente:
la mela estratta viene tolta se è guasta, viene rimessa nel cesto se è buona.
Calcolare la probabilità degli eventi seguenti:

- X: almeno due delle mele estratte sono guaste
- Y: due sole delle mele estratte sono buone.

Esercizio 3.5. Dall'insieme di numeri naturali $\{1, 2, \ldots, 9\}$ si estraggono due cifre a, b una dopo l'altra, senza rimpiazzo. Trovare la probabilità dell'evento $E : b \geq 3a$.

Esercizio 3.6. (esame) Si lanciano un dado rosso e uno blu. Siano r il numero uscito sul dado rosso e b il numero uscito sul dado blu. Determinare la probabilità dell'evento E: $2r + 3b \leq 15$, r pari.

Esercizio 3.7. Dall'insieme di numeri naturali $\{1, 2, \ldots, 9\}$ si estraggono quattro cifre, una dopo l'altra, senza rimpiazzo. Sia S lo spazio dei campioni e siano A, B, C rispettivamente gli eventi seguenti:

- A: almeno tre delle cifre estratte sono dispari
- B: almeno due delle cifre estratte sono pari
- C: almeno tre delle cifre estratte sono pari

(a) Calcolare $P(C)$.
(b) Dire se A, B sono complementari in S.
(c) Dire se A, C sono complementari in S.

(d) Dire se è vero che $B \subset C$.

Esercizio 3.8. (esame) Un test "a crocette" ha 30 domande (indipendenti) con 5 risposte ciascuna. Se si risponde a caso, qual è la probabilità di...
(a) ... rispondere correttamente solo alle prime 12 domande?
(b) ... rispondere correttamente a tutte le domande?
(c) ... rispondere correttamente ad almeno 29 domande?

Esercizio 3.9. (esame) I premi di una lotteria sono di tre tipi: libri (numeri da 1 a 27), piante (numeri da 28 a 72), quadri (numeri da 73 a 90). Si estraggono tre biglietti, uno dopo l'altro, ovviamente senza rimpiazzo. Siano X, Y, Z gli eventi seguenti:

- X: vincere premi di un solo tipo
- Y: vincere almeno due quadri
- Z: vincere solo libri.

(a) Calcolare $P(X)$
(b) Calcolare $P(Y)$
(c) Dire se qualcuno degli eventi seguenti è il complementare di Z nello spazio dei campioni:
Z_1: vincere almeno una pianta
Z_2: non vincere libri
Z_3: vincere meno di tre libri
Z_4: vincere almeno una pianta o un quadro

Esercizio 3.10. (esame) Si lancia una coppia di dadi non truccati. Sia x la somma dei valori usciti sui dadi. Considerare gli eventi

- A: $x \leq 9$
- B: $(x \leq 9)$ oppure (x pari)

(a) Calcolare $P(A)$.
(b) Calcolare $P(B)$.
(c) Descrivere l'evento complementare di B nello spazio dei campioni.

Esercizio 3.11. (esame) In un ufficio postale sono disponibili per il pubblico 100 biglietti numerati da 1 a 100. Una persona A e successivamente una persona B prendono un biglietto. Sia n_A il numero del biglietto di A e n_B quello di B. Calcolare la probabilità dei seguenti eventi:
(a) X: $n_A = 40$ e $n_B \geq 75$
(b) Y: $55 \leq n_A \leq 60$ e $n_B \geq n_A + 35$.

Esercizio 3.12. (esame) A un poligono di tiro si presentano due persone. La probabilità che il primo tiratore colpisca il bersaglio è $\frac{6}{7}$, la probabilità che il secondo tiratore colpisca il bersaglio è $\frac{4}{5}$. Se i due tiratori eseguono un tiro ciascuno...

(a)...qual è la probabilità che il bersaglio sia colpito una sola volta?
(b)...qual è la probabilità che il bersaglio sia colpito almeno una volta?
(c) *facoltativo.* Si presenta un terzo tiratore, che ha probabilità di colpire il bersaglio uguale a $\frac{7}{10}$. Qual è la probabilità che il bersaglio sia colpito almeno due volte?

Esercizio 3.13. (esame) Dall'insieme di numeri naturali $\{1, 2, \ldots, 9\}$ vengono estratti in successione, con rimpiazzo, due elementi: x e y.
(a) Calcolare la probabilità dell'evento A: $x + y$ è pari
(b) Calcolare la probabilità dell'evento B: $x + y$ è dispari
(c) Calcolare la probabilità dell'evento C: $y \geq x + 2$
(d) È vero che A e B sono complementari nello spazio dei campioni?

Esercizio 3.14. Si lanciano otto dadi. Calcolare la probabilità dell'evento A: su sette dadi esce 4 e sul rimanente dado esce numero diverso da 4.

Esercizio 3.15. (esame) In un contenitore sono presenti novanta biglietti distinti, identificati con i numeri naturali $1, 2, \ldots, 90$. Si estraggono due biglietti uno dopo l'altro, senza rimpiazzo . Sia n un numero naturale tale che $1 \leq n \leq 90$. Calcolare la probabilità dell'evento X: (il primo estratto è n) e (il secondo estratto è minore di n). In particolare, dire quanto vale $P(X)$ nei casi: $n = 90$, $n = 1$.

Esercizio 3.16. (esame) Una scatola contiene 25 confezioni di un farmaco A, di cui 6 scadute. Un'altra scatola contiene 15 confezioni di un farmaco B, di cui 3 scadute. Si lancia un dado. Se esce numero ≤ 4, si estrae un farmaco di tipo A; altrimenti si estrae una confezione di tipo B. Calcolare la probabilià di estrarre un farmaco scaduto.

Esercizio 3.17. (extra) Siano A, B eventi indipendenti, tali che

$$P(A) = \tfrac{1}{3} \cdot P(B) \qquad P(A \cup B) = \tfrac{2}{7}$$

Trovare i possibili valori di $P(A)$, $P(B)$.

Esercizio 3.18. (extra) In un dado truccato, indichiamo con $P(i)$ $(1 \leq i \leq 6)$ la probabilità che esca i. Calcolare $P(4)$ sapendo che:

$$P(2) + P(3) = 3 \cdot P(4) \qquad P(6) = P(4) \qquad P(5) + P(1) = \frac{1}{2} - P(4)$$

Esercizio 3.19. (extra) Supponiamo che un difetto di un certo gene influenzi la possibilità di contrarre una malattia. Inoltre

- l'espressione "essere di tipo g" indica presenza del gene difettoso;
- l'espressione "è malato" indica "ha contratto la malattia",

- l'espressione "è sano" indica "non ha contratto la malattia".

Da una rilevazione campionaria si ottengono i dati seguenti:

- il 75% dei malati è di tipo g
- il 15% dei sani è di tipo g
- 4 individui su 1000 sono malati.

Si richiede:
(a) la probabilità che un individuo scelto a caso nel campione sia di tipo g
(b) la probabilità che un individuo di tipo g contragga la malattia

Risultati

Risultati Risultati

Esercizio 3.1: $P(A) = (\frac{5}{6})^{100}$; $P(B) = (\frac{1}{6})\cdot(\frac{5}{6})^{99}$; $P(C) = 100 \cdot (\frac{1}{6})\cdot(\frac{5}{6})^{99}$
Esercizio 3.2: $P(A) = (\frac{1}{3})^5\cdot(\frac{2}{3})^{15}$; $P(B) = \binom{20}{5}\cdot(\frac{1}{3})^5\cdot(\frac{2}{3})^{15}$;
A e C non sono complementari
Esercizio 3.3: $P(X) = 10\cdot(\frac{35}{50})\cdot(\frac{15}{50})^9 + 10\cdot(\frac{15}{50})\cdot(\frac{35}{50})^9$;
$P(Y) = 10 \cdot (\frac{35}{50})^9\cdot(\frac{15}{50}) + (\frac{35}{50})^{10}$
Esercizio 3.4: $P(X) = \frac{15}{20}\cdot\frac{5}{20}\cdot\frac{4}{19} + \frac{5}{20}\cdot\frac{15}{19}\cdot\frac{4}{19} + \frac{5}{20}\cdot\frac{4}{19}\cdot\frac{15}{18} + \frac{5}{20}\cdot\frac{4}{19}\cdot\frac{3}{18}$;
$P(Y) = \frac{15}{20}\cdot\frac{15}{20}\cdot\frac{5}{20} + \frac{15}{20}\cdot\frac{5}{20}\cdot\frac{15}{19} + \frac{5}{20}\cdot\frac{15}{19}\cdot\frac{15}{19}$
Esercizio 3.5: $P(E) = \frac{1}{9}\cdot\frac{7}{8} + \frac{1}{9}\cdot\frac{4}{8} + \frac{1}{9}\cdot\frac{1}{8} = \frac{1}{6} \approx 0.17$
Esercizio 3.6: $P(E) = \frac{1}{6}\cdot\frac{3}{6} + \frac{1}{6}\cdot\frac{2}{6} + \frac{1}{6}\cdot\frac{1}{6} = \frac{1}{6} \approx 0.17$
Esercizio 3.7: **(a)** $P(C) = 4\cdot(\frac{4}{9})\cdot(\frac{3}{8})\cdot(\frac{2}{7})\cdot(\frac{5}{6}) + (\frac{4}{9})\cdot(\frac{3}{8})\cdot(\frac{2}{7})\cdot(\frac{1}{6})$; **(b)** A e B sono complementari in S; **(c)** A e C non sono complementari in S; **(d)** no
Esercizio 3.8: **(a)** $(\frac{1}{5})^{12}\cdot(\frac{4}{5})^{18}$; **(b)** $(\frac{1}{5})^{30}$; **(c)** $30\cdot(\frac{1}{5})^{29}\cdot(\frac{4}{5}) + (\frac{1}{5})^{30}$
Esercizio 3.9: **(a)** $P(X) = \frac{27}{90}\cdot\frac{26}{89}\cdot\frac{25}{88} + \frac{45}{90}\cdot\frac{44}{89}\cdot\frac{43}{88} + \frac{18}{90}\cdot\frac{17}{89}\cdot\frac{16}{88}$;
(b) $P(Y) = 3 \cdot \frac{18}{90}\cdot\frac{17}{89}\cdot\frac{72}{88} + \frac{18}{90}\cdot\frac{17}{89}\cdot\frac{16}{88}$; **(c)** Z_3 e Z_4
Esercizio 3.10: **(a)** $P(A) = \frac{5}{6} \approx 0.83$; **(b)** $P(B) = \frac{17}{18} \approx 0.94$;
(c) Il complementare di B è l'evento $x = 11$
Esercizio 3.11: **(a)** $P(X) = \frac{1}{100}\cdot\frac{26}{99} \approx 0.003$; **(b)** $P(Y) = \frac{1}{100}\cdot\frac{51}{99} \approx 0.005$
Esercizio 3.12: **(a)** $\frac{10}{35} \approx 0.29$; **(b)** $\frac{34}{35} \approx 0.97$; **(c)** $\frac{31}{35} \approx 0.89$
Esercizio 3.13: **(a)** $P(A) = \frac{41}{81} \approx 0.51$; **(b)** $P(b) = \frac{40}{81} \approx 0.49$;
(c) $P(C) = \frac{28}{81} \approx 0.35$; **(d)** sì
Esercizio 3.14: $P(A) = 8\cdot(\frac{1}{6})^7\cdot(\frac{5}{6})$
Esercizio 3.15: $P(X) = (\frac{1}{90})\cdot(\frac{n-1}{89})$. Se $n = 90$: $P(X) = \frac{1}{90}$; se $n = 1$: $P(X) = 0$
Esercizio 3.16: $(\frac{4}{6})\cdot(\frac{6}{25}) + (\frac{2}{6})\cdot(\frac{3}{15})$
Esercizio 3.17: $P(A) = \frac{\alpha}{3}$ e $P(B) = \alpha$ con $\alpha = \frac{14-\sqrt{154}}{7}$
Esercizio 3.18: $P(4) = \frac{1}{8} = 0.125$

Esercizio 3.19: (a) $P(g) = \frac{4\cdot 75+996\cdot 15}{1000\cdot 100} \approx 0.152$; (b) $\frac{4}{1000}\cdot\frac{75}{100}\cdot\frac{1}{P(g)} \approx 0.019$

Soluzioni

Soluzioni Soluzioni

Esercizio 3.1: SOLUZIONE

A: su nessun dado esce 4.
Primo metodo: usiamo la definizione.
L'insieme A dei *casi favorevoli* è dato dai 100 lanci di dado senza uscite di 4; allora ci sono 5 possibilità per ogni lancio, e quindi $\#A = 5^{100}$.
L'insieme S dei *casi possibili* è dato da tutti i possibili 100 lanci di dado, con 6 possibilità per ogni lancio, e quindi $\#S = 6^{100}$.
Conclusione: $P(A) = \frac{5^{100}}{6^{100}}$

Secondo metodo: usiamo l'indipendenza.
Osserviamo che i risultati dei singoli lanci sono a due a due indipendenti, quindi la probabilità di A è data dal prodotto delle probabilità dei 100 eventi A_i = "il lancio i non dà 4": per ogni A_i ci sono 5 *casi favorevoli* e 6 *casi possibili*, quindi la probabilità di A_i è $\frac{5}{6}$.

5/6	5/6	5/6	5/6	...	5/6
$\neq 4$	$\neq 4$	$\neq 4$	$\neq 4$	...	$\neq 4$

Conclusione: $P(A) = (\frac{5}{6})^{100}$ (NB: otteniamo lo stesso risultato!).

B: esce 4 solo sul primo dado.

1/6	5/6	5/6	5/6	...	5/6
4	$\neq 4$	$\neq 4$	$\neq 4$	...	$\neq 4$

Gli eventi B_1 = "il primo lancio dà 4" e B_i = "il lancio i-mo non dà 4" (con $i = 2, ..., 100$) sono indipendenti a due a due. Quindi $P(B)$ è il prodotto delle probabilità $P(B) = P(B_1)\cdot P(B_2)\cdot ...\cdot P(B_{100}) = (\frac{1}{6})\cdot(\frac{5}{6})\cdot ...\cdot(\frac{5}{6})$.
Conclusione: $P(B) = (\frac{1}{6})\cdot(\frac{5}{6})^{99}$

C: esce 4 su un solo dado.
Osserviamo che gli eventi C_i = "su 100 lanci esce 4 solo sul dado i-mo" si escludono a due a due e hanno tutti probabilità $P(C_i) = P(B) = (\frac{1}{6})\cdot(\frac{5}{6})^{99}$.

Quindi $P(C)$ è la somma delle probabilità:
$P(C) = P(C_1) + P(C_2) + ... + P(C_{100}) = 100\cdot P(B)$.
Conclusione: $P(C) = 100\cdot(\frac{1}{6})\cdot(\frac{5}{6})^{99}$

Esercizio 3.2: SOLUZIONE

A:

1/3	1/3	1/3	1/3	1/3	2/3	...	2/3
< 3	< 3	< 3	< 3	< 3	≥ 3	...	≥ 3

$P(A) = (\frac{1}{3})^5\cdot(\frac{2}{3})^{15}$

B è l'unione disgiunta di $\binom{20}{5}$ eventi, ciascuno dei quali ha probabilità uguale

a $P(A)$. Infatti, ogni volta che si scelgono 5 dadi su 20 si ha una sequenza che sta in B, la cui probabilità coincide con $P(A)$, e i modi con cui si possono scegliere 5 dadi su 20 sono $\binom{20}{5}$.
Conclusione: $P(B) = \binom{20}{5} \cdot (\frac{1}{3})^5 \cdot (\frac{2}{3})^{15}$.
A e C non sono complementari nello spazio dei campioni S, perchè $P(A \cup C) \neq S$; infatti, ad esempio la sequenza formata da tutti "2" non sta né in A né in C.

Esercizio 3.3: SOLUZIONE

Calcoliamo anzitutto il numero G degli oggetti gialli e V verdi:
$50 = G + V = \frac{7}{3}V + V = \frac{10}{3}V$, quindi abbiamo 15 oggetti verdi e 35 gialli.

- $P(X)$: Indichiamo con X_1 l'evento "uno solo degli estratti è giallo", e con X_2 l'evento "uno solo degli estratti è verde". Chiaramente X_1 e X_2 si escludono tra loro, quindi $P(X) = P(X_1) + P(X_2)$.
Analogamente all'Esercizio 3.1.C si calcolano
$P(X_1) = 10 \cdot [(\frac{35}{50}) \cdot (\frac{15}{50})^9]$
$P(X_2) = 10 \cdot [(\frac{15}{50}) \cdot (\frac{35}{50})^9]$
Conclusione: $P(X) = 10 \cdot [(\frac{35}{50}) \cdot (\frac{15}{50})^9 + (\frac{15}{50}) \cdot (\frac{35}{50})^9]$
- $P(Y)$: Indichiamo con Y_1 l'evento "9 degli oggetti estratti sono gialli e 1 è verde", e con Y_2 l'evento "tutti gli oggetti estratti sono gialli". Y_1 e Y_2 si escludono tra loro, quindi $P(Y) = P(Y_1) + P(Y_2)$.
$P(Y_1) = 10 \cdot [(\frac{35}{50})^9 \cdot (\frac{15}{50})]$ e $P(Y_2) = (\frac{35}{50})^{10}$.
Conclusione: $P(Y) = 10 \cdot [(\frac{35}{50})^9 \cdot (\frac{15}{50})] + (\frac{35}{50})^{10} = (\frac{35}{50})^9 \cdot \frac{185}{50}$

Esercizio 3.4: SOLUZIONE

L'evento X significa: si sono estratte due mele guaste e una mela buona (venuta fuori alla prima oppure alla seconda oppure alla terza estrazione) oppure si sono estratte tre mele guaste:

B	G	G		G	B	G		G	G	B		G	G	G

Tenuto conto delle modalità di estrazione, si ha allora:
$P(X) = \frac{15}{20} \cdot \frac{5}{20} \cdot \frac{4}{19} + \frac{5}{20} \cdot \frac{15}{19} \cdot \frac{4}{19} + \frac{5}{20} \cdot \frac{4}{19} \cdot \frac{15}{18} + \frac{5}{20} \cdot \frac{4}{19} \cdot \frac{3}{18}$.

L'evento Y significa: si sono estratte due mele buone e una mela guasta (venuta fuori alla prima oppure alla seconda oppure alla terza estrazione):

B	B	G		B	G	B		G	B	B

Conclusione: $P(Y) = \frac{15}{20} \cdot \frac{15}{20} \cdot \frac{5}{20} + \frac{15}{20} \cdot \frac{5}{20} \cdot \frac{15}{19} + \frac{5}{20} \cdot \frac{15}{19} \cdot \frac{15}{19}$.

Esercizio 3.5: SOLUZIONE
Osserviamo che $b \geq 3a$ implica $1 \leq a \leq 3$. Quindi consideriamo i tre eventi

E_1: $(a = 1)$ e $(b \geq 3)$	1	3-9	$\longrightarrow$	$P(E_1) = \frac{1}{9} \cdot \frac{7}{8}$
E_2: $(a = 2)$ e $(b \geq 6)$	2	6-9	$\longrightarrow$	$P(E_2) = \frac{1}{9} \cdot \frac{4}{8}$
E_3: $(a = 3)$ e $(b = 9)$	3	9	$\longrightarrow$	$P(E_3) = \frac{1}{9} \cdot \frac{1}{8}$

Allora $P(E) = P(E_1) + P(E_2) + P(E_3) = \frac{1}{9} \cdot \frac{7}{8} + \frac{1}{9} \cdot \frac{4}{8} + \frac{1}{9} \cdot \frac{1}{8} = \frac{1}{6}$.
Conclusione: $P(E) = \frac{1}{6} \approx 0.17$.

Esercizio 3.6: SOLUZIONE
Osserviamo che se vale E, allora $b \leq 3$. Infatti nei casi $b > 3$ e r pari si ha $2r + 3b \geq 4 + 12 = 16$. Inoltre

E_1: se $b = 1$, E significa $2r + 3 \leq 15$ con r pari, quindi $r \in \{2, 4, 6\}$
E_2: se $b = 2$, E significa $2r + 6 \leq 15$ con r pari, quindi $r \in \{2, 4\}$
E_3: se $b = 3$, E significa $2r + 9 \leq 15$ con r pari, quindi $r \in \{2\}$.

Conclusione: $P(E) = P(E_1) + P(E_2) + P(E_3) = \frac{1}{6} \cdot \frac{3}{6} + \frac{1}{6} \cdot \frac{2}{6} + \frac{1}{6} \cdot \frac{1}{6} = \frac{1}{6} \approx 0.17$.

Esercizio 3.7: SOLUZIONE
Siano: $D = \{1, 3, 5, 7, 9\}$, $P = \{2, 4, 6, 8\}$

(a)

D	P	P	P
P	D	P	P
P	P	D	P
P	P	P	D
P	P	P	P

$$
\begin{aligned}
P(C) &= P(3 \text{ pari, } 1 \text{ dispari}) &+\quad& P(4 \text{ pari}) \\
&= 4 \cdot \left(\frac{4}{9} \cdot \frac{3}{8} \cdot \frac{2}{7} \cdot \frac{5}{6}\right) &+\quad& \left(\frac{4}{9} \cdot \frac{3}{8} \cdot \frac{2}{7} \cdot \frac{1}{6}\right)
\end{aligned}
$$

(b) Osserviamo anzitutto che A, B si escludono a vicenda (ovvio).

Inoltre $A \cup B = S$: infatti le quaterne con nessuno o un solo pari sono in A e le quaterne con due, tre, quattro pari sono in B.
Conclusione: A e B sono complementari in S.

(c) $A \cup C \neq S$, perchè le quaterne con due cifre pari e due cifre dispari non stanno né in A né in C.
Conclusione: A e C non sono complementari in S.

(d) Falso: la quaterna | 2 | 4 | 1 | 3 | appartiene a B ma non a C.
Osservazione: l'inclusione corretta è: $C \subset B$.
Conclusione: Non è vero che $B \subset C$.

Esercizio 3.8: SOLUZIONE

(a) Probabilità di rispondere correttamente alle prime 12 domande e non correttamente alle altre 18 domande: $(\frac{1}{5})^{12} \cdot (\frac{4}{5})^{18}$

(b) $(\frac{1}{5})^{30}$

(c) Probabilità di rispondere correttamente ad almeno 29 domande: rispondere correttamente a 29 domande e non correttamente ad una domanda (che può essere la prima o la seconda o... la trentesima) oppure rispondere correttamente a tutte le domande. Allora: $30 \cdot (\frac{1}{5})^{29} \cdot (\frac{4}{5}) + (\frac{1}{5})^{30}$

Esercizio 3.9: SOLUZIONE
Premessa: in palio ci sono 27 libri, 45 piante, 18 quadri.

(a) L'evento X significa: vincere tre libri oppure tre piante oppure tre quadri.
<u>Conclusione</u>: $P(X) = \frac{27}{90} \cdot \frac{26}{89} \cdot \frac{25}{88} + \frac{45}{90} \cdot \frac{44}{89} \cdot \frac{43}{88} + \frac{18}{90} \cdot \frac{17}{89} \cdot \frac{16}{88}$.

(b) L'evento Y significa: vincere due quadri e un premio diverso da quadro (che si può vincere alla prima oppure alla seconda oppure alla terza estrazione), oppure vincere tre quadri.
<u>Conclusione</u>: $P(Y) = 3 \cdot (\frac{18}{90} \cdot \frac{17}{89} \cdot \frac{72}{88}) + (\frac{18}{90} \cdot \frac{17}{89} \cdot \frac{16}{88})$.

(c) Z_3 e Z_4 descrivono lo stesso evento, che è il complementare di Z.

Esercizio 3.10: SOLUZIONE

(a) L'evento A è il complementare di:

$$x = 10 \quad \text{oppure} \quad x = 11 \quad \text{oppure} \quad x = 12$$

Quindi $P(A) = 1 - P(E_{10}) - P(E_{11}) - P(E_{12})$, dove

$$E_{10} = \{(6,4),(5,5),(4,6)\} \qquad E_{11} = \{(6,5),(5,6)\} \qquad E_{12} = \{(6,6)\}$$

<u>Conclusione</u>: $P(A) = 1 - \frac{3}{36} - \frac{2}{36} - \frac{1}{36} = \frac{30}{36} = \frac{5}{6} \approx 0.83$.

(b) L'evento B può essere descritto come l'unione disgiunta di A con l'evento: $x = 10$ oppure $x = 12$.
Pertanto $P(B) = P(A) + P(E_{10}) + P(E_{12}) = P(A) + \frac{4}{36} = \frac{34}{36}$.
<u>Conclusione</u>: $P(B) = \frac{17}{18} \approx 0.94$.

(c) Dalla descrizione di B vista al punto precedente, appare subito chiaro che il complementare di B è l'evento $x = 11$.

Esercizio 3.11: SOLUZIONE

(a) $P(X) = P(n_A = 40) \cdot P(75 \leq n_B \leq 100)$, dopo che il biglietto etichettato 40 è stato preso da A e tolto.
Conclusione: $P(X) = \frac{1}{100} \cdot \frac{26}{99} \approx 0.003$.

(b) $Y = Y_1 \cup Y_2 \cup Y_3 \cup Y_4 \cup Y_5 \cup Y_6$, dove:
Y_1: $(n_A = 55)$ e $(90 \leq n_B \leq 100)$ Y_2: $(n_A = 56)$ e $(91 \leq n_B \leq 100)$
Y_3: $(n_A = 57)$ e $(92 \leq n_B \leq 100)$ Y_4: $(n_A = 58)$ e $(93 \leq n_B \leq 100)$
Y_5: $(n_A = 59)$ e $(94 \leq n_B \leq 100)$ Y_6: $(n_A = 60)$ e $(95 \leq n_B \leq 100)$
Gli eventi $Y_1 \dots, Y_6$ si escludono a due a due, quindi
$P(Y) = P(Y_1) + \cdots + P(Y_6) = \frac{1}{100} \cdot (\frac{11}{99} + \frac{10}{99} + \frac{9}{99} + \frac{8}{99} + \frac{7}{99} + \frac{6}{99})$.
Conclusione: $P(Y) = \frac{1}{100} \cdot \frac{51}{99} \approx 0.005$.

Esercizio 3.12: SOLUZIONE

(a) Indichiamo con X l'evento "il bersaglio viene colpito una sola volta". X è l'unione di due eventi che si escludono tra loro: "il bersaglio è colpito dal primo tiratore e non dal secondo", "il bersaglio viene colpito dal secondo tiratore e non dal primo".

C	-

-	C

Allora $P(X) = \frac{6}{7} \cdot (1 - \frac{4}{5}) + (1 - \frac{6}{7}) \cdot \frac{4}{5} = \frac{6}{7} \cdot \frac{1}{5} + \frac{1}{7} \cdot \frac{4}{5} = \frac{10}{35}$.
Conclusione: La probabilità che sia colpito una sola volta è $\frac{10}{35} \approx 0.29$.

(b) Indichiamo con Y l'evento "il bersaglio viene colpito almeno una volta". Y è unione dell'evento X considerato in (a) e dell'evento Z: "il bersaglio è colpito due volte". Siccome X e Z si escludono tra loro, si ha $P(Y) = P(X) + P(Z) = \frac{10}{35} + \frac{6}{7} \cdot \frac{4}{5} = \frac{34}{35}$.

C	C

Conclusione: La probabilità che sia colpito almeno una volta è $\frac{34}{35} \approx 0.97$.

(c) *facoltativo.* Il bersaglio è colpito almeno due volte se: è colpito due volte (ossia solo due tiratori su tre colpiscono) oppure è colpito tre volte.

C	C	-

C	-	C

-	C	C

C	C	C

Allora la probabilità richiesta è uguale a:
$\frac{6}{7} \cdot \frac{4}{5} \cdot (1 - \frac{7}{10}) + \frac{6}{7} \cdot (1 - \frac{4}{5}) \cdot \frac{7}{10} + (1 - \frac{6}{7}) \cdot \frac{4}{5} \cdot \frac{7}{10} + \frac{6}{7} \cdot \frac{4}{5} \cdot \frac{7}{10} = \frac{310}{350} = \frac{31}{35}$.
Conclusione: La probabilità che sia colpito almeno due volte è $\frac{31}{35} \approx 0.89$.

Esercizio 3.13: SOLUZIONE

(a) A è l'unione di due eventi che si escludono tra loro "x pari e y pari" e "x dispari e y dispari". Quindi $P(A) = \frac{4}{9} \cdot \frac{4}{9} + \frac{5}{9} \cdot \frac{5}{9} = \frac{41}{81}$.
Conclusione: $P(A) = \frac{41}{81} \approx 0.51$.

(b) B è l'unione di due eventi che si escludono tra loro "x pari e y dispari" e "x dispari e y pari". Quindi $P(B) = \frac{4}{9}\cdot\frac{5}{9} + \frac{5}{9}\cdot\frac{4}{9} = \frac{40}{81}$.
Conclusione: $P(B) = \frac{40}{81} \approx 0.49$.

(c) C è unione dei seguenti eventi, che si escludono a due a due:

$$(x = 1 \text{ e } 3 \leq y \leq 9) \qquad (x = 2 \text{ e } 4 \leq y \leq 9) \qquad (x = 3 \text{ e } 5 \leq y \leq 9)$$
$$(x = 4 \text{ e } 6 \leq y \leq 9) \qquad (x = 5 \text{ e } 7 \leq y \leq 9)$$
$$(x = 6 \text{ e } 8 \leq y \leq 9) \qquad (x = 7 \text{ e } y = 9)$$

Allora $P(C) = \frac{1}{9}\cdot\frac{(7+6+5+4+3+2+1)}{9} = \frac{28}{81}$.
Conclusione: $P(C) = \frac{28}{81} \approx 0.35$.

(d) A e B sono tra loro complementari nello spazio dei campioni S: infatti chiaramente l'intersezione di A e B è vuota, l'unione di A e B è S in quanto nel contesto iniziale si ha: $x + y$ è pari oppure $x + y$ è dispari.

A tale conclusione si arriva anche attraverso i conti svolti in (a) e (b). Infatti, siccome A e B si escludono tra loro, si ha $P(A \cup B) = P(A) + P(B) = \frac{41}{81} + \frac{40}{81} = 1 = P(S)$, quindi $A \cup B$ e S sono due insiemi finiti con lo stesso numero di elementi e pertanto coincidono.
Conclusione: A e B sono complementari nello spazio dei campioni.

Esercizio 3.14: SOLUZIONE

A è l'unione disgiunta di 8 eventi, ciascuno dei quali ha probabilità uguale a $(\frac{1}{6})^7\cdot(\frac{5}{6})$; infatti, ogni volta che si sceglie il dado su cui esce il numero diverso da 4 si ha una sequenza che sta in A e ha probabilità $(\frac{1}{6})^7\cdot(\frac{5}{6})$.
Conclusione: $P(A) = 8\cdot(\frac{1}{6})^7\cdot(\frac{5}{6})$.

Esercizio 3.15: SOLUZIONE

$P(X)$ si ottiene moltiplicando la probabilità di ottenere n alla prima estrazione per la probabilità di ottenere un numero minore di n alla seconda estrazione, dopo che il numero n è stato tolto; quindi $P(X) = \frac{1}{90}\cdot\frac{n-1}{89}$.

Nel caso $n = 90$ si ha $P(X) = \frac{1}{90}\cdot\frac{89}{89} = \frac{1}{90}$ (alla seconda estrazione, la probabilità di ottenere numero minore di n è la certezza).

Nel caso $n = 1$ si ha $P(X) = \frac{1}{90}\cdot 0 = 0$ (ottenere un numero minore di n alla seconda estrazione è evento impossibile).

Esercizio 3.16: SOLUZIONE

L'evento "ottenere un farmaco scaduto" è l'unione disgiunta dei due eventi: esce numero ≤ 4 e si estrae un farmaco scaduto di tipo A; esce numero > 4 e si estrae un farmaco scaduto di tipo B.
Conclusione: La probabilità di ottenere un farmaco scaduto è: $\frac{4}{6}\cdot\frac{6}{25} + \frac{2}{6}\cdot\frac{3}{15}$.

Esercizio 3.17: Soluzione

Denotiamo: $x = P(A)$, $y = P(B)$.

Allora, per le ipotesi e i dati del problema si ha:

- $x = \frac{1}{3}y$
- $\frac{2}{7} = x + y - xy$ (infatti $P(A \cup B) = P(A) + P(B) - P(A \cap B) = P(A) + P(B) - P(A) \cdot P(B)$)

e quindi: $\begin{cases} x = \frac{1}{3}y \\ \frac{2}{7} = \frac{1}{3}y + y - \frac{1}{3}y^2 \end{cases} \Longrightarrow \begin{cases} x = \frac{1}{3}y \\ -7y^2 + 28y - 6 = 0 \end{cases}$

Il polinomio $-7y^2 + 28y - 6$ ha le radici reali:
$\alpha = \frac{14-\sqrt{154}}{7}$, $\beta = \frac{14+\sqrt{154}}{7}$. Osserviamo che $0 < \alpha < 1$, mentre $\beta > 2$.
Pertanto l'unica soluzione accettabile è α.

Conclusione: L'unica possibile coppia $(P(A), P(B))$ che verifica le condizioni del problema è $(\frac{1}{3}\alpha, \alpha)$ con $\alpha = \frac{14-\sqrt{154}}{7}$.

Esercizio 3.18: Soluzione

$$\begin{aligned} 1 &= \sum_1^6 P(i) \\ &= [P(1) + P(5)] + [P(2) + P(3)] + P(4) + P(6) \\ &= \frac{1}{2} - P(4) + 3 \cdot P(4) + 2 \cdot P(4) \\ &= \frac{1}{2} + 4 \cdot P(4) \end{aligned}$$

Conclusione: $P(4) = \frac{1}{8} = 0.125$.

Esercizio 3.19: Soluzione

Denotiamo con

m "essere malato" s "essere sano" g "essere di tipo g".

Allora, i dati del campione significano:

$$P(g|_m) = \frac{75}{100} \qquad P(g|_s) = \frac{15}{100} \qquad P(m) = \frac{4}{1000}$$

Ne segue:

(a)

$$\begin{aligned} P(g) &= P(m \cap g) + P(s \cap g) \\ &= P(m)P(g|_m) + P(s)P(g|_s) \\ &= P(m)P(g|_m) + (1 - P(m))P(g|_s) = \tfrac{4}{1000} \cdot \tfrac{75}{100} + \tfrac{996}{1000} \cdot \tfrac{15}{100} \end{aligned}$$

Conclusione: $P(g) = \frac{4 \cdot 75 + 996 \cdot 15}{1000 \cdot 100} = \frac{15240}{10^5} \approx 0.152$.

(b) La probabilità richiesta è $P(m|_g)$.

Osservazione: $P(g)P(m|_g) = P(g \cap m) = P(m \cap g) = P(m)P(g|_m)$.

Quindi $P(m|_g) = \frac{P(m)P(g|_m)}{P(g)} = \frac{4}{1000} \cdot \frac{75}{100} \cdot \frac{1}{P(g)} = \frac{300}{10^5} \cdot \frac{10^5}{15240}$

Conclusione: $P(m|_g) = \frac{300}{15240} \approx 0.019$

Capitolo 4

Disequazioni 1

Sia $f : D \to \mathbb{R}$ una funzione di dominio $D \subseteq \mathbb{R}$.

Risolvere la disequazione "$f(x) \geq 0$" corrisponde a trovare le ascisse dei punti del grafico che hanno ordinata ≥ 0.

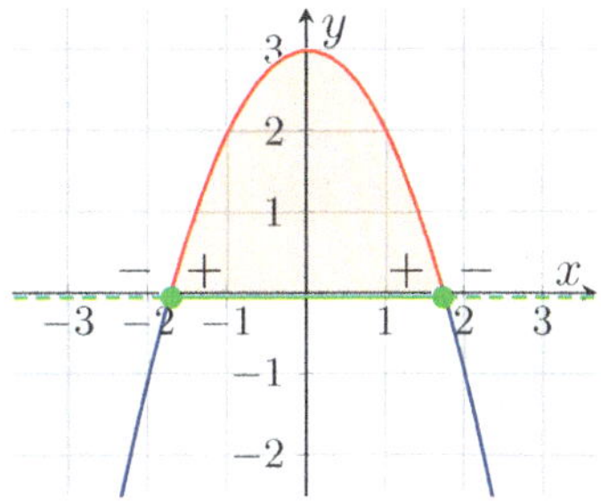

Per esempio le soluzioni di $3 - x^2 \geq 0$ sono i numeri reali nell'intervallo $[-\sqrt{3}, \sqrt{3}]$, mentre si ha la disuguaglianza "stretta" $3 - x^2 > 0$ per $x \in (-\sqrt{3}, \sqrt{3})$.

Dato qualunque polinomio di secondo grado ax^2+bx+c, consideriamo il suo discriminante $\boldsymbol{\Delta = b^2 - 4ac}$. Se $\Delta < 0$ allora per ogni $x \in \mathbb{R}$ ax^2+bx+c ha lo stesso segno del coefficiente a; invece se $\Delta \geq 0$ possiamo calcolarne la radice quadrata: definiamo $\boldsymbol{x_1 = \frac{-b-\sqrt{\Delta}}{2a}}$ e $\boldsymbol{x_2 = \frac{-b+\sqrt{\Delta}}{2a}}$ e otteniamo la scomposizione in fattori $\boldsymbol{ax^2+bx+c = a \cdot (x - x_1) \cdot (x - x_2)}$, quindi ogni disequazione di secondo grado si riconduce allo studio del segno di un prodotto.

In generale, per risolvere qualsiasi disequazione (≥ 0, >0, ≤ 0, o <0) riferita a un prodotto (o rapporto) di fattori, si traccia il **diagramma dei segni** completo e da questo si deduce l'insieme delle soluzioni della disequazione. Come per i diagrammi relativi alle operazioni degli insiemi visti nel Capitolo 1, si scrivono in ordine i numeri di riferimento, poi si rappresentano i segni dei singoli fattori. Nei diagrammi dei segni indichiamo con un **pallino pieno (e una Z)** i punti su cui la funzione è nulla, con una **linea continua (e un +)** dove è positiva, con una **linea tratteggiata (e un −)** dove è negativa, con **nessuna linea o un pallino vuoto (e una X)** dove non è definita.

Esercizi

Esercizi Esercizi

Esercizio 4.1. (base) Dire se le seguenti equazioni hanno soluzioni reali. In caso affermativo, trovare tali soluzioni e verificare la risposta:

(a) $3x - 5 = 2$
(b) $3x^2 - 5 = 0$
(c) $(3x - 1) \cdot (x + 4) = 0$
(d) $x^2 - 2x + 1 = 0$
(e) $2x^2 - 2x + 1 = 0$
(f) $2x^2 - 2x - 1 = 0$
(g) $0 \cdot x = 1$
(h) $0 \cdot x = 0$

Esercizio 4.2. (base) Risolvere per x in $\mathbb{R}$ le seguenti disequazioni:

(a) $(x+1)(x-2) > 0$ (c) $x^2(x-1) \geq 0$ (e) $x(x-1)(x-7) < 0$
(b) $(x-5)(x+15) \leq 0$ (d) $x(x-7)^2 \geq 0$

Esercizio 4.3. (base) Trovare le soluzioni reali delle seguenti disequazioni:

(a) $\dfrac{2-x}{x+3} \leq 0$ (b) $\dfrac{x+3}{x-1} \leq 1$

Esercizio 4.4. (base) Descrivere per quali $x \in \mathbb{R}$ le seguenti disequazioni sono soddisfatte:

(a) $3x^2+5x+2 > 0$ (c) $x^2+4x+5 < 0$
(b) $x^2+4x+4 \leq 0$ (d) $x \leq 1+\frac{1}{x}$

Esercizio 4.5. Quali $x \in \mathbb{R}$ soddisfano i seguenti sistemi?

(a) $\begin{cases} x^2-3x+1 > 0 \\ x > 4 \end{cases}$ (b) $\begin{cases} x^2-3x+1 > 0 \\ x^2 \leq 123 \end{cases}$ (c) $\begin{cases} x < 7 \\ \frac{x}{x-1} \geq 1 \end{cases}$

Esercizio 4.6. (esame) Con riferimento a un sistema di coordinate Oxy fissato, per quali valori reali di $\mathbf{b}$ la parabola di equazione $y = x^2 + \mathbf{b}x + 2$ non ha punti in comune con l'asse x?

Esercizio 4.7. (esame) Sia P una parabola di equazione $y = \mathbf{a}x^2 - 4x + 2$. Dire se è vera l'affermazione seguente, motivando la risposta:

se P ha due punti distinti in comune con l'asse x, allora $\mathbf{a} < 2$.

Esercizio 4.8. (esame) Sia P la parabola di equazione $y = ax^2 + 2x - 1$.

(a) Dire se esistono, e in caso affermativo indicarli, valori reali di a per i quali siano soddisfatte entrambe le condizioni seguenti: la parabola P ha concavità verso il basso; vi sono su P punti di ordinata uguale a 2.
(b) È vero che il numero reale $a = -1$ non verifica quanto richiesto in (a)?

Risultati

Risultati Risultati

Esercizio 4.1: **(a)** $\frac{7}{3}$; **(b)** $\{-\sqrt{\frac{5}{3}}, \sqrt{\frac{5}{3}}\}$; **(c)** $\{\frac{1}{3}, -4\}$; **(d)** 1;
(e) nessuna soluzione reale; **(f)** $\{\frac{1-\sqrt{3}}{2}, \frac{1+\sqrt{3}}{2}\}$; **(g)** . **(h)** $\mathbb{R}$.
Esercizio 4.2: **(a)** $x \in (-\infty,-1) \cup (2,+\infty)$; **(b)** $x \in [-15,5]$;
(c) $x \in \{0\} \cup [1,+\infty)$; **(d)** $x \in [0,+\infty)$; **(e)** $x \in (-\infty,0) \cup (1,7)$
Esercizio 4.3: **(a)** $x \in (-\infty,-3) \cup [2,+\infty)$; **(b)** $x \in (-\infty,1)$
Esercizio 4.4: **(a)** $x \in (-\infty,-1) \cup (-\frac{2}{3},+\infty)$; **(b)** $x = -2$;
(c) nessuna soluzione reale; **(d)** $x \in (-\infty, \frac{1-\sqrt{5}}{2}] \cup (0, \frac{1+\sqrt{5}}{2}]$
Esercizio 4.5: **(a)** $(4,+\infty)$; **(b)** $[-\sqrt{123}, \frac{3-\sqrt{5}}{2}) \cup (\frac{3+\sqrt{5}}{2}, \sqrt{123}]$; **(c)** $(1,7)$

Esercizio 4.6: $b \in (-\sqrt{8}, \sqrt{8})$
Esercizio 4.7: Affermazione corretta
Esercizio 4.8: **(a)** $a \in [-\frac{1}{3}, 0)$ **(b)** $a = -1$ non verifica la richiesta di (a).

Soluzioni

Soluzioni Soluzioni

Esercizio 4.1: SOLUZIONE

(a) $3x - 5 = 2 \iff 3x - \cancel{5} + \cancel{5} = 2 + 5 \iff \frac{\cancel{3}x}{\cancel{3}} = \frac{7}{3}$

Verifica: $3(\frac{7}{3}) - 5 \ = \ 7 - 5 = 2$

(b) $3x^2 - 5 = 0 \iff 3x^2 - \cancel{5} + \cancel{5} = 5 \iff \frac{\cancel{3}x^2}{\cancel{3}} = \frac{5}{3} \iff x \in \{-\sqrt{\frac{5}{3}}, \sqrt{\frac{5}{3}}\}$

Verifica: $3(-\sqrt{\frac{5}{3}})^2 - 5 = 3\frac{5}{3} - 5 = 0; \quad 3(\sqrt{\frac{5}{3}})^2 - 5 = 3\frac{5}{3} - 5 = 0$

(c) $(3x - 1) \cdot (x + 4) = 0 \iff 3x - 1 = 0$ oppure $x + 4 = 0$
$\iff 3x = 1$ oppure $x = -4 \iff x \in \{\frac{1}{3}, -4\}$

Verifica: $(3\frac{1}{3} - 1) \cdot (\frac{1}{3} + 4) = 0 \cdot (\frac{1}{3} + 4) = 0; \quad (3(-4) - 1) \cdot (-4 + 4) = -13 \cdot 0 = 0$

(d) $x^2 - 2x + 1 = 0: \quad \Delta = b^2 - 4ac = (-2)^2 - 4 \cdot 1 \cdot 1 = 4 - 4 = 0$
quindi ci sono due soluzioni reali coincidenti. $x = -\frac{b}{2a} = \frac{2}{2} = 1$

Verifica: $1^2 - 2 \cdot 1 + 1 = 0$

(e) $2x^2 - 2x + 1 = 0: \quad \Delta = b^2 - 4ac = (-2)^2 - 4 \cdot 2 \cdot 1 = 4 - 8 = -4 < 0$
quindi non ci sono soluzioni reali.
(per le soluzioni complesse vedere la soluzione dell'esercizio 8.8 a pag. 64)

(f) $2x^2 - 2x - 1 = 0 \quad \Delta = b^2 - 4ac = (-2)^2 - 4 \cdot 2 \cdot (-1) = 4 + 8 = 12 > 0$
quindi ci sono due soluzioni reali distinte. Sia $\delta = \sqrt{\Delta} = \sqrt{12} = 2\sqrt{3}$
$x_1 = \frac{-b-\delta}{2a} = \frac{2-2\sqrt{3}}{4} = \frac{1-\sqrt{3}}{2}$ e $x_2 = \frac{-b+\delta}{2a} = \frac{2+2\sqrt{3}}{4} = \frac{1+\sqrt{3}}{2}$

Verifica:
Sostituiamo x_1: $2(\frac{1-\sqrt{3}}{2})^2 - 2(\frac{1-\sqrt{3}}{2}) - 1 \ = \ 2\frac{1-2\sqrt{3}+3}{4} - (1-\sqrt{3}) - 1 =$
$= \ 2\frac{2(2-\sqrt{3})}{4} + \sqrt{3} - 2 \ = \ 2 - \sqrt{3} + \sqrt{3} - 2 \ = \ 0$
Sostituiamo x_2: $2(\frac{1+\sqrt{3}}{2})^2 - 2(\frac{1+\sqrt{3}}{2}) - 1 \ = \ 2\frac{1+2\sqrt{3}+3}{4} - (1+\sqrt{3}) - 1 =$
$= \ 2\frac{2(2+\sqrt{3})}{4} - \sqrt{3} - 2 \ = \ 2 + \sqrt{3} - \sqrt{3} - 2 \ = \ 0$

(g) $0 \cdot x = 1:$ Osserviamo che non si può dividere per 0. Qualunque valore $x \in \mathbb{R}$ moltiplicato per 0 dà 0, quindi non ci sono soluzioni reali.

(h) $0 \cdot x = 0$: Osserviamo che non si può dividere per 0. Qualunque valore $x \in \mathbb{R}$ moltiplicato per 0 dà 0, quindi tutti i numeri reali sono soluzioni. Per esempio $0 \cdot 4 = 0$, $0 \cdot \pi = 0$, $0 \cdot 0 = 0$.

Esercizio 4.2: SOLUZIONE

(a) $(x+1)(x-2) > 0$ se e solo se i due fattori hanno lo stesso segno.

Prima di tutto determiniamo i valori di x che annullano i fattori: -1 e 2.

Poi tracciamo il diagramma dei segni da cui si ottiene:

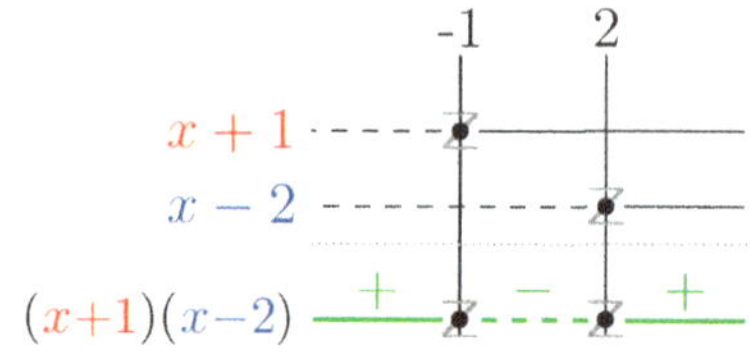

$$(x+1)(x-2) > 0 \text{ per } x \in (-\infty, -1) \cup (2, +\infty)$$

Controllo su due campioni:
$x = 0$ *non è soluzione: infatti* $(0+1)(0-2) = -2 \not> 0$.
$x = 10$ *è soluzione: infatti* $(10+1)(10-2) = 88 > 0$.

(b) $(x-5)(x+15) \leq 0$ se e solo se i due fattori hanno segno diverso.

I fattori si annullano in -15 e 5.

Dal diagramma dei segni si ottiene:

$$(x-5)(x+15) \leq 0 \text{ per } x \in [-15, 5]$$

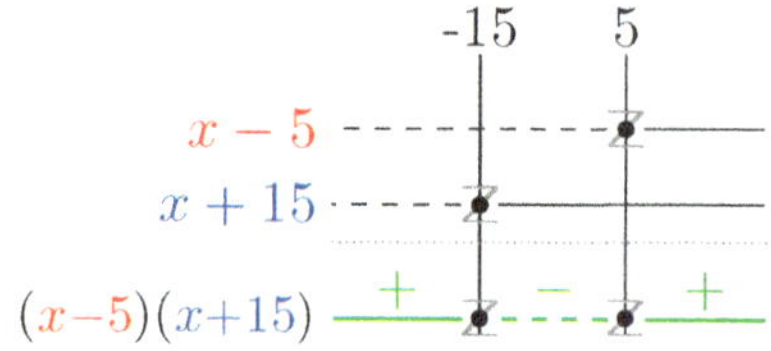

Controllo su due campioni:
$x = 0$ *è soluzione: infatti* $(0-5)(0+15) = -75 \leq 0$.
$x = 10$ *non è soluzione: infatti* $(10-5)(10+15) = 125 \not\leq 0$.

(c) $x^2(x-1) \geq 0$.
I fattori si annullano in 0 e 1.

Dal diagramma dei segni si ottiene:

$$x^2(x-1) \geq 0 \text{ per } x \in \{0\} \cup [1, +\infty)$$

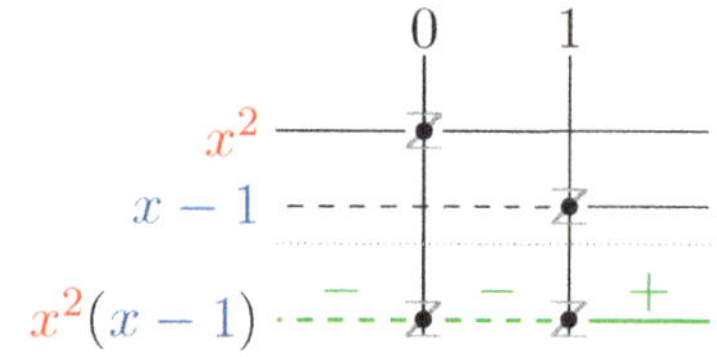

Controllo su alcuni campioni:
$x = -1$ *non è soluzione: infatti* $(-1)^2(-1-1) = -2 \not\geq 0$.
$x = 0$ *è soluzione: infatti* $0(0-1) = 0 \geq 0$.
$x = 10$ *è soluzione: infatti* $10^2(10-1) = 900 \geq 0$.

(d) $x(x-7)^2 \geq 0$.
I fattori si annullano in -7 e 0.

Dal diagramma dei segni si ottiene:

$$x(x-7)^2 \geq 0 \text{ per } x \in [0, +\infty)$$

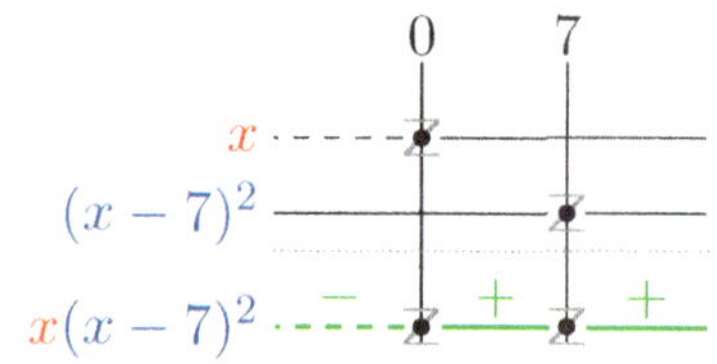

Controllo su due campioni:
$x = 0$ *è soluzione:* *infatti* $0(0-7)^2 = 0 \geq 0$.
$x = -1$ *non è soluzione:* *infatti* $(-1)(-1-7)^2 = -64 \not\geq 0$.

(e) $x(x-1)(x-7) < 0$ se e solo se i fattori negativi sono in numero dispari.

I fattori si annullano in 0, 1 e 7.

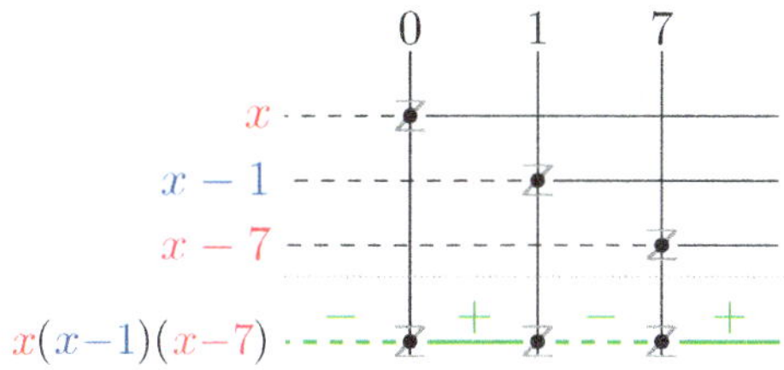

Dal diagramma dei segni si ottiene:

$$\boxed{x(x-1)(x-7) < 0 \text{ per } x \in (-\infty, 0) \cup (1, 7)}$$

Controllo su due campioni:
$x = 0$ *non è soluzione: infatti* $0(0-1)(0-7) = 0 \not< 0$
$x = 2$ *è soluzione: infatti* $2(2-1)(2-7) = -10 < 0$

Esercizio 4.3: Soluzione

(a) La funzione $\frac{2-x}{x+3}$ non è definita se il denominatore è nullo: $x + 3 = 0$.
I fattori si annullano in -3 e 2.

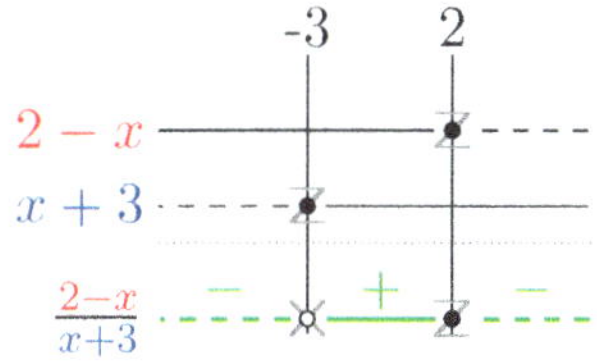

Dal diagramma dei segni si ottiene

$$\boxed{\frac{2-x}{x+3} \leq 0 \text{ per } x \in (-\infty, -3) \cup [2, +\infty)}$$

Controllo su due campioni:
$x = 0$ *non è soluzione: infatti* $\frac{2-0}{0+3} = \frac{2}{3} \not\leq 0$.
$x = 100$ *è soluzione: infatti* $\frac{2-100}{100-3} = -\frac{98}{97} \leq 0$.

(b) $\dfrac{x+3}{x-1} \leq 1$. La funzione $\frac{x+3}{x-1}$ non è definita se $x - 1 = 0$. Svolgiamo alcune operazioni per ottenere un equivalente confronto con 0.

$$\frac{x+3}{x-1} \leq 1 \iff \frac{x+3}{x-1} - 1 \leq 0 \iff \frac{\cancel{x}+3-\cancel{x}+1}{x-1} \leq 0 \iff \boxed{\frac{4}{x-1} \leq 0}$$

Il numeratore, 4, non si annulla: è positivo indipendentemente da x, quindi nel dominio, $\mathbb{R}\setminus\{1\}$, la frazione ha lo stesso segno del denominatore, $x-1$.

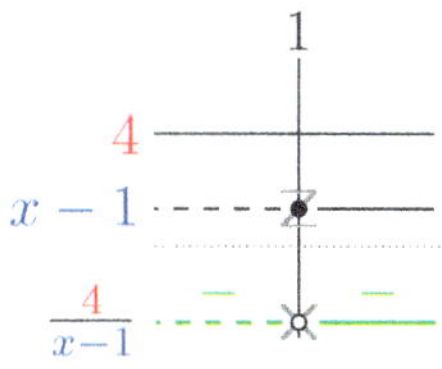

$$\boxed{\frac{x+3}{x-1} \leq 1 \text{ per } x \in (-\infty, 1)}$$

Controllo su due campioni:
$x = 0$ *è soluzione: infatti* $\frac{0+3}{0-1} = -3 \leq 1$.
$x = 100$ *non è soluzione: infatti* $\frac{100+3}{100-1} = \frac{103}{99} \not\leq 1$.

Esercizio 4.4: SOLUZIONE

(a) $3x^2 + 5x + 2 > 0$:
Il discriminante di $f(x) = 3x^2 + 5x + 2$ è

$$\Delta = b^2 - 4ac = 25 - 24 = 1$$

$\Delta > 0$ quindi f ha due radici distinte:
$\alpha = \frac{-b-\sqrt{\Delta}}{2a} = \frac{-5-1}{6} = -1$ e
$\beta = \frac{-b+\sqrt{\Delta}}{2a} = \frac{-5+1}{6} = -\frac{2}{3}$.

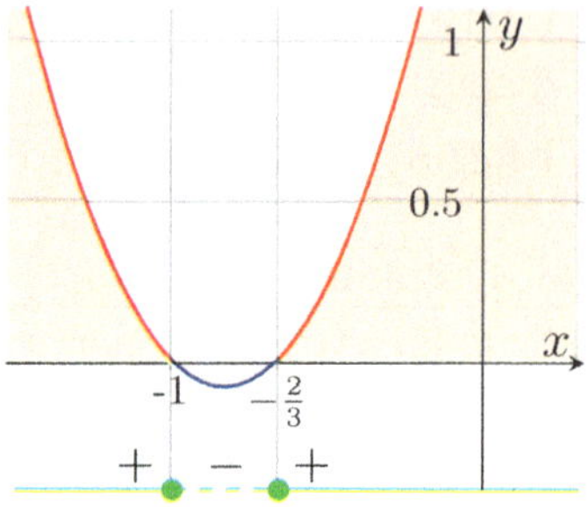

Allora $3x^2 + 5x + 2 = 3(x - \alpha)(x - \beta) = 3(x + 1)(x + \frac{2}{3})$.
Conclusione: $\boxed{3x^2 + 5x + 2 > 0 \text{ per } x \in (-\infty, -1) \cup (-\frac{2}{3}, +\infty)}$

Controllo su due campioni:
$x = 0$ *è soluzione: infatti* $2 > 0$.
$x = -1$ *non è soluzione: infatti* $3 - 5 + 2 \not> 0$.

(b) $x^2 + 4x + 4 \leq 0$:
Il discriminante di $f(x) = x^2 + 4x + 4$ è
$\Delta = 16 - 16 = 0$.
$\Delta = 0$ quindi f ha due radici coincidenti:
$\alpha = \frac{-b-\sqrt{\Delta}}{2a} = \frac{-4}{2} = -2$.
Allora $x^2 + 4x + 4 = (x + 2)^2$.
Conclusione: $\boxed{x^2 + 4x + 4 \leq 0 \text{ per } x = -2}$
Controllo su due campioni:
$x = 0$ *non è soluzione: infatti* $4 \not\leq 0$.
$x = -2$ *è soluzione: infatti* $4 - 8 + 4 \leq 0$.

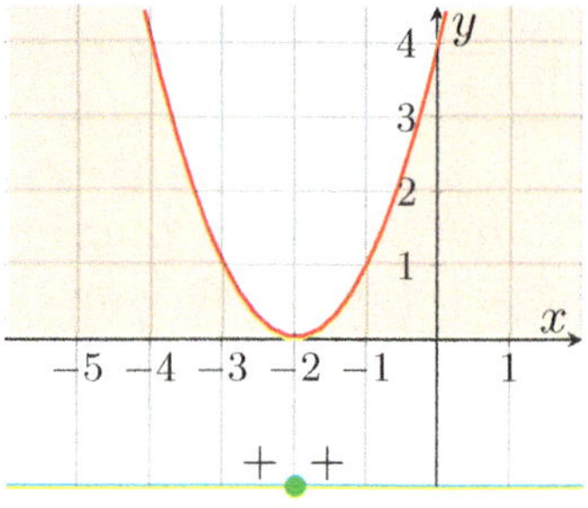

(c) $x^2 + 4x + 5 < 0$:
Il discriminante di $f(x) = x^2 + 4x + 5$ è
$\Delta = 16 - 20 = -4 < 0$
quindi f non ha radici reali e ha sempre lo stesso segno che è quello del coefficiente di x^2 ($+1$) e anche del termine noto ($+5$).
Conclusione:
$\boxed{x^2 + 4x + 5 < 0 \text{ per nessun } x \in \mathbb{R}}$

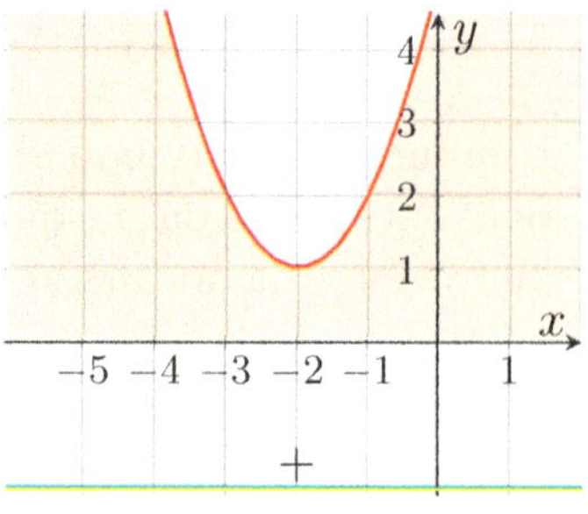

Controllo su due campioni:
$x = 0$ *non è soluzione: infatti* $5 \not< 0$.
$x = -2$ *non è soluzione: infatti* $4 - 8 + 5 = 1 \not< 0$.

(d) $x \leq 1 + \frac{1}{x}$: la funzione non è definita per $x = 0$. Svolgiamo alcune operazioni per ottenere un equivalente confronto con 0.

$$x \leq 1 + \tfrac{1}{x} \iff x - 1 - \tfrac{1}{x} \leq 0 \iff \boxed{\frac{x^2 - x - 1}{x} \leq 0}$$

Il discriminante del numeratore è $\Delta = 1 + 4 = 5 > 0$ quindi f ha due radici distinte: $\alpha = \frac{1-\sqrt{5}}{2} \approx -0.6$ e $\beta = \frac{1+\sqrt{5}}{2} \approx 1.6$

Allora $x^2 - x - 1 = (x - \alpha)(x - \beta)$ ed è positivo per $x \in (-\infty, \alpha) \cup (\beta, +\infty)$.
Dal diagramma dei segni si ottiene:
$\frac{x^2-x-1}{x} \leq 0$
per $x \in (-\infty, \frac{1-\sqrt{5}}{2}] \cup (0, \frac{1+\sqrt{5}}{2}]$

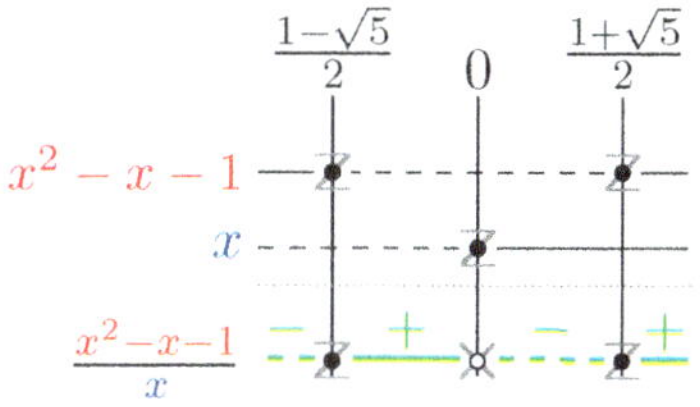

Conclusione: $\boxed{x \leq 1 + \frac{1}{x} \text{ per } x \in (-\infty, \frac{1-\sqrt{5}}{2}] \cup (0, \frac{1+\sqrt{5}}{2}]}$

Controllo su alcuni campioni:
$x = -1$ *è soluzione: infatti* $-1 \leq 1 - \frac{1}{1} = 0$.
$x = -\frac{1}{2}$ *non è soluzione: infatti* $-\frac{1}{2} \not\leq 1 - 2 = -1$.
$x = 1$ *è soluzione: infatti* $1 \leq 1 + \frac{1}{1} = 2$.

Esercizio 4.5: Soluzione

Le **soluzioni di un sistema di disequazioni** sono date dall'intersezione delle soluzioni delle singole disequazioni.

Nello svolgimento dei seguenti esercizi indichiamo con A l'insieme delle soluzioni della prima disequazione e con B l'insieme delle soluzioni della seconda. Quindi l'insieme delle soluzioni del sistema è $A \cap B$.

(a) $\begin{cases} x^2 - 3x + 1 > 0 \\ x > 4 \end{cases}$

$A = \{x \in \mathbb{R} \mid x^2 - 3x + 1 > 0\} =$
$= (-\infty, \frac{3-\sqrt{5}}{2}) \cup (\frac{3+\sqrt{5}}{2}, +\infty)$
con $\frac{3-\sqrt{5}}{2} \approx 0.4$ e $\frac{3+\sqrt{5}}{2} \approx 2.6$

$B = \{x \in \mathbb{R} \mid x > 4\} = (4, +\infty)$
Conclusione: $\boxed{(4, +\infty)}$

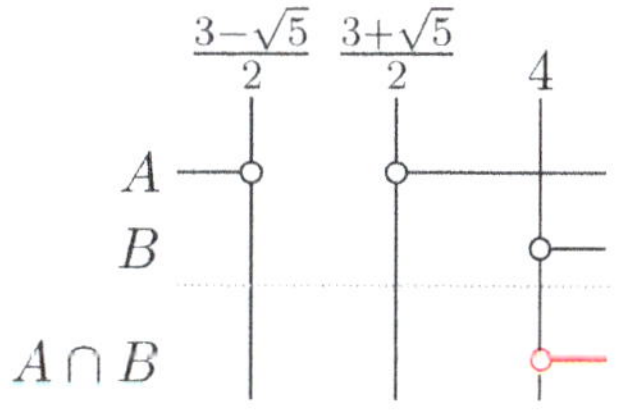

(b) $\begin{cases} x^2 - 3x + 1 > 0 \\ x^2 \leq 123 \end{cases}$

$A = (-\infty, \frac{3-\sqrt{5}}{2}) \cup (\frac{3+\sqrt{5}}{2}, +\infty)$
con $\frac{3-\sqrt{5}}{2} \approx 0.4$ e $\frac{3+\sqrt{5}}{2} \approx 2.6$

$B = [-\sqrt{123}, \sqrt{123}]$
con $\sqrt{123} \approx 11.1$

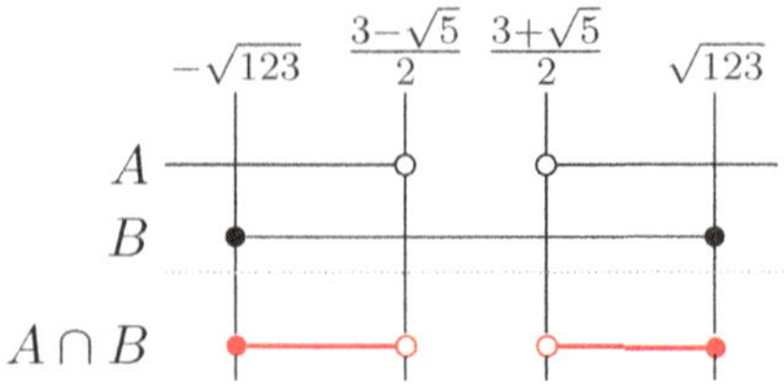

Conclusione: $[-\sqrt{123}, \frac{3-\sqrt{5}}{2}) \cup (\frac{3+\sqrt{5}}{2}, \sqrt{123}]$

(c) $\begin{cases} x < 7 \\ \frac{x}{x-1} \geq 1 \end{cases}$

$A = (-\infty, 7)$

B: $\frac{x}{x-1} \geq 1 \iff \frac{x}{x-1} - 1 \geq 0 \iff \frac{1}{x-1} \geq 0$
Allora $B = (1, +\infty)$

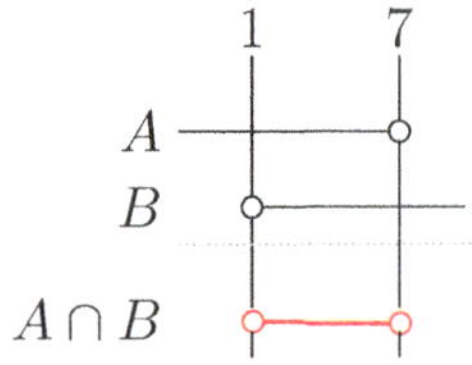

Conclusione: $(1, 7)$

Esercizio 4.6: Soluzione

La condizione richiesta è verificata se e solo se il discriminante $\Delta(x^2+\mathbf{b}x+2)<0$ ossia $\mathbf{b}^2 - 8 < 0$.
Conclusione: $\mathbf{b} \in (-\sqrt{8}, \sqrt{8})$

Esercizio 4.7: Soluzione

P ha due punti distinti in comune con l'asse x se e solo se $\Delta(\mathbf{a}x^2 - 4x + 2) > 0$ ossia $16 - 8\mathbf{a} > 0$, vale a dire $\mathbf{a} < 2$. Pertanto l'affermazione è corretta.
Conclusione: L'affermazione è corretta.

Esercizio 4.8: Soluzione

(a) La prima condizione è verificata se e solo se $\mathbf{a} < 0$, ossia per $\mathbf{a} \in (+\infty, 0)$. La seconda condizione significa: l'equazione $\mathbf{a}x^2 + 2x - 1 = 2$ è di secondo grado e ha soluzioni reali, ossia $\mathbf{a}x^2 + 2x - 3 = 0$ è di secondo grado e ha soluzioni reali. Questo avviene se e solo se $\mathbf{a} \neq 0$ e $\Delta(ax^2 + 2x - 3) \geq 0$, ossia $\mathbf{a} \neq 0$ e $4 + 12\mathbf{a} \geq 0$, vale a dire per $\mathbf{a} \in [-\frac{1}{3}, 0) \cup (0, +\infty)$.
Conclusione:
Entrambe le condizioni richieste sono verificate se $\mathbf{a} \in [-\frac{1}{3}, 0)$.

(b) Dalle conclusioni di (a) o tramite verifica diretta si deduce che $\mathbf{a} = -1$ non verifica entrambe le condizioni richieste in (a).
Conclusione: $\mathbf{a} = -1$ non verifica entrambe le condizioni richieste in (a).

Capitolo 5

Disequazioni 2

Prosegue ora il ripasso delle disequazioni con esercizi un po' più articolati. A chi nella scuola superiore non ha studiato (o capito!) i concetti di base sulle funzioni e i loro grafici, suggeriamo di vedere questi esercizi insieme a quelli del Capitolo 9 "Funzioni: Dominio e grafici" (pag. 69).

Richiamiamo le principali proprietà delle funzioni esponenziale e logaritmo in base $a \in \mathbb{R}_{>0}$, con $a \neq 1$.

La **funzione esponenziale** $\boldsymbol{a^x}$ è definita per ogni $x \in \mathbb{R}$ e ha immagine $(0, +\infty)$. Questo significa che per qualsiasi numero reale $b \in (0, +\infty)$ esiste un esponente $y \in \mathbb{R}$ da dare ad a per ottenere b, cioè $a^y = b$. Tale esponente è univocamente determinato e si denota $\boldsymbol{\log_a(b)}$**: logaritmo** in base a di b.

	esponenziale $\boldsymbol{a^x}$	logaritmo $\boldsymbol{\log_a(x)}$
dominio	$\mathbb{R}$	$\boldsymbol{(0, +\infty)}$
immagine	$\boldsymbol{(0, +\infty)}$	$\mathbb{R}$
	$\boldsymbol{a^0 = 1}$	$\boldsymbol{\log_a(1) = 0}$
base $a \in (0, 1)$	decrescente	
base $a \in (1, +\infty)$	crescente	

	per $x, y \in \mathbb{R}$	per $x, y \in (0, +\infty)$
	$\log_a(a^x) = x$	$a^{\log_a(x)} = x$
	$a^x \cdot a^y = a^{x+y}$	$\log_a(x \cdot y) = \log_a(x) + \log_a(y)$
	$\frac{a^x}{a^y} = a^{x-y}$	$\log_a(\frac{x}{y}) = \log_a(x) - \log_a(y)$
$n \in \mathbb{N}$	$(a^x)^n = a^{n \cdot x}$	$\log_a(x^n) = n \cdot \log_a(x)$
$n \in \mathbb{N}$	$\sqrt[n]{a^x} = a^{\frac{1}{n} \cdot x}$	$\log_a(\sqrt[n]{x}) = \frac{1}{n} \cdot \log_a(x)$

Il numero di Nepero $e \approx 2.7$ rappresenta una base speciale per queste funzioni (vedere i capitoli su derivate e su integrali) ed esiste una notazione dedicata:

$$e^x = \boldsymbol{\exp(x)}$$

logaritmo naturale $\log_e(x) = \boldsymbol{\ln(x)}$

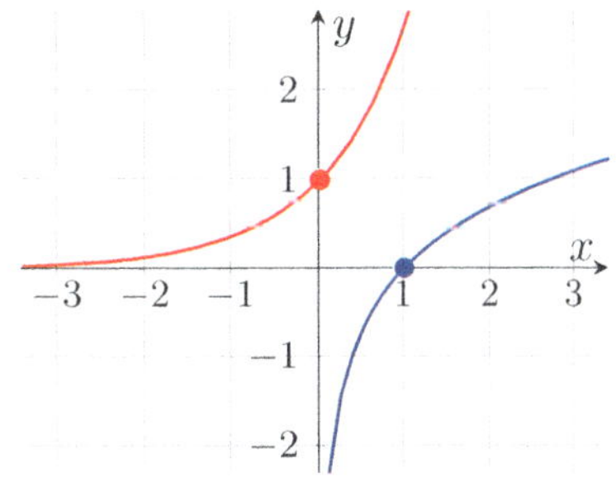

Esercizi

Esercizio 5.1. Trovare le soluzioni reali delle seguenti disequazioni:

(a) $|x^2 - 1| \leq 0$ (b) $|x - 2| < 1$

Esercizio 5.2. Trovare le soluzioni reali delle seguenti disequazioni:

(a) $\log_{10}(\frac{1}{x^2}) \leq 2$ (b) $\log_{\frac{1}{2}}(x - 1) \geq \log_{\frac{1}{2}}(7 - x)$

Esercizio 5.3. (esame) Trovare le soluzioni reali delle seguenti disequazioni:

(a) $\log_{10}(x^2 - 2x + 1) \leq 0$ (b) $\ln(x + 2) \geq -1$

Esercizio 5.4. Studiare il segno delle seguenti funzioni:

(a) $\ln(1 - x) - 1$; (b) $10^{x-1} + 2$; (c) $2^{x-1} - 3$

Esercizio 5.5. (esame) Trovare le soluzioni reali di $\log_3(10 - x^2) \leq 3$.

Risultati

Esercizio 5.1: **(a)** $\{-1, 1\}$; **(b)** $(1, 3)$.
Esercizio 5.2: **(a)** $(-\infty, -\frac{1}{10}] \cup [\frac{1}{10}, +\infty)$; **(b)** $(1, 4]$
Esercizio 5.3: **(a)** $x \in [0, 2] \setminus \{1\}$; **(b)** $x \in [-2 + \frac{1}{e}, +\infty)$

Esercizio 5.4: **(a)** $\ln(1 - x) - 1$ è $\begin{cases} \text{positiva per} & x \in (-\infty, 1 - e) \\ \text{nulla per} & x = 1 - e \\ \text{negativa per} & x \in (1 - e, 1) \end{cases}$;

(b) $10^{x-1} + 2$ è positiva per ogni $x \in \mathbb{R}$;

(c) $2^{x-1} - 3$ è $\begin{cases} \text{negativa per} & x \in (-\infty,\ \log_2(3) + 1) \\ \text{nulla per} & x = \log_2(3) + 1 \\ \text{positiva per} & x \in (\log_2(3) + 1,\ +\infty) \end{cases}$

Esercizio 5.5: $x \in (-\sqrt{10}, \sqrt{10})$

Soluzioni
Soluzioni Soluzioni

Esercizio 5.1: SOLUZIONE

(a) $\boxed{|x^2-1| \leq 0}$

per la definizione di valore assoluto

$$|x^2-1| = \begin{cases} x^2-1 & \text{se } x^2-1 \geq 0 \\ -(x^2-1) & \text{se } x^2-1 < 0 \end{cases}$$

quindi $|x^2-1| = 0$ per $x=-1$ oppure $x=1$
e per ogni $x \neq -1, 1$ si ha $|x^2-1| > 0$.

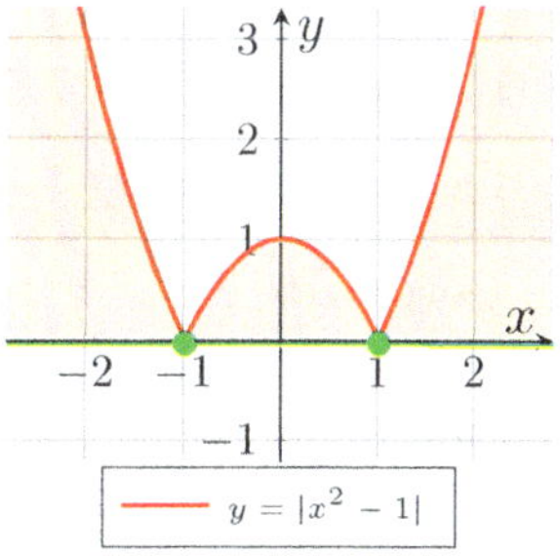

Conclusione: $\boxed{|x^2-1| \leq 0 \text{ per } x \in \{-1, 1\}}$

(b) $\boxed{|x-2| < 1}$

per la definizione di $|x-2|$ la disequazione è soddisfatta per:

$$\begin{cases} x-2 \geq 0 \\ x-2 < 1 \end{cases} \cup \begin{cases} x-2 < 0 \\ -(x-2) < 1 \longrightarrow x > 1 \end{cases}$$

quindi per $x \in [2, 3) \cup (1, 2)$

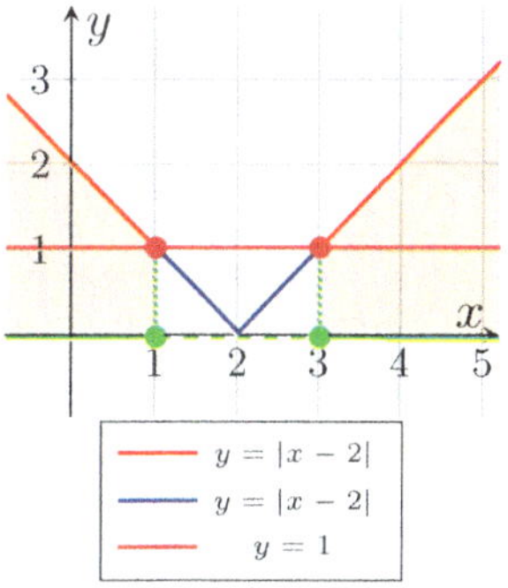

Conclusione: $\boxed{|x-2| < 1 \text{ per } x \in (1, 3)}$

Controllo su due campioni:
$x = -2$ *non è soluzione: infatti* $|-4| \not\leq 1$.
$x = 2$ *è soluzione: infatti* $|0| \leq 1$.

Esercizio 5.2: SOLUZIONE

(a) $\boxed{\log_{10}(\frac{1}{x^2}) \leq 2}$

La funzione $\log_{10}(\frac{1}{x^2})$ è definita per $x \neq 0$, quindi $D = (-\infty, 0) \cup (0, +\infty)$.
Sul dominio D applichiamo a entrambi i membri la funzione esponenziale 10^y che è strettamente crescente perché ha base $10>1$, pertanto non cambia verso alla disequazione: $10^{\log_{10}(\frac{1}{x^2})} \leq 10^2 \iff \frac{1}{x^2} \leq 10^2 \iff \frac{1-100x^2}{x^2} \leq 0 \iff 1-100x^2 \leq 0$

quindi $\frac{1}{x^2} \leq 10^2$ per
$x \in (-\infty, -\frac{1}{10}] \cup [\frac{1}{10}, +\infty)$

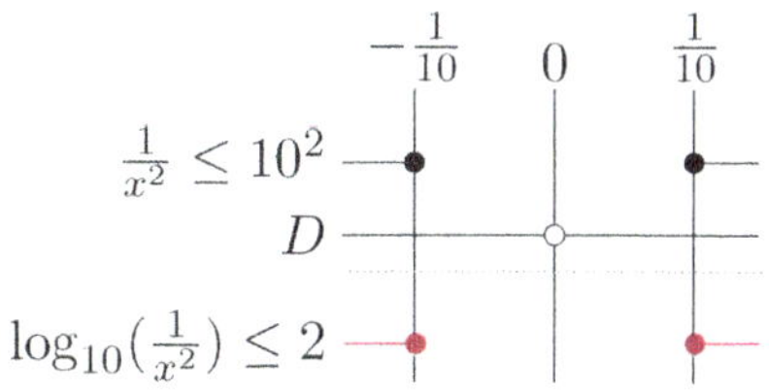

e intersechiamo con il dominio

<u>Conclusione</u>: $\boxed{\log_{10}(\frac{1}{x^2}) \leq 2 \text{ per } x \in (-\infty, -\frac{1}{10}] \cup [\frac{1}{10}, +\infty)}$

Controllo su due campioni:
$x = -1$ *è soluzione: infatti* $\log_{10}(1) = 0 \leq 2$.
$x = \frac{1}{100}$ *non è soluzione: infatti* $\log_{10}(10^4) = 4 \not\leq 2$.

(b) $\boxed{\log_{\frac{1}{2}}(x-1) \geq \log_{\frac{1}{2}}(7-x)}$

La funzione $\log_{\frac{1}{2}}(x-1)$ è definita per $x - 1 > 0$, quindi $D_1 = (1, +\infty)$.
La funzione $\log_{\frac{1}{2}}(7-x)$ è definita per $7 - x > 0$, quindi $D_2 = (-\infty, 7)$.

Dove tutte e due le funzioni sono definite applichiamo a entrambi i membri la funzione esponenziale $(\frac{1}{2})^y$ che è strettamente decrescente (base $\frac{1}{2} < 1$), quindi cambia verso alla disequazione:

$(\frac{1}{2})^{\log_{\frac{1}{2}}(x-1)} \leq (\frac{1}{2})^{\log_{\frac{1}{2}}(7-x)}$
$\iff x - 1 \leq 7 - x$
$\iff 2x - 8 \leq 0$
$\iff x \in (-\infty, 4]$
e intersechiamo i tre insiemi

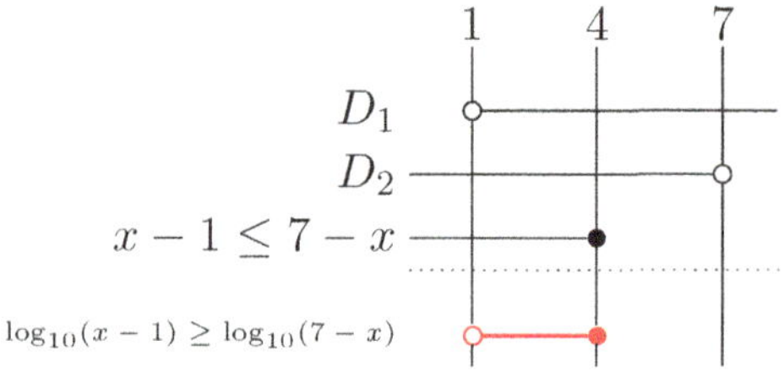

<u>Conclusione</u>: $\boxed{\log_{\frac{1}{2}}(x-1) \geq \log_{\frac{1}{2}}(7-x) \text{ per } x \in (1, 4]}$

Controllo su tre campioni:
$x = 5$ *non è soluzione: infatti* $\log_{\frac{1}{2}}(4) = -2 \not\geq \log_{\frac{1}{2}}(2) = -1$.
$x = 3$ *è soluzione: infatti* $\log_{\frac{1}{2}}(2) = -1 \geq \log_{\frac{1}{2}}(4) = -2$.
$x = 10$ *non è soluzione: infatti* $\log_{\frac{1}{2}}(7-10)$ *non è definito.*

Esercizio 5.3: SOLUZIONE

(a) $\boxed{\log_{10}(x^2 - 2x + 1) \leq 0}$

La funzione $\log_{10}(x^2 - 2x + 1)$ è definita per $x^2 - 2x + 1 > 0$, quindi per $x \in D = (-\infty, 1) \cup (1, +\infty)$.

Sul dominio, applichiamo a entrambi i membri la funzione esponenziale 10^y, che è strettamente crescente (base> 1) e quindi non cambia verso alla disequazione: $10^{\log_{10}(x^2-2x+1)} \leq 10^0 \iff$
$\iff x^2 - 2x + 1 \leq 1$
$\iff x^2 - 2x \leq 0$
$\iff x \in [0, 2]$
Infine intersechiamo i due insiemi:

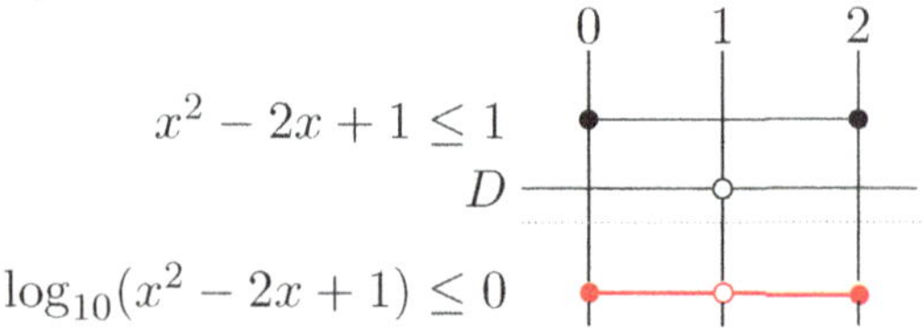

<u>Conclusione</u>: $\boxed{\log_{10}(x^2 - 2x + 1) \leq 0 \text{ per } x \in [0, 2] \setminus \{1\}}$

Controllo su due campioni:
$x = \frac{1}{2}$ *è soluzione: infatti* $\log_{10}(\frac{1}{4} - 1 + 1) = \log_{10}(\frac{1}{4}) < 0$.
$x = 3$ *non è soluzione: infatti* $\log_{10}(9 - 6 + 1) = \log_{10}(4) \not\leq 0$.

(b) $\boxed{\ln(x+2) \geq -1}$

La funzione $\ln(x+2)$ è definita per $x+2 > 0$, quindi $D = (-2, +\infty)$.

Nel dominio applichiamo a entrambi i membri la funzione esponenziale e^y (base $e > 1$, quindi funzione crescente):

$$
\begin{aligned}
e^{\ln(x+2)} \geq e^{-1} &\iff x + 2 \geq \tfrac{1}{e} \\
&\iff x \geq -2 + \tfrac{1}{e} \\
&\iff x \in [-2 + \tfrac{1}{e}, +\infty)
\end{aligned}
$$

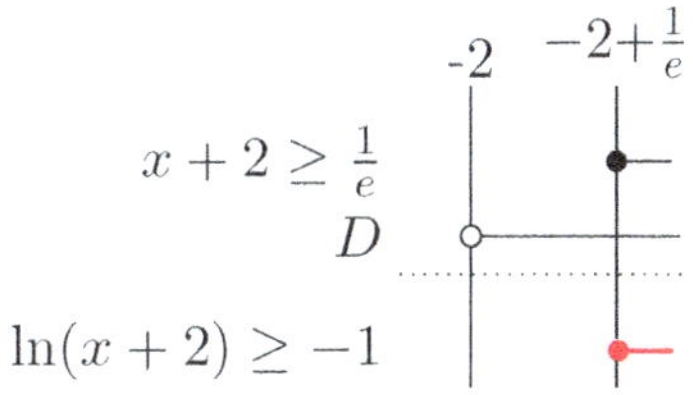

Infine intersechiamo i due insiemi:

<u>Conclusione</u>: $\boxed{\ln(x+2) \geq -1 \text{ per } x \in [-2 + \frac{1}{e}, +\infty)}$

Controllo su tre campioni:
$x = -2+\frac{1}{4}$ *non è soluzione: infatti* $\ln(\frac{1}{4}) \not\geq -1$.
$x = -1$ *è soluzione: infatti* $\ln(1) = 0 > -1$.
$x = -2$ *non è soluzione: infatti* $\ln(0)$ *non è definito.*

Esercizio 5.4: SOLUZIONE

(a) $\boxed{\text{Segno di } \ln(1-x) - 1}$

La funzione $f(x) = \ln(1-x) - 1$ è definita per $1 - x > 0$, quindi per $x \in D = (-\infty, 1)$.

Nel dominio studiamo il segno di $f(x)$, cioè per quali x abbiamo $f(x) > 0$, $f(x) = 0$ e $f(x) < 0$

$$
\begin{aligned}
\ln(1-x) - 1 > 0 &\iff \ln(1-x) > 1 \\
&\iff e^{\ln(1-x)} > e^1 \\
&\iff 1 - x > e \\
&\iff -x + 1 - e > 0
\end{aligned}
$$

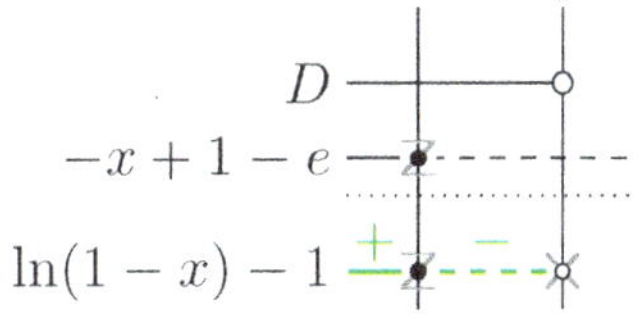

e analogamente per $f(x)=0$ e $f(x)<0$, quindi la funzione $f(x)$, nel suo dominio, ha lo stesso segno di $x+1-e$.

<u>Conclusione</u>: $\ln(1-x) - 1$ è $\begin{cases} \text{positiva per} & x \in (-\infty, 1-e) \\ \text{nulla per} & x = 1 - e \\ \text{negativa per} & x \in (1-e, 1) \end{cases}$

Graficamente questo equivale a determinare le ascisse dei punti del grafico di $y = \ln(1-x)$ che stanno sopra, sotto, o sulla retta $y = 1$.

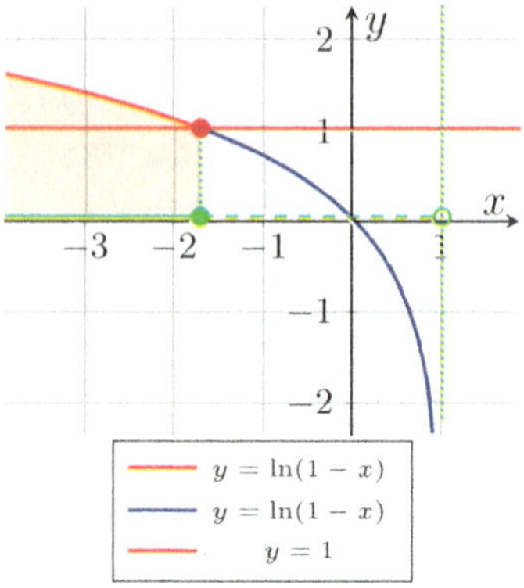

Controllo su tre campioni: $(1-e \approx -1.7)$

$x = -2 \implies f(x)$ *positiva:*

infatti $\ln(1+2) - 1 \approx 0.9 > 0$.

$x = 0 \implies f(x)$ *negativa:*

infatti $\ln(1) - 1 = -1 < 0$.

$x = 10 \implies f(x)$ *non definita:*

infatti $\ln(-9) - 1$ *non è definito.*

(b) Segno di $10^{x-1} + 2$

La funzione esponenziale 10^y è definita e positiva per ogni $y \in \mathbb{R}$. Allora $10^{x-1} > 0$ per ogni $x \in \mathbb{R}$ e, a maggior ragione, è maggiore di -2.

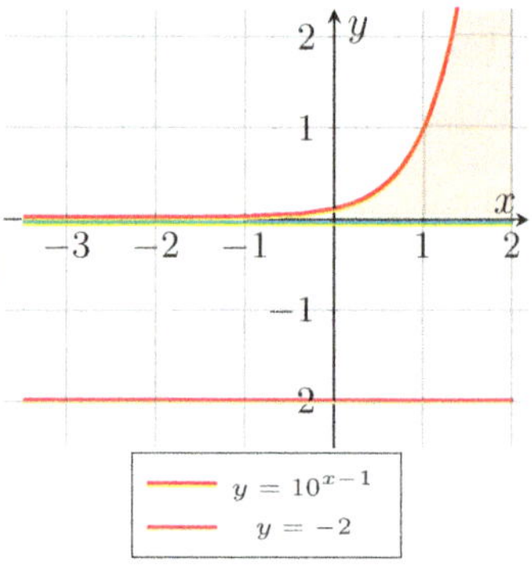

Conclusione: $10^{x-1} + 2 > 0$ per ogni $x \in \mathbb{R}$

Controllo su due campioni:

$x = -1 \implies f(x)$ *positiva:*

infatti $10^{-1-1} + 2 = \frac{1}{100} + 2 > 0$.

$x = 1 \implies f(x)$ *positiva:*

infatti $10^{1-1} + 2 = 1 + 2 > 0$.

(c) Segno di $2^{x-1} - 3$

La funzione esponenziale 2^y è definita per ogni $y \in \mathbb{R}$. Quindi il dominio della funzione $f(x) = 2^{x-1} - 3$ è $\mathbb{R}$.
Nel dominio studiamo il segno, cioè per quali x abbiamo $f(x) > 0$, $f(x) = 0$ e $f(x) < 0$.

Graficamente si tratta di determinare le ascisse dei punti del grafico di $y = 2^{x-1}$ sopra, sotto o sulla retta $y = 3$.

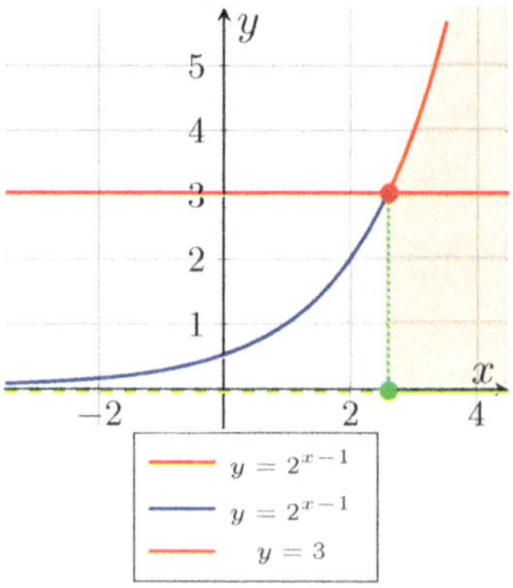

Applicando la funzione $\log_2$ (crescente perché ha base $2>1$) otteniamo:

$$2^{x-1} > 3 \iff x - 1 > \log_2(3) \iff x > \log_2(3) + 1$$

(e analogamente per $f(x) = 0$ e $f(x) < 0$)

Conclusione: $$2^{x-1}-3 \text{ è } \begin{cases} \text{negativa per} & x \in (-\infty,\ \log_2(3)+1) \\ \text{nulla per} & x = \log_2(3)+1 \\ \text{positiva per} & x \in (\log_2(3)+1,\ +\infty) \end{cases}$$

Controllo su due campioni: $(\log_2(3)+1 \approx 2.6)$
$x = 2 \implies f(x)$ *negativa: infatti* $2^{2-1}-3 = 2-3 < 0$.
$x = 3 \implies f(x)$ *positiva: infatti* $2^{3-1}-3 = 4-3 > 0$.

Esercizio 5.5: SOLUZIONE

$\log_3(10-x^2) \le 3$

La funzione $\log_3(10-x^2)$ è definita per $10-x^2 > 0$, quindi $D = (-\sqrt{10}, \sqrt{10})$. Sul dominio applichiamo a entrambi i membri la funzione esponenziale 3^y che è crescente (perché ha base $3 > 1$) e quindi non cambia verso alla disequazione.

$$3^{\log_3(10-x^2)} \le 3^3 \iff 10-x^2 \le 27$$
$$\iff -x^2 \le 17$$

(vero per ogni $x \in \mathbb{R}$)

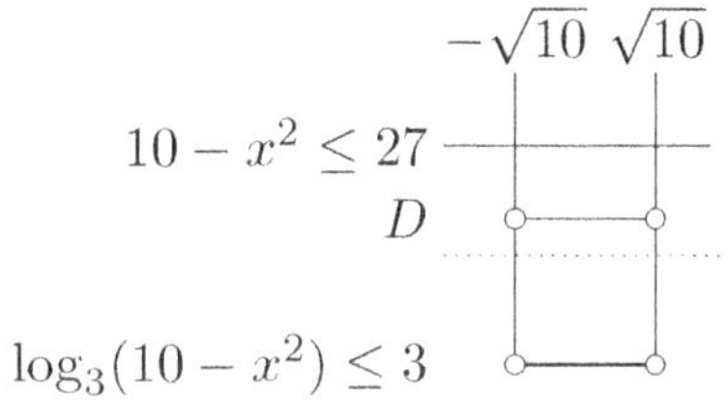

Infine intersechiamo i due insiemi

Conclusione: $\log_3(10-x^2) \le 3$ per $x \in (-\sqrt{10}, \sqrt{10})$

Controllo su due campioni: $\sqrt{10} \approx 3.2$
$x = -1$ *è soluzione: infatti* $\log_3(10-(-1)^2) = \log_3(9) = \log_3(3^2) = 2 < 3$.
$x = 3$ *è soluzione: infatti* $\log_3(10-3^2) = \log_3(1) = 0 < 3$.
$x = 4$ *non è soluzione: infatti* $\log_3(10-4^2) = \log_3(-6)$ *non è definito.*

Capitolo 6

Richiami di trigonometria

$$(\sin(\alpha))^2 + (\cos(\alpha))^2 = 1$$

$$\tan(\alpha) = \frac{\sin(\alpha)}{\cos(\alpha)}$$

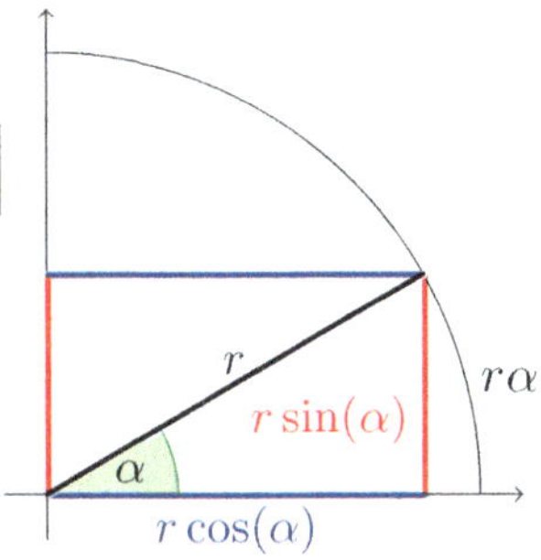

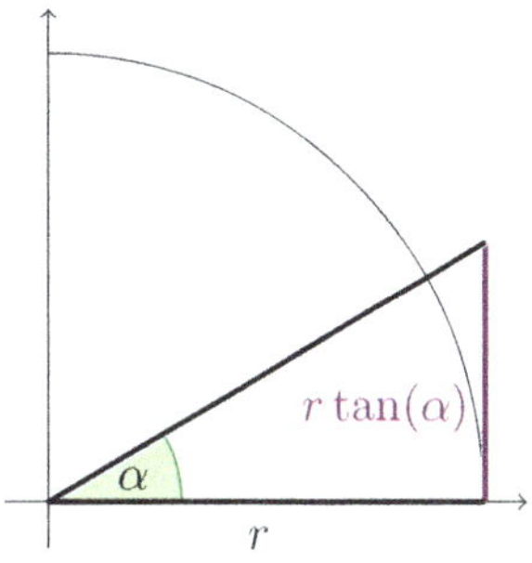

gradi	0°	30°	45°	60°	90°	120°	135°	150°	180°
radianti		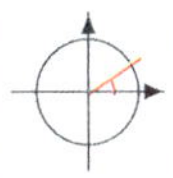			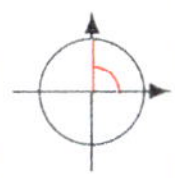	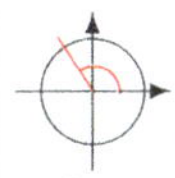	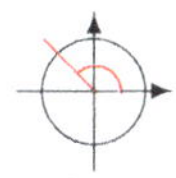	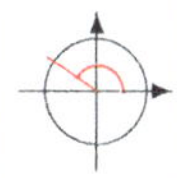	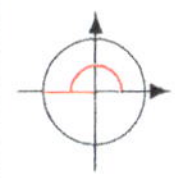
	0	$\frac{\pi}{6}$	$\frac{\pi}{4}$	$\frac{\pi}{3}$	$\frac{\pi}{2}$	$\frac{2}{3}\pi$	$\frac{3}{4}\pi$	$\frac{5}{6}\pi$	π
$\sin(x)$	0	$\frac{1}{2}$	$\frac{\sqrt{2}}{2}$	$\frac{\sqrt{3}}{2}$	1	$\frac{\sqrt{3}}{2}$	$\frac{\sqrt{2}}{2}$	$\frac{1}{2}$	0
$\cos(x)$	1	$\frac{\sqrt{3}}{2}$	$\frac{\sqrt{2}}{2}$	$\frac{1}{2}$	0	$-\frac{1}{2}$	$-\frac{\sqrt{2}}{2}$	$-\frac{\sqrt{3}}{2}$	-1

sin	cos
$\sin(x+2\pi) = \sin(x)$	$\cos(x+2\pi) = \cos(x)$
$\sin(-x) = -\sin(x)$	$\cos(-x) = \cos(x)$
$\sin(\pi - x) = \sin(x)$	$\cos(\pi - x) = -\cos(x)$
$\sin(\pi + x) = -\sin(x)$	$\cos(\pi + x) = -\cos(x)$
$\sin(\frac{\pi}{2} - x) = \cos(x)$	$\cos(\frac{\pi}{2} - x) = \sin(x)$
$\sin(\frac{\pi}{2} + x) = \cos(x)$	$\cos(\frac{\pi}{2} + x) = -\sin(x)$

Esercizi

Esercizi Esercizi

Esercizio 6.1. Se x è un numero reale e $\sin(x) = \frac{1}{2}$, quali sono i possibili valori di $\cos(x)$?

Esercizio 6.2. Trovare le soluzioni reali dell'equazione $(\cos(x))^2 - \cos(x) = 0$ nell'intervallo $[-2\pi, 2\pi]$.

Esercizio 6.3. Determinare quali x nell'intervallo $[0, 2\pi]$ sono soluzioni dell'equazione $\sin(x) - 2(\cos(x))^2 + 2=0$.

Risultati

Risultati Risultati

Esercizio 6.1: $\frac{-\sqrt{3}}{2}; \frac{\sqrt{3}}{2}$
Esercizio 6.2: $\{-2\pi, -\frac{3\pi}{2}, -\frac{\pi}{2}, 0, \frac{\pi}{2}, \frac{3\pi}{2}, 2\pi\}$
Esercizio 6.3: $\{0, \pi, \frac{7\pi}{6}, \frac{11\pi}{6}, 2\pi\}$

Soluzioni

Soluzioni Soluzioni

Esercizio 6.1: SOLUZIONE
Dato che $(\sin(x))^2 + (\cos(x))^2 = 1$ allora $(\cos(x))^2 = 1-(\frac{1}{2})^2 = 1-\frac{1}{4} = \frac{3}{4}$.
Pertanto $\cos(x) = \frac{-\sqrt{3}}{2}$ oppure $\cos(x) = \frac{\sqrt{3}}{2}$.
Conclusione: Se $\sin(x) = \frac{1}{2}$, i possibili valori di $\cos(x)$ sono: $\frac{-\sqrt{3}}{2}; \frac{\sqrt{3}}{2}$

Esercizio 6.2: SOLUZIONE
Si ha: $0 = (\cos(x))^2 - \cos(x) = \cos(x)(\cos(x) - 1)$ se e solo se $(\cos(x) = 0)$ oppure $(\cos(x) = 1)$. Nell'intervallo $[-2\pi, 2\pi]$ si ha:
$\cos(x) = 0$ per $x \in \{-\frac{3\pi}{2}, -\frac{\pi}{2}, \frac{\pi}{2}, \frac{3\pi}{2}\}$;
$\cos(x) = 1$ per $x \in \{-2\pi, 0, 2\pi\}$.
Conclusione: $\{-2\pi, -\frac{3\pi}{2}, -\frac{\pi}{2}, 0, \frac{\pi}{2}, \frac{3\pi}{2}, 2\pi\}$

Esercizio 6.3: SOLUZIONE
Siccome $(\sin(x))^2+(\cos(x))^2=1$, l'equazione si può riscrivere:
$\sin(x) - 2(1-(\sin(x))^2) + 2 = 0 \rightarrow 2(\sin(x))^2 + \sin(x) = 0$
$\rightarrow \sin(x)\cdot(2\sin(x)+1) = 0$ che è risolta dagli x tali che $\sin(x)=0$ oppure $-\frac{1}{2}$: in $[0, 2\pi]$ si ha
$\sin(x) = 0$ per $x \in \{0, \pi, 2\pi\}$;
$\sin(x) = -\frac{1}{2}$ per $x \in \{\pi + \frac{\pi}{6}, 2\pi - \frac{\pi}{6}\}$.
Conclusione: $\{0, \pi, \frac{7}{6}\pi, \frac{11}{6}\pi, 2\pi\}$

Capitolo 7

Numeri complessi

Un numero complesso $z \in \mathbb{C}$ è un numero della forma $a + ib$ (detta **forma algebrica** di z), dove $a, b \in \mathbb{R}$ e i indica l'**unità immaginaria** con la proprietà $i^2 = -1$.

parte reale di z	$\mathrm{Re}(z)$		$= a$	$\in \mathbb{R}$
parte immaginaria di z	$\mathrm{Im}(z)$		$= b$	$\in \mathbb{R}$
coniugato (o *coniugio*) di z	$\overline{z}$		$= a - ib$	$\in \mathbb{C}$
norma di z	$\mathrm{N}(z)$	$= \overline{z} \cdot z$	$= a^2 + b^2$	$\in \mathbb{R}_{\geq 0}$
modulo di z	$\lvert z\rvert$	$= \sqrt{\mathrm{N}(z)}$	$= \sqrt{a^2 + b^2}$	$\in \mathbb{R}_{\geq 0}$

Ogni elemento $z = a + ib \in \mathbb{C}$ si identifica al punto $P(a, b)$ nel piano reale (*piano di Argand-Gauss*). Si hanno le seguenti interpretazioni geometriche:

opposto	$-z$	simmetrico di P rispetto all'origine O
coniugato	$\bar{z}$	simmetrico di P rispetto all'asse reale (asse x)
modulo	$\lvert z\rvert$	lunghezza del vettore $P-O$
argomento	$\arg(z)$	angolo compreso tra il semiasse dei reali positivi e il vettore $P-O$ (in senso antiorario) più eventuali multipli dell'angolo giro $+2k\pi$

Allora $z = a + ib \in \mathbb{C}$ si può scrivere come $z = \rho(\cos(\vartheta) + i\sin(\vartheta))$ dove ρ è il modulo di z e ϑ è l'argomento di z (**forma trigonometrica** di z).

		ha modulo..	e argomento..
opposto	$-z$	$\lvert z\rvert$	$\arg(z) + \pi$
coniugato	$\bar{z}$	$\lvert z\rvert$	$-\arg(z)$
inverso	z^{-1}	$\lvert z\rvert^{-1}$	$-\arg(z)$
prodotto	zw	$\lvert z\rvert \cdot \lvert w\rvert$	$\arg(z) + \arg(w)$
potenza	z^n	$\lvert z\rvert^n$	$n \cdot \arg(z)$

Fissato $z \in \mathbb{C}\backslash\{0\}$ l'equazione $x^n = z$ ha n soluzioni complesse che, nel piano di Argand-Gauss, corrispondono ai vertici di un poligono regolare: se $\lvert z\rvert = \rho$ e $\arg(z) = \varphi$ le radici n-me di z sono $x_0, ..., x_{n-1}$ dove

$$|x_k| = \sqrt[n]{\rho} \quad \text{e} \quad \arg(x_k) = \tfrac{\varphi+2k\pi}{n} \quad \text{per} \quad k = 0, \ldots, n-1$$

Esercizi

Esercizio 7.1. (base) Sia $w = -i \in \mathbb{C}$. Calcolare

(a) w^{10} (b) $\overline{2+3i} + w$

Esercizio 7.2. (base) Dato $z = 2 + 3i \in \mathbb{C}$, determinare la forma algebrica di $\frac{1}{z}$.

Esercizio 7.3. (esame) Dato il numero complesso $z = \frac{1-i}{1+i}$

(a) scrivere z in forma algebrica;

(b) calcolare z^6.

Esercizio 7.4. Dati i numeri complessi $z_1 = 2+3i$ e $z_2 = 1+\frac{1}{2}i$, determinare la forma algebrica di

(a) $z_1 + z_2$ (c) $z_1 \cdot z_2$ (e) $\overline{z}_1$ (g) $-\frac{1}{z_1}$

(b) $z_1 - z_2$ (d) $3z_1$ (f) $\overline{z}_2$ (h) $\frac{z_1}{z_2}$

Esercizio 7.5. Calcolare i numeri complessi

(a) i^{127} (b) i^{149} (c) i^{298} (d) $\frac{1}{(i^{11})}$

Esercizio 7.6. (base) Disegnare nel piano di Argand-Gauss i numeri complessi z, $\overline{z}$, $-z$, $\overline{-z}$, $-\overline{z}$ per

(a) $z = i$ (b) $z = 1 + i$ (c) $z = 2 - 3i$ (d) $z = -3$

Esercizio 7.7. (base) Scrivere $z = (1 + i) \in \mathbb{C}$ in forma trigonometrica e determinare z^4.

Esercizio 7.8. (esame) Determinare le radici terze di $w = -4 \in \mathbb{C}$ e verificare la risposta per una radice non reale.

Esercizio 7.9. (extra) Verificare che per ogni $z = a+ib \in \mathbb{C}$ e $w = c+id \in \mathbb{C}$ valgono le **proprietà della norma**:

(a) $\mathrm{N}(z) = 0 \iff z = 0$ (b) $\mathrm{N}(zw) = \mathrm{N}(z)\,\mathrm{N}(w)$

e mostrare con un esempio che non sempre si ha $\mathrm{N}(z + w) = \mathrm{N}(z) + \mathrm{N}(w)$

Esercizio 7.10. (extra) Verificare che per ogni $z = a+ib \in \mathbb{C}$ e $w = c+id \in \mathbb{C}$ valgono le **proprietà del coniugato**:

(a) $\overline{\overline{z}} = z$ (c) $\overline{zw} = \overline{z}\,\overline{w}$

(b) $\overline{z + w} = \overline{z} + \overline{w}$ (d) $\overline{z} = z \iff z \in \mathbb{R}$

Risultati Risultati Risultati

Esercizio 7.1: **(a)** -1 ; **(b)** $2-4i$
Esercizio 7.2: $\frac{2}{13}-\frac{3}{13}i$
Esercizio 7.3: **(a)** $-i$; **(b)** -1
Esercizio 7.4: **(a)** $3+\frac{7}{2}i$; **(b)** $1+\frac{5}{2}i$; **(c)** $\frac{1}{2}+4i$; **(d)** $6+9i$; **(e)** $2-3i$; **(f)** $1-\frac{1}{2}i$; **(g)** $\frac{-2+3i}{13}$; **(h)** $\frac{14}{5}+\frac{8}{5}i$
Esercizio 7.5: $i^{127}=-i;\quad i^{149}=i;\quad i^{298}=-1;\quad \frac{1}{(i^{11})}=i$
Esercizio 7.6: Vedere soluzione.
Esercizio 7.7: $z=\sqrt{2}(\cos(\frac{\pi}{4})+i\sin(\frac{\pi}{4}))\,;\quad z^4=-4\,.$
Esercizio 7.8: $\{\sqrt[3]{4}(\frac{1}{2}+i\frac{\sqrt{3}}{2}),\ \ -\sqrt[3]{4},\ \ \sqrt[3]{4}(\frac{1}{2}-i\frac{\sqrt{3}}{2})\}$
Esercizio 7.9: Vedere soluzione
Esercizio 7.10: Vedere soluzione

Soluzioni Soluzioni Soluzioni

Esercizio 7.1: SOLUZIONE

(a) $w^{10}\ =\ (-i)^{10}\ =\ ((-i)^2)^5\ =\ ((-i)\cdot(-i))^5\ =\ (i\cdot i)^5=(-1)^5\ =\ -1$
Conclusione: $w^{10}=-1$

(b) $\overline{2+3i}+w\ =\ 2-3i+(-i)\ =\ 2-3i-i\ =\ 2-4i$
Conclusione: $\overline{2+3i}+w\ =\ 2-4i\,.$

Esercizio 7.2: SOLUZIONE

$\frac{1}{z}\ =\ \frac{1}{z}\cdot\frac{\overline{z}}{\overline{z}}\ =\ \frac{1}{2+3i}\cdot\frac{2-3i}{2-3i}\ =\ \frac{2-3i}{(2+3i)(2-3i)}\ =\ \frac{2-3i}{4+9}\ =\ \frac{2-3i}{13}$
Conclusione: $\frac{1}{z}=\frac{2}{13}-\frac{3}{13}i$

Verifica: $(2+3i)\cdot(\frac{2}{13}-\frac{3}{13}i)\ =\ \frac{(2+3i)(2-3i)}{13}\ =\ \frac{4+\cancel{6i}-\cancel{6i}-9i^2}{13}\ =\ \frac{4+9}{13}\ =\ 1$

Esercizio 7.3: SOLUZIONE

(a) $z=\frac{1-i}{1+i}=\frac{1}{1+i}\cdot(1-i)$, dove
$\frac{1}{1+i}\ =\ \frac{1}{1+i}\frac{1-i}{1-i}\ =\ \frac{1-i}{(1-i)(1+i)}\ =\ \frac{1-i}{1+1}\ =\ \frac{1-i}{2}$
Conclusione: $z=\frac{1-i}{2}\cdot(1-i)\ =\ \frac{-2i}{2}\ =\ -i$

(b) $z^6\ =\ z{\cdot}z{\cdot}z{\cdot}z{\cdot}z{\cdot}z\ =\ (z^2)^3\ =\ ((\ \ i)^2)^3\ =\ (-1)^3\ =\ -1\,.$
Conclusione: $z^6=-1\,.$

Esercizio 7.4: SOLUZIONE

$z_1=2+3i$ e $z_2=1+\frac{1}{2}i\,.$

(a) $z_1 + z_2 = 2 + 3i + 1 + \frac{1}{2}i = 2 + 1 + 3i + \frac{1}{2}i = 3 + \frac{7}{2}i$

(b) $z_1 - z_2 = 2 + 3i - (1 + \frac{1}{2}i) = 2 + 3i - 1 - \frac{1}{2}i) = 1 + \frac{5}{2}i$

(c) $z_1 \cdot z_2 = (2 + 3i) \cdot (1 + \frac{1}{2}i) = 2 + 3i + 2 \cdot \frac{1}{2}i + 3i \cdot \frac{1}{2}i = 2 + 3i + i + \frac{3}{2}i^2 = 2 + 4i - \frac{3}{2} = \frac{1}{2} + 4i$

(d) $3z_1 = 3 \cdot (2 + 3i) = 6 + 9i$

(e) $\overline{z}_1 = \overline{2+3i} = 2 - 3i$

(f) $\overline{z}_2 = \overline{1+\frac{1}{2}i} = 1 - \frac{1}{2}i$

(g) $-\frac{1}{z_1} = -\frac{1}{2+3i} \cdot \frac{2-3i}{2-3i} = -\frac{2-3i}{(2+3i)(2-3i)} = -\frac{2-3i}{4-9i^2} = -\frac{2-3i}{4+9} = -\frac{2}{13} + \frac{3}{13}i$

(h) $\frac{z_1}{z_2} = \frac{(2+3i)\,(1-\frac{1}{2}i)}{(1+\frac{1}{2}i)\,(1-\frac{1}{2}i)} = \frac{2+3i-i-\frac{3}{2}i^2}{1-\frac{1}{4}i^2} = \frac{2+2i+\frac{3}{2}}{1+\frac{1}{4}} = (\frac{7}{2}+2i) \cdot \frac{4}{5} = \frac{14}{5}+\frac{8}{5}i$

Esercizio 7.5: SOLUZIONE

Osserviamo anzitutto che $i^2 = -1, i^3 = -i, i^4 = 1$. Quindi ogni volta che abbiamo una potenza di i con esponente multiplo di 4 otteniamo 1 perché $i^{4n} = (i^4)^n = 1^n = 1$.
Allora se l'esponente è del tipo $4n + r$ si ha $i^{4n+r} = i^{4n} i^r = 1 \cdot i^r = i^r$. Perciò

(a) $i^{127} = i^{124+3} = i^{124} \cdot i^3 = i^3 = -i$;

(b) $i^{149} = i^{148+1} = i$;

(c) $i^{298} = i^{296+2} = i^2 = -1$;

(d) $\frac{1}{(i^{11})} = i^{-11} = i^{-12+1} = (i^4)^{-3} i = i$

Esercizio 7.6: SOLUZIONE

Osserviamo che il coniugato dell'opposto di z è uguale all'opposto del coniugato di z, cioè $\overline{-z} = -\overline{z}$: infatti $\overline{-z} = \overline{-a - ib} = -a + ib = -\overline{(a + ib)} = -\overline{z}$

(a) $z = i$

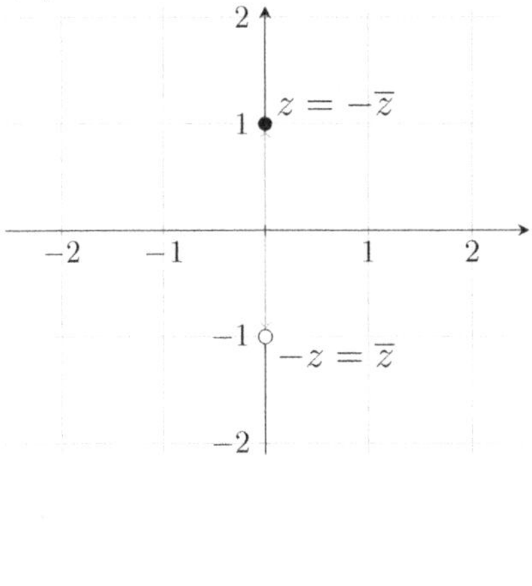

(b) $z = 1 + i$

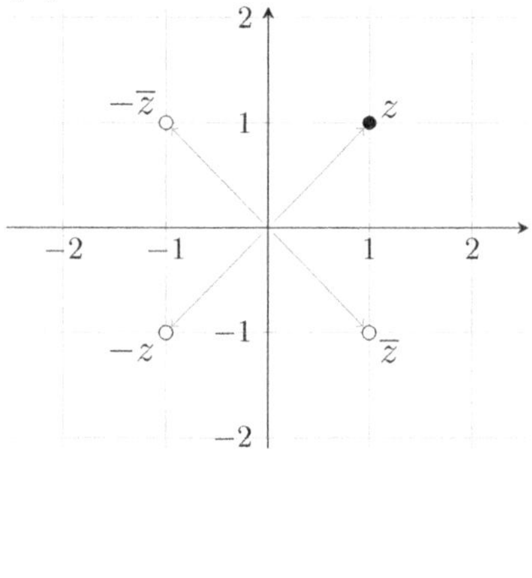

(c) $z = 2 - 3i$

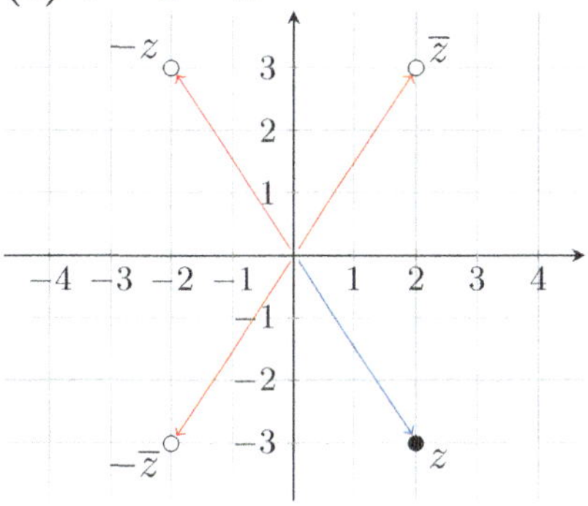

(d) $z = -3$

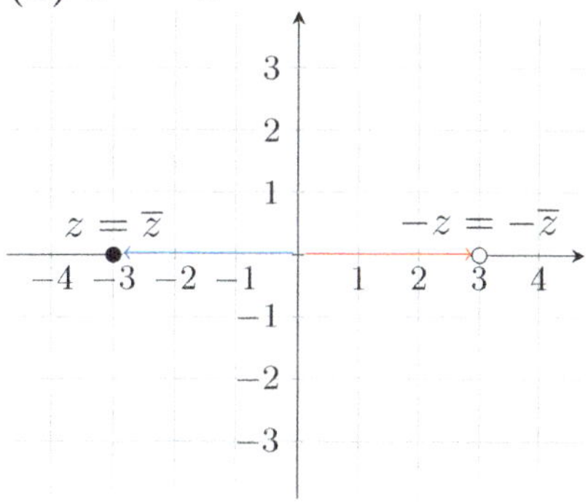

Esercizio 7.7: SOLUZIONE

(Determiniamo l'argomento osservando la rappresentazione grafica di z)
Scriviamo modulo e argomento di z:

$$|z| = \sqrt{2} \qquad \arg(z) = \frac{\pi}{4}$$

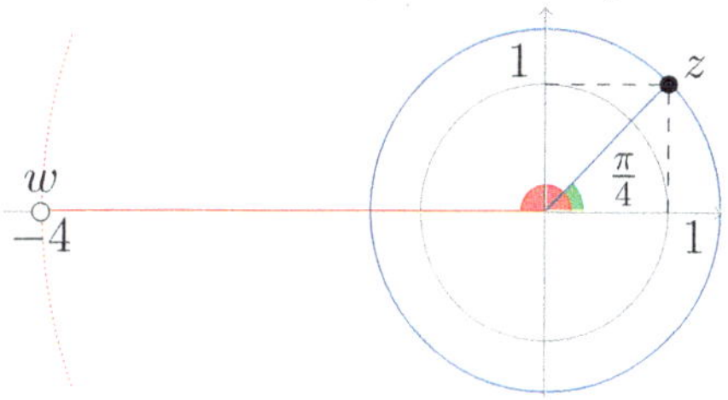

(verifichiamo la forma trigonometrica:
$z = \sqrt{2}(\cos(\frac{\pi}{4}) + i\sin(\frac{\pi}{4}))$)
Scriviamo modulo e argomento di $w = z^4$:

$$|w| = |z|^4 = (\sqrt{2})^4 = 4 \qquad \arg(w) = 4\arg(z) = \pi$$

Allora $w = 4(\cos(\pi) + i\sin(pi)) = 4(-1) = -4$.
Conclusione: $z = \sqrt{2}(\cos(\frac{\pi}{4}) + i\sin(\frac{\pi}{4}))$ e $z^4 = -4$.

Esercizio 7.8: SOLUZIONE

(determiniamo l'argomento di w osservandone la rappresentazione grafica)

$$|w| = \sqrt{(-4)^4} = 4 \qquad \arg(w) = \pi$$

Verifichiamo la forma trigonometrica: $w = 4(\cos(\pi)+i\sin(\pi)) = 4(-1) = -4$

Le tre radici terze di w hanno modulo e argomento ($k = 0, 1, 2$):

$$|x_k| = \sqrt[3]{|w|} = \sqrt[3]{4}$$
$$\arg(x_k) = \frac{\arg(w) + 2k\pi}{3} = \frac{\pi + 2k\pi}{3}$$

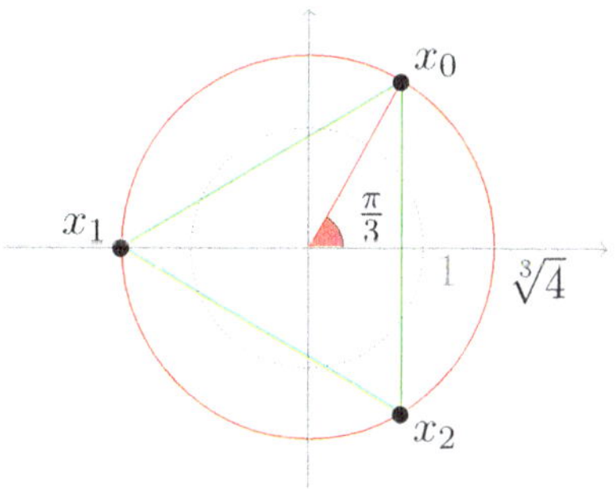

$$\begin{array}{llll} & x_0 & = \sqrt[3]{4}(\cos(\frac{\pi}{3}) + i\sin(\frac{\pi}{3})) & = \sqrt[3]{4}(\frac{1}{2} + i\frac{\sqrt{3}}{2}) \\ \underline{\text{Conclusione}}: & x_1 & = \sqrt[3]{4}(\cos(\frac{3\pi}{3}) + i\sin(\frac{3\pi}{3})) & = -\sqrt[3]{4} \\ & x_2 & = \sqrt[3]{4}(\cos(\frac{5\pi}{3}) + i\sin(\frac{5\pi}{3})) & = \sqrt[3]{4}(\frac{1}{2} - i\frac{\sqrt{3}}{2}) \end{array}$$

<u>Verifica</u>: $(x_2)^3 = w\,?$

$(x_2)^3 = (\sqrt[3]{4}(\frac{1}{2} - i\frac{\sqrt{3}}{2}))^3 = \frac{4}{8}(1-i\sqrt{3})(1-i\sqrt{3})(1-i\sqrt{3}) =$
$= \frac{1}{2}(1-i\sqrt{3})(1+(i\sqrt{3})^2-2i\sqrt{3}) = \frac{1}{2}(1-i\sqrt{3})(-2-2i\sqrt{3}) = \frac{1}{2}\cdot 2(-1-3) = -4$

Esercizio 7.9: SOLUZIONE

(a) $\mathrm{N}(z) = 0$ se e solo se $a^2 + b^2 = 0$ con $a, b \in \mathbb{R}$; ciò si verifica se e solo se a e b sono entrambi nulli, quindi $z = 0$.

(b) $\mathrm{N}(zw) = \mathrm{N}((a+ib)(c+id)) = \mathrm{N}((ac-bd) + i(ad+bc))$
$= (ac-bd)^2 + (ad+bc)^2 = a^2c^2 + b^2d^2 - \cancel{2abcd} + a^2d^2 + b^2c^2 + \cancel{2abcd}$
$N(z)\,\mathrm{N}(w) = (a^2+b^2)(c^2+d^2) = a^2c^2 + b^2c^2 + a^2d^2 + b^2d^2$
<u>Conclusione</u>: $\mathrm{N}(zw) = N(z)\,\mathrm{N}(w)$

Per $z = i$ e $w = -i$ si ha $\mathrm{N}(z+w) = \mathrm{N}(0) = 0$, mentre $\mathrm{N}(z) + \mathrm{N}(w) = 1 + 1 = 2$

Esercizio 7.10: SOLUZIONE

(a) $\overline{\overline{z}} = \overline{a - ib} = a + ib = z$

(b) $\overline{z+w} = \overline{a + c + i(b+d)} = a + c - i(b+d) = a - ib + c - id = \overline{z} + \overline{w}$

(c) $\overline{zw} = \overline{(a+ib)(c+id)} = \overline{(ac-bd) + i(ad+bc)} = (ac-bd) - i(ad+bc)$
$\overline{z}\,\overline{w} = (a-ib)(c-id) = (ac-bd) - i(ad+bc)$

(d) $a - ib = a + ib$ se e solo se $b = 0$, cioè se e solo se $z = a \in \mathbb{R}$.

Capitolo 8

Polinomi

I polinomi sono importanti perché sono le funzioni più semplici in quanto le loro proprietà sono facili da investigare (zeri, segno, derivate, integrali). Inoltre a volte sono usati in sostituzione di altre funzioni perché ne rappresentano una buona approssimazione (polinomi di Taylor). In questo capitolo ne studieremo diversi aspetti.

Formule risolutive: In questo libro usiamo la formula risolutiva per le equazioni di **secondo grado** e alcuni "trucchi" per risolvere alcune particolari equazioni di gradi superiori. È stato dimostrato che anche per le equazioni di **terzo e quarto grado** esistono formule risolutive (in cui intervengono somma, prodotto ed estrazione di radice), e che non ne esistono per le equazioni di grado ≥ 5.

Divisione con resto: Dati due polinomi $f(x)$ e $g(x) \neq 0$ esistono due polinomi $q(x)$ e $r(x)$ (**quoziente** e **resto**) univocamente determinati tali che

$$f(x) = g(x)q(x) + r(x) \quad \text{con} \quad r = 0 \text{ oppure } \deg(r) < \deg(g)$$

Teorema di Ruffini: Sia $f(x)$ un polinomio. Il numero α è radice di f, cioè $f(\alpha) = 0$, se e solo se $(x - \alpha)$ divide $f(x)$ (cioè è un fattore di $f(x)$)

Teorema delle radici complesse coniugate: Se un polinomio ha coefficienti reali e se $z \in \mathbb{C}$ è una sua radice, allora anche $\overline{z}$ è sua radice

Principio di identità dei polinomi: Due polinomi sono uguali se hanno uguali i coefficienti dei termini dello stesso grado.

Esercizi

Esercizio 8.1. (extra) Siano dati due polinomi $f(x)$ e $g(x)$ a coefficienti in un campo K (per esempio $\mathbb{Q}$, $\mathbb{R}$, $\mathbb{C}$). Dimostrare che

(a) Il grado di $f(x) \cdot g(x)$ è la somma dei gradi di $f(x)$ e $g(x)$;

(b) Il grado di $f(x) + g(x)$ è minore o uguale al massimo dei gradi di $f(x)$ e $g(x)$.

(c) Mostrare due polinomi di grado 4 la cui somma abbia grado 2.

Esercizio 8.2. (base) Calcolare quoziente e resto della divisione di $f(x) = x^5 + x^4 + 2x^3 - 1$ per $g(x) = x^2 - 2$. Verificare il risultato.

Esercizio 8.3. (base) Sia dato il polinomio $p(x) = x^3 - \frac{5}{2}x^2 + \frac{1}{2}$
(a) Mostrare che $\frac{1}{2}$ è radice di $p(x)$
(b) Dividere il polinomio $p(x)$ per $x - \frac{1}{2}$

Esercizio 8.4. Determinare $A, B, C \in \mathbb{R}$ tali che $\dfrac{x}{(x-1)(x^2+1)}$ sia uguale alla somma di frazioni $\dfrac{A}{x-1} + \dfrac{Bx+C}{x^2+1}$

Esercizio 8.5. Per ognuna delle seguenti funzioni razionali:

(a) $\frac{2x^4-3x^3}{x^2-3x+2}$
(b) $\frac{1}{(x+5)(x-2)}$
(c) $\frac{1}{x-x^2}$
(d) $\frac{1}{x^2-3x+2}$
(e) $\frac{x}{x^3-x^2+x-1}$
(f) $\frac{1}{x(x^2+1)^2}$

- determinare quoziente e resto della divisione del numeratore per il denominatore;
- scomporre il denominatore in fattori a coefficienti reali;
- scrivere come somma di frazioni con denominatore non riducibile.

Polinomi, fattorizzazione e numeri complessi

Esercizio 8.6. (base) Verificare che $1+i$ è radice di $x^4 - (1+i)x^3 - 2x + 2(1+i)$.

Esercizio 8.7. (extra) Dato un qualsiasi numero complesso $z \in \mathbb{C}$ mostrare che $(x - z)(x - \bar{z})$ è un polinomio di secondo grado a coefficienti in $\mathbb{R}$.

Esercizio 8.8. (base) Determinare le soluzioni complesse delle equazioni:

(a) $2x^2 - 2x + 1 = 0$
(b) $x^3 + 4 = 0$

Esercizio 8.9. (base) Dato il polinomio $p(x) = x^4 + x^3 + \frac{2}{3}x^2 + x - \frac{1}{3}$
(a) Mostrare che $i \in \mathbb{C}$ è radice di $p(x)$
(b) Verificare che anche $-i$ è radice di $p(x)$
(c) Quanto vale il resto della divisione del polinomio $p(x)$ per $x^2 + 1$?

Esercizio 8.10. Determinare le radici complesse dei seguenti polinomi:

(a) $x^3 + 1$
(b) $x^2 + 2x + ix + i + 1$

Esercizio 8.11. Sia dato il polinomio $f(x) = x^8 - 1$:
(a) determinare le radici complesse di f
(b) calcolare i fattori irriducibili di f a coefficienti in $\mathbb{C}$
(c) calcolare i fattori irriducibili di f a coefficienti in $\mathbb{R}$

Esercizio 8.12. Dati i polinomi:

$$f_1(x) = x^4 - 2x^2, \quad f_2(x) = x^4 - 1, \quad f_3(x) = x^3 + 3x^2 + 2x, \quad f_4(x) = x^3 + 3x$$

(a) Trovarne i fattori a coefficienti complessi.
(b) Trovarne i fattori a coefficienti reali.
(c) Trovarne i fattori a coefficienti razionali.

Esercizio 8.13. Scomporre in fattori irriducibili a coefficienti reali di primo e secondo grado i seguenti polinomi:

(a) $x^4 - 2$ (b) $x^7 + x^6 + x^5 + x^4 + x^3 + x^2 + x + 1$

Esercizio 8.14. (extra) Trovare un polinomio $p(x)$ di grado minimo che si annulli in i, $1 - i$, tale che $p(1) = 2$ e che abbia

(a) coefficienti complessi (b) coefficienti reali

Risultati

Esercizio 8.1: Vedere soluzione.
Esercizio 8.2: $q(x) = x^3 + x^2 + 4x + 2$, $r(x) = 8x + 3$.
Esercizio 8.3: **(a)** $p(\frac{1}{2}) = (\frac{1}{2})^3 - \frac{5}{2}(\frac{1}{2})^2 + \frac{1}{2} = \frac{1}{8} - \frac{5}{8} + \frac{1}{2} = 0$;
(b) $p(x)/(x - \frac{1}{2}) = x^2 - 2x - 1$
Esercizio 8.4: $A = \frac{1}{2}, B = -\frac{1}{2}, C = \frac{1}{2}$.
Esercizio 8.5:
(a) $q(x) = 2x^2 + 3x + 5, r(x) = 9x - 10$; $x^2 - 3x + 2 = (x-1)(x-2)$;
$\frac{2x^4 - 3x^3}{x^2 - 3x + 2} = 2x^2 + 3x + 5 + \frac{1}{x-1} + \frac{8}{x-2}$
(b) $q(x) = 0, r(x) = 1$; $\frac{1}{(x+5)(x-2)} = -\frac{1}{7}\frac{1}{x+5} + \frac{1}{7}\frac{1}{x-2}$
(c) $q(x) = 0, r(x) = 1$; $x - x^2 = x(1-x)$; $\frac{1}{x-x^2} = \frac{1}{x} + \frac{-1}{x-1}$
(d) $q(x) = 0, r(x) = 1$; $x^2 - 3x + 2 = (x-1)(x-2)$; $\frac{1}{x^2-3x+2} = -\frac{1}{x-1} + \frac{1}{x-2}$
(e) $q(x) = 0, r(x) = x$; $x^3 - x^2 + x - 1 = (x-1)(x^2+1)$;
$\frac{x}{x^3-x^2+x-1} = \frac{1}{2} \cdot \frac{1}{x-1} + \frac{1}{2} \cdot \frac{-x+1}{x^2+1}$
(f) $q(x) = 0, r(x) = 1$; $\frac{1}{x(x^2+1)^2} = \frac{1}{x} + \frac{-x}{x^2+1} + \frac{-x}{(x^2+1)^2}$
Esercizio 8.6: Vedere soluzione.
Esercizio 8.7: Vedere soluzione.
Esercizio 8.8: **(a)** $\{\frac{1}{2} - \frac{1}{2}i, \ \frac{1}{2} + \frac{1}{2}i\}$; **(b)** $\{\sqrt[3]{4}(\frac{1}{2} + i\frac{\sqrt{3}}{2}), \ -\sqrt[3]{4}, \ \sqrt[3]{4}(\frac{1}{2} - i\frac{\sqrt{3}}{2})\}$
Esercizio 8.9: **(a)** $p(i) = 0$; **(b)** $p(-i) = 0$; **(c)** 0.
Esercizio 8.10: **(a)** $\{\frac{1}{2} + i\frac{\sqrt{3}}{2}, \ -1, \ \frac{1}{2} - i\frac{\sqrt{3}}{2}\}$
(b) $\{-1 - i, \ -1\}$

Esercizio 8.11: **(a)** Vedere soluzione
(b) $(x-x_0)(x-x_1)(x-x_2)(x-x_3)(x-x_4)(x-x_5)(x-x_6)(x-x_7)$
(c) $(x-1)\,(x+1)\,(x^2-\sqrt{2}x+1)\,(x^2+1)\,(x^2+\sqrt{2}x+1)$
Esercizio 8.12: **(a)** $f_1(x)=x\cdot x\cdot(x+\sqrt{2})(x-\sqrt{2})$;
$f_2(x)=(x-1)(x+1)(x-i)(x+i)$;
$f_3(x)=x(x+1)(x+2)$; $f_4(x)=x(x-i\sqrt{3})(x+i\sqrt{3})$
(b) $f_1(x)=x\cdot x\cdot(x+\sqrt{2})\cdot(x-\sqrt{2})$; $f_2(x)=(x-1)(x+1)(x^2+1)$;
$f_3(x)=x(x+1)(x+2)$; $f_4(x)=x\cdot(x^2+3)$
(c) $f_1(x)=x\cdot x\cdot(x^2-2)$; $f_2(x)=(x-1)(x+1)(x^2+1)$;
$f_3(x)=x\cdot(x+1)\cdot(x+2)$; $f_4(x)=x\cdot(x^2+3)$
Esercizio 8.13: **(a)** $(x-\sqrt[4]{2})\,(x+\sqrt[4]{2})\,(x^2+\sqrt{2})$;
(b) $(x+1)\,(x^2-\sqrt{2}x+1)\,(x^2+1)\,(x^2+\sqrt{2}x+1)$
Esercizio 8.14: **(a)** $p(x)=(1-i)\cdot(x-i)\cdot(x-1+i)$;
(b) $p(x)=(x^2+1)\cdot(x^2-2x+2)$

Soluzioni

Soluzioni Soluzioni

Esercizio 8.1: SOLUZIONE

Siano $f(x)=a_nx^n+\cdots+a_2x^2+a_1x+a_0$ e $g(x)=b_sx^s+\cdots+b_2x^2+b_1x+b_0$, con $a_n,b_s\neq 0$.

(a) Il monomio di grado massimo di $f\cdot g$ è $a_nb_sx^{n+s}$, e $a_nb_s\neq 0$, quindi $\deg(f\cdot g)=n+s$.

(b) Il monomio di grado massimo di $f+g$ è a_nx^n se $n>s$, b_sx^s se $s>n$.
Se $n=s$ la somma dei monomi di grado massimo è $(a_n+b_s)x^n$, ma a_n+b_s può essere uguale a 0 (per esempio con $f(x)=x^2-x-1$, $g(x)=-x^2+3x$ abbiamo $f+g=2x-1$).
Quindi $\deg(f+g)\leq\max\{n,s\}$.

(c) $f(x)=x^4-3x-1$ e $g(x)=-x^4+5x^2-x$ sono due polinomi di grado 4 che hanno somma $f(x)+g(x)=\cancel{x^4}-3x-1-\cancel{x^4}+5x^2-x=5x^2-4x-1$, polinomio di grado 2.

Esercizio 8.2: SOLUZIONE

Calcolare quoziente e resto della divisione $f(x)=x^5+x^4+2x^3-1$ per $g(x)=x^2-2$. Verificare il risultato.

Il resto $r(x)$ deve essere nullo o avere **grado minore** del grado del divisore $g(x)$: in questo caso **2**.

Il quoziente $q(x)$ deve essere nullo o avere **grado uguale** alla differenza dei gradi del dividendo e del divisore: in questo caso $5-2=\mathbf{3}$.

$$
\begin{array}{rrrrrr|l}
x^5 & +x^4 & +2x^3 & & & -1 & x^2-2 \\ \cline{7-7}
-x^5 & & +2x^3 & & & & x^3+x^2+4x+2 \\ \cline{1-6}
 & +x^4 & +4x^3 & & & -1 & \\
 & -x^4 & & +2x^2 & & & \\ \cline{2-6}
 & & 4x^3 & +2x^2 & & -1 & \\
 & & -4x^3 & & +8x & & \\ \cline{3-6}
 & & & +2x^2 & +8x & -1 & \\
 & & & -2x^2 & & +4 & \\ \cline{4-6}
 & & & & 8x & +3 &
\end{array}
$$

cioè $f(x)=g(x)q(x)+r(x)=g(x)\cdot(x^3+x^2+4x+2)+(8x+3)$.
Prima della verifica generale proviamo su due campioni:

$x=0:\quad f(0)=-1;\qquad g(0)\cdot q(0)+r(0)\ =(-2)\cdot 2+3\ =-1$

$x=1:\quad f(1)=3;\qquad g(1)\cdot q(1)+r(1)\ =(-1)\cdot 8+11\ =3$

<u>Verifica</u>:
$g(x)q(x)+r(x)=(x^2-2)\cdot(x^3+x^2+4x+2)+(8x+3)=$
$x^5+x^4+4x^3+\cancel{2x^2}-2x^3-\cancel{2x^2}-\cancel{8x}-4+\cancel{8x}+3=x^5+x^4+2x^3-1$
$=f(x)$

Esercizio 8.4: SOLUZIONE

Per calcolare A,B,C basta trovare il comun denominatore di $\frac{A}{(x-1)}+\frac{Bx+C}{(x^2+1)}$ ed eguagliare il numeratore a quello della frazione di partenza $\frac{x}{(x^3-x^2+x-1)}$ per il Principio di identità dei polinomi.

Quindi abbiamo $A(x^2+1)+(Bx+C)(x-1)=x$, da cui $(A+B)x^2+(C-B)x+A-C=x$. Allora $\begin{cases} A+B=0 \\ C-B=1 \\ A-C=0 \end{cases}$ e dunque $\begin{cases} A=\frac{1}{2} \\ B=-\frac{1}{2} \\ C=\frac{1}{2} \end{cases}$.

<u>Conclusione</u>: $\dfrac{x}{(x^3-x^2+x-1)}=\dfrac{1}{2(x-1)}+\dfrac{-x+1}{2(x^2+1)}$.

Osservazione: il denominatore x^2+1 della seconda frazione è di secondo grado e non riducibile su $\mathbb{R}$ nel prodotto di due fattori di primo grado, quindi è necessario cercare il numeratore nella forma $Bx+C$ (resto "generico" della divisione per x^2+1): se avessimo cercato l'uguaglianza con $\frac{A}{(x-1)}+\frac{C}{(x^2+1)}$ non avremmo trovato soluzioni.

Applicheremo questa tecnica per calcolare gli integrali di funzioni razionali (capitolo 15, pag. 127)

Esercizio 8.5: SOLUZIONE

Queste scomposizioni sono la parte cruciale di esercizi sugli integrali di funzioni razionali. Per lo svolgimento nel giusto contesto vederne le relative soluzioni.

(a) Esercizio 15.15

(b) Esercizio 15.20

(c) Esercizio 15.21.(a)

(d) Esercizio 15.21.(b)

(e) Esercizio 15.22

(f) Esercizio 15.26

Esercizio 8.6: SOLUZIONE

$p(1+i) = \cancel{(1+i)^4} - \cancel{(1+i)(1+i)^3} - \cancel{2(1+i)} + \cancel{2(1+i)} = 0$.

Conclusione: $1+i$ è radice di $p(x)$.

Esercizio 8.7: SOLUZIONE

Sia $z = a + ib$, numero complesso generico con $a, b \in \mathbb{R}$, allora

$$\begin{aligned}(x-z)(x-\bar{z}) &= (x-a-ib)(x-a+ib) = \\ &= x(x-a+ib) - a(x-a+ib) - ib(x-a+ib) = \\ &= x^2 - ax + \cancel{ibx} - ax + a^2 - \cancel{iab} - \cancel{ibx} + \cancel{iab} - i^2b^2 = \\ &= x^2 - 2ax + (a^2+b^2)\end{aligned}$$

e quindi è un polinomio di secondo grado a coefficienti in $\mathbb{R}$.

Esercizio 8.8: SOLUZIONE

(a) $2x^2 - 2x + 1 = 0$

Per risolvere le equazioni di secondo grado sui complessi si usa la stessa formula risolutiva usata per i reali: si calcola il discriminante Δ e una radice quadrata (complessa) δ:

$\Delta = b^2 - 4ac = (-2)^2 - 4\cdot 2\cdot 1 = 4 - 8 = -4$ quindi $\delta = 2i$. Allora le due soluzioni complesse sono $x_1 = \frac{-b-\delta}{2a} = \frac{2-2i}{4}$ e $x_2 = \frac{-b+\delta}{2a} = \frac{2+2i}{4}$

Conclusione: $\boxed{\{\frac{1}{2}-\frac{1}{2}i,\ \frac{1}{2}+\frac{1}{2}i\}}$

Verifica:

$2(\frac{1}{2}-\frac{1}{2}i)^2 - 2(\frac{1}{2}-\frac{1}{2}i) + 1 = 2(\frac{1}{4}-\frac{2}{4}i+\frac{1}{4}i^2) - 1 + i + 1 = -i - 1 + i + 1 = 0$;

$2(\frac{1}{2}+\frac{1}{2}i)^2 - 2(\frac{1}{2}+\frac{1}{2}i) + 1 = 2(\frac{1}{4}+\frac{2}{4}i+\frac{1}{4}i^2) - 1 - i + 1 = i - 1 - i + 1 = 0$

(b) $x^3+4=0 \iff x^3=-4$. Quindi ci sono tre soluzioni in $\mathbb{C}$: (vedere la soluzione dell'esercizio 7.8 a pag. 57)

Conclusione: $\boxed{\{\sqrt[3]{4}(\frac{1}{2}+i\frac{\sqrt{3}}{2}),\ -\sqrt[3]{4},\ \sqrt[3]{4}(\frac{1}{2}-i\frac{\sqrt{3}}{2})\}}$

Esercizio 8.9: SOLUZIONE

(a) $p(i)=i^4+i^3+\frac{2}{3}i^2+i-\frac{1}{3}=1-i-\frac{2}{3}+i-\frac{1}{3}=0$.

(b) Dato che $p(x)$ ha coefficienti reali e i è radice di $p(x)$, allora anche $\bar{i}=-i$ è radice di $p(x)$. Infatti $p(-i)=(-i)^4+(-i)^3+\frac{2}{3}(-i)^2-i-\frac{1}{3}=0$.

(c) Dato che i e $-i$ sono radici di $p(x)$ allora dal teorema di Ruffini si deduce che $p(x)$ è divisibile per $(x+i)(x-i)=x^2+1$, quindi il resto vale 0.

Esercizio 8.10: SOLUZIONE

(a) $x^3+1=0$: risolviamo $x^3=-1$, cioè troviamo le radici terze di $z=-1$.

- Scriviamo $z=-1$ in forma trigonometrica: $z=1(\cos(\pi)+i\sin(\pi))$
- Quindi scriviamo modulo e argomento di z: $|z|=1$; $\arg(z)=\pi$
- Allora le 3 radici terze sono x_k per $k=0,1,2$ con

$$|x_k|=\sqrt[3]{1}=1; \qquad \arg(x_k)=\frac{\arg(z)+2k\pi}{3}=\frac{\pi+2k\pi}{3}$$

ed esplicitamente sono:

x_0	$=1(\cos(\frac{\pi}{3})+i\sin(\frac{\pi}{3}))$	$=\frac{1}{2}+i\frac{\sqrt{3}}{2}$
x_1	$=1(\cos(\frac{3\pi}{3})+i\sin(\frac{3\pi}{3}))$	$=-1$
x_2	$=1(\cos(\frac{5\pi}{3})+i\sin(\frac{5\pi}{3}))$	$=\frac{1}{2}-i\frac{\sqrt{3}}{2}$

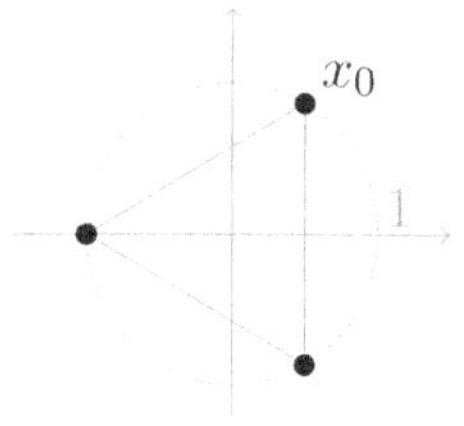

(b) $x^2+2x+ix+i+1$
si usa un procedimento analogo alla nota formula risolutiva per equazioni di secondo grado. Calcoliamo il discriminante per $x^2+(2+i)x+(i+1)$:

$$\Delta=b^2-4ac=(2+i)^2-4(i+1)=-1$$

e calcoliamo $\delta=i$, una delle due radici quadrate complesse di Δ; le soluzioni sono

$$x_1=\frac{-b-\delta}{2}=-1-i \quad \text{e} \quad x_2=\frac{-b+\delta}{2}=-1$$

Conclusione: $\{-1-i,\ -1\}$

Verifica: $(x+1)(x+1+i)=x^2+x+ix+x+1+i=x^2+2x+ix+i+1$

Esercizio 8.11: SOLUZIONE

(a) determinare le radici complesse di f :
(ogni polinomio di grado n ha n radici in $\mathbb{C}$, eventualmente multiple, quindi verifichiamo che ci sono 8 radici)
Risolviamo $x^8 = 1$, cioè troviamo le radici ottave di $z = 1$.

- Scriviamo $z = 1$ in forma trigonometrica: $z = 1(\cos(0) + i\sin(0))$
- Scriviamo modulo e argomento di z: $|z| = 1; \arg(z) = 0$
- Allora le 8 radici ottave sono x_k per $k = 0, 1, 2, .., 7$ con

$$|x_k| = \sqrt[8]{1} = 1 \qquad \arg(x_k) = \frac{\arg(z) + 2k\pi}{8} = \frac{2k\pi}{8}$$

e precisamente sono:

$$\begin{array}{lll}
x_0 = 1(\cos(\frac{0}{8}) + i\sin(\frac{0}{8})) & = 1 & \\
x_1 = 1(\cos(\frac{2\pi}{8}) + i\sin(\frac{2\pi}{8})) & = \frac{\sqrt{2}}{2} + i\frac{\sqrt{2}}{2} & \\
x_2 = 1(\cos(\frac{4\pi}{8}) + i\sin(\frac{4\pi}{8})) & = 0 + i & = i \\
x_3 = 1(\cos(\frac{6\pi}{8}) + i\sin(\frac{6\pi}{8})) & = -\frac{\sqrt{2}}{2} + i\frac{\sqrt{2}}{2} & \\
x_4 = 1(\cos(\frac{8\pi}{8}) + i\sin(\frac{8\pi}{8})) & = -1 + i0 & = -1 \\
x_5 = 1(\cos(\frac{10\pi}{8}) + i\sin(\frac{10\pi}{8})) & = -\frac{\sqrt{2}}{2} - i\frac{\sqrt{2}}{2} & \\
x_6 = 1(\cos(\frac{12\pi}{8}) + i\sin(\frac{12\pi}{8})) & = 0 - i & = -i \\
x_7 = 1(\cos(\frac{14\pi}{8}) + i\sin(\frac{14\pi}{8})) & = \frac{\sqrt{2}}{2} - i\frac{\sqrt{2}}{2} &
\end{array}$$

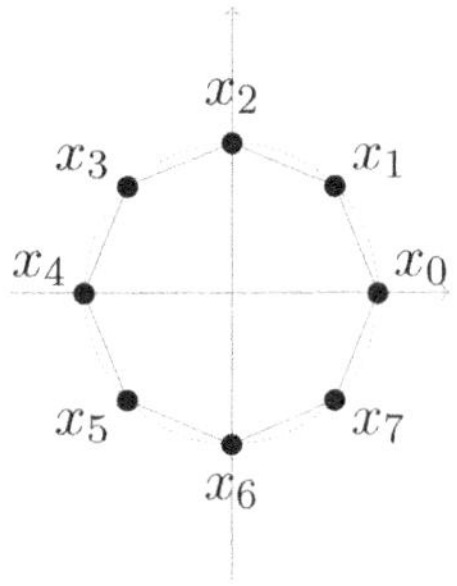

(b) calcolare i fattori irriducibili di f a coefficienti in $\mathbb{C}$:
ogni polinomio di grado n si scompone su $\mathbb{C}$ in n fattori lineari, e infatti troviamo 8 fattori lineari

$$f(x) = (x-x_0)(x-x_1)(x-x_2)(x-x_3)(x-x_4)(x-x_5)(x-x_6)(x-x_7) =$$
$$= (x-1)\,(x-x_1)\,(x-i)\,(x-x_3)\,(x+1)\,(x-x_5)\,(x+i)\,(x-x_7)$$

(c) calcolare i fattori irriducibili di f a coefficienti in $\mathbb{R}$: (ogni polinomio si scompone su $\mathbb{R}$ in fattori lineari o di secondo grado, che otteniamo appaiando le soluzioni coniugate)

$$f(x) = (x-1)\,(x-x_1)\,(x-i)\,(x-x_3)\,(x+1)\,(x-x_5)\,(x+i)\,(x-x_7) =$$
$$= (x-1)\,(x+1)\,(x-x_1)(x-x_7)\,(x-i)(x+i)\,(x-x_3)(x-x_5)$$

Calcoliamo

$(x - x_1)(x - x_7) = (x - \frac{\sqrt{2}}{2} - i\frac{\sqrt{2}}{2})(x - \frac{\sqrt{2}}{2} + i\frac{\sqrt{2}}{2}) = (x - \frac{\sqrt{2}}{2})^2 + (\frac{\sqrt{2}}{2})^2 = (x^2 - \sqrt{2}x + \frac{1}{2}) + \frac{1}{2} = x^2 - \sqrt{2}x + 1$

$(x - i)(x + i) = x^2 - i^2 = x^2 + 1$

$(x - x_3)(x - x_5) = (x + \frac{\sqrt{2}}{2} - i\frac{\sqrt{2}}{2})(x + \frac{\sqrt{2}}{2} + i\frac{\sqrt{2}}{2}) = (x + \frac{\sqrt{2}}{2})^2 + (\frac{\sqrt{2}}{2})^2 = (x^2 + \sqrt{2}x + \frac{1}{2}) + \frac{1}{2} = x^2 + \sqrt{2}x + 1$

Conclusione:

$$x^8 - 1 = (x - 1)\,(x + 1)\,(x^2 - \sqrt{2}x + 1)\,(x^2 + 1)\,(x^2 + \sqrt{2}x + 1)$$

Esercizio 8.12: SOLUZIONE

(a) $f_1(x) = x^4 - 2x^2 = x \cdot x \cdot (x^2 - 2) = x \cdot x \cdot (x + \sqrt{2})(x - \sqrt{2})$;
$f_2(x) = x^4 - 1 = (x^2 - 1)(x^2 + 1) = (x - 1)(x + 1)(x - i)(x + i)$;
$f_3(x) = x^3 + 3x^2 + 2x = x(x^2 + 3x + 2) = x(x + 1)(x + 2)$;
$f_4(x) = x^3 + 3x = x(x^2 + 3) = x(x - i\sqrt{3})(x + i\sqrt{3})$.

(b) $f_1(x) = x^4 - 2x^2 = x \cdot x \cdot (x^2 - 2) = x \cdot x \cdot (x + \sqrt{2}) \cdot (x - \sqrt{2})$;
$f_2(x) = x^4 - 1 = (x^2 - 1)(x^2 + 1) = (x - 1)(x + 1)(x^2 + 1)$
e $x^2 + 1$ non si spezza in fattori lineari perché non ha radici in $\mathbb{R}$;
$f_3(x) = x^3 + 3x^2 + 2x = x \cdot (x^2 + 3x + 2) = x(x + 1)(x + 2)$;
$f_4(x) = x^3 + 3x = x \cdot (x^2 + 3)$
e $x^2 + 3$ non si spezza in fattori lineari perché non ha radici in $\mathbb{R}$.

(c) $f_1(x) = x^4 - 2x^2 = x \cdot x \cdot (x^2 - 2)$
e $x^2 - 2$ non si spezza in fattori lineari perché non ha radici in $\mathbb{Q}$;
$f_2(x) = x^4 - 1 = (x^2 - 1)(x^2 + 1) = (x - 1)(x + 1)(x^2 + 1)$
e $x^2 + 1$ non si spezza in fattori lineari perché non ha radici in $\mathbb{Q}$;
$f_3(x) = x^3 + 3x^2 + 2x = x \cdot (x^2 + 3x + 2) = x \cdot (x + 1) \cdot (x + 2)$;
$f_4(x) = x^3 + 3x = x \cdot (x^2 + 3)$
e $x^2 + 3$ non si spezza in fattori lineari perché non ha radici in $\mathbb{Q}$.

Esercizio 8.13: SOLUZIONE

(a) Possiamo procedere come nell'Esercizio 8.11 oppure osservare che $x^4 - 2$ è una differenza di quadrati $x^4 - (\sqrt{2})^2$ quindi $x^4 - 2 = (x^2 - \sqrt{2})(x^2 + \sqrt{2}) = (x - \sqrt[4]{2})(x + \sqrt[4]{2})(x^2 + \sqrt{2})$
e $x^2 + \sqrt{2}$ non si spezza in fattori lineari perché non ha radici in $\mathbb{R}$.

(b) $x^7 + x^6 + x^5 + x^4 + x^3 + x^2 + x + 1$:
osserviamo che $(x^7 + x^6 + x^5 + x^4 + x^3 + x^2 + x + 1)(x - 1) = x^8 - 1$, troviamo le radici ottave di 1 e poi escludiamo la radice 1, corrispondente al fattore che abbiamo aggiunto: $(x - 1)$. Appaiamo i fattori corrispondenti a radici complesse coniugate e concludiamo come nell'Esercizio 8.11(c).
Conclusione: ~~$(x-1)$~~ $(x + 1)\ (x^2 - \sqrt{2}x + 1)\ (x^2 + 1)\ (x^2 + \sqrt{2}x + 1)$

Esercizio 8.14: SOLUZIONE

Trovare un polinomio $p(x)$ di grado minimo che si annulli in i, $1 \quad i$, tale che $p(1) = 2$ e che abbia

(a) *coefficienti complessi.*
Per il teorema di Ruffini $p(x)$ si annulla in α se e solo se $p(x)$ è divisibile

per $x-\alpha$, allora nel nostro caso $p(x)$ deve essere divisibile per $x-i$ e per $x-(1-i)$.

Quindi $p(x)=(x-i)\cdot(x-1+i)\cdot q(x)$, con $q(x)\in\mathbb{C}[x]$ (anello dei polinomi a coefficienti in $\mathbb{C}$).

Ora deve essere $p(1)=2$ e $p(x)$ di grado minimo quindi iniziamo a provare con $q(x)=c\in\mathbb{C}$, cioè $p(x)=c\cdot(x-i)\cdot(x-1+i)$ e imponiamo $p(1)=2$ quindi

$$\begin{array}{rlcl} & p(1) & = & 2 \\ \Longrightarrow & c\cdot(1-i)\cdot(\not{1}-\not{1}+i) & = & 2 \\ \Longrightarrow & c\cdot(i+1) & = & 2 \\ \Longrightarrow & c & = & \frac{2}{1+i} = \frac{2}{1+i}\cdot\frac{1-i}{1-i} = \frac{2(1-i)}{2} = 1-i \end{array}$$

<u>Verifica</u>: $p(1)=(1-i)\cdot(1-i)\cdot(i)=(1-2i-1)\cdot(i)=2$.
<u>Conclusione</u>: il polinomio $p(x)=(1-i)\cdot(x-i)\cdot(x-1+i)$ di grado 2 è il polinomio a coefficienti complessi di grado minimo che si annulla in i e $1-i$ e tale che $p(1)=2$.

(b) *coefficienti reali.*
Come nel caso precedente sappiamo che $p(x)$ deve essere divisibile per $(x-i)$ e per $(x-(1-i))$.
Sappiamo che se $p(x)$ ha coefficienti reali e z è una sua radice, allora anche $\overline{z}$ lo è, allora $p(x)$ deve essere divisibile anche per $(x+i)$ e $(x-(1+i))$.
Quindi $p(x)=(x-i)(x+i)(x-1+i)(x-1-i)\cdot q(x)$, con $q(x)\in\mathbb{R}[x]$

$$\begin{aligned} p(x) &= ((x-i)(x+i))\cdot((x-1+i)(x-1-i))\cdot q(x) = \\ &= (x^2+1)\cdot((x-1)^2+1)\cdot q(x) = \\ &= (x^2+1)\cdot(x^2-2x+2)\cdot q(x) \end{aligned}$$

Ora deve essere $p(1)=2$ e $p(x)$ di grado minimo: come prima proviamo con $q(x)=c\in\mathbb{R}$

$$p(x)=c\cdot(x^2+1)\cdot(x^2-2x+2)$$
$$2=p(1)=c\cdot(1+1)\cdot(1-\not{2}+\not{2})=2c\Longrightarrow c=1$$

<u>Verifica</u>: $p(1)=(1+1)\cdot(1-\not{2}+\not{2})=2$.
<u>Conclusione</u>: il polinomio $p(x)=(x^2+1)\cdot(x^2-2x+2)$ di grado 4 è il polinomio a coefficienti reali di grado minimo che si annulla in i e $1-i$ e tale che $p(1)=2$.

Capitolo 9

Funzioni: Dominio e grafici

Esercizi

Esercizio 9.1. Determinare il dominio delle seguenti funzioni:

(a) $f(x) = x^3 - 1$
(b) $f(x) = \frac{1}{x^2-1}$
(c) $f(x) = \frac{1}{x^2+1}$
(d) $f(x) = \frac{x-1}{x^2-3x+2}$
(e) $f(x) = |x|$
(f) $f(x) = \frac{1}{x}$
(g) $f(x) = \frac{x-1}{x+1}$
(h) $f(x) = \sqrt{x-1}$
(i) $f(x) = \sqrt[3]{x-1}$
(j) $f(x) = \sqrt{x^2-3x+2}$

Esercizio 9.2. Determinare il dominio di $f(x) = \ln(x^2 + 2x - 3)$.
Dire se la funzione $g(x) = \ln(x-1) + \ln(x+3)$ concide con $f(x)$.

Esercizio 9.3. Disegnare i grafici delle seguenti funzioni:

(a) $f(x) = x$
(b) $f(x) = 2x$
(c) $f(x) = 6x$
(d) $f(x) = -3x$
(e) $f(x) = x + 1$
(f) $f(x) = x - 1$

Esercizio 9.4. Determinare il dominio e il segno delle seguenti funzioni e, in base ai dati ottenuti, disegnarne il grafico.

(a) $f(x) = x^2$
(b) $f(x) = x^2 - 1$
(c) $f(x) = (x-1)^2$
(d) $f(x) = -2x^2$
(e) $f(x) = x^2 - 3x + 2$

Esercizio 9.5. (extra) Determinare l'asse di simmetria e il vertice della parabola grafico della funzione $f(x) = ax^2 + bx + c$ (con $a \neq 0$).

Esercizio 9.6. Determinare il dominio e il segno delle seguenti funzioni e, in base ai dati ottenuti, disegnarne il grafico.

(a) $f(x) = x(x-1)(x-7)$
(b) $f(x) = x^3-2x^2+x$
(c) $f(x) = x^3-8x^2$

Esercizio 9.7. Disegnare i grafici delle seguenti funzioni:

(a) $f(x) = \ln(x+1)$
(b) $f(x) = \ln(x) + 1$
(c) $f(x) = 2^{x+1}$
(d) $f(x) = 2^x + 1$

Esercizio 9.8. Disegnare il grafico della funzione

$$f(x) = \begin{cases} -x^2 - 6x - 7 & \text{se } x \leq -1 \\ -2\log_2(x+3) & \text{se } x > -1 \end{cases}$$

Allora $f(x) \;=\; ax^2 + bx + c \;=\; a \cdot (\,(x + \frac{b}{2a})^2 - \frac{b^2-4ac}{4a^2}\,)$.

Da questa scrittura si deduce che l'asse di simmetria ha equazione $x = -\frac{b}{2a}$ perché per qualunque $\alpha \in \mathbb{R}$ si ha $f(-\frac{b}{2a} - \alpha) = f(-\frac{b}{2a} + \alpha)$.

Il vertice della parabola si trova sull'asse di simmetria quindi $V(-\frac{b}{2a},\ f(-\frac{b}{2a}))$ e, svolgendo i calcoli, otteniamo esplicitamente $V(-\frac{b}{2a}, -\frac{b^2-4ac}{4a})$.

Conclusione: Il grafico di $f(x) = ax^2 + bx + c$ è una parabola con asse di simmetria $x = -\frac{b}{2a}$ e vertice $V(-\frac{b}{2a}, -\frac{b^2-4ac}{4a})$.

Esercizio 9.6: SOLUZIONE

Tutte le funzioni da considerare sono espresse da polinomi, quindi sono definite per ogni $x \in \mathbb{R}$. Tutti i grafici si trovano a pag. 71

(a) Dal diagramma dei segni si osserva che $f(x)$ è

$$\begin{cases} \text{positiva per} & x \in (0,1) \cup (7,+\infty) \\ \text{negativa per} & x \in (-\infty,0) \cup (1,7) \\ \text{nulla per} & x \in \{0,1,7\} \end{cases}$$

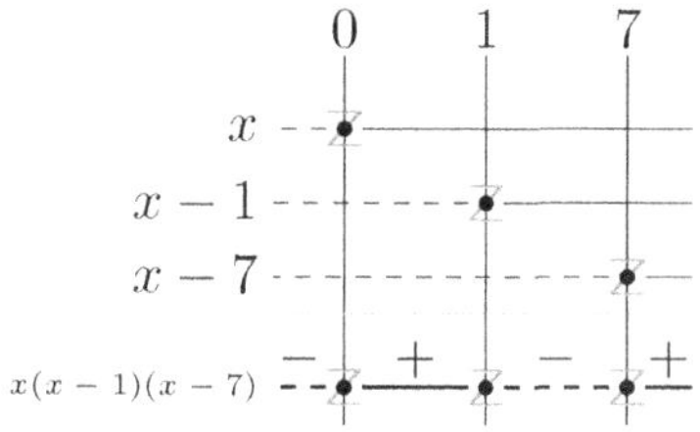

(b) Si ha $f(x) = x \cdot (x^2 - 2x + 1) = x \cdot (x-1)^2$ e dal diagramma dei segni si osserva che $f(x)$ è

$$\begin{cases} \text{positiva per} & x \in (0,1) \cup (1,+\infty) \\ \text{negativa per} & x \in (-\infty,0) \\ \text{nulla per} & x \in \{0,1\} \end{cases}$$

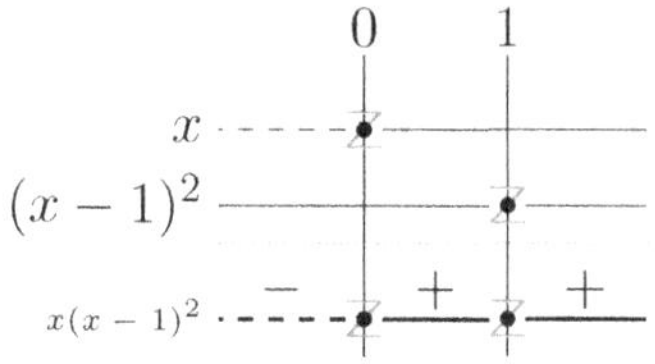

(c) Si ha $f(x) = x^3 - 8x^2 = x^2 \cdot (x-8)$ e dal diagramma dei segni si osserva che $f(x)$ è

$$\begin{cases} \text{positiva per} & x \in (8,+\infty) \\ \text{negativa per} & x \in (-\infty,0) \cup (0,8) \\ \text{nulla per} & x \in \{0,8\} \end{cases}$$

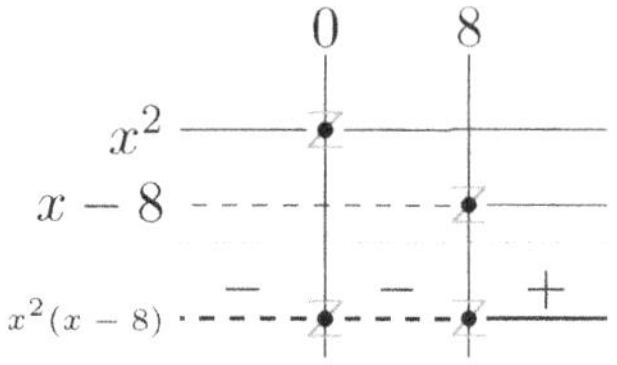

Esercizio 9.7: Osserviamo che data una costante $c \in \mathbb{R}$ il grafico di $f(x)+c$ si ottiene traslando quello di $f(x)$ verticalmente: verso l'alto se $c > 0$ e verso il basso se $c < 0$. Il grafico di $f(x+c)$ si ottiene traslando quello di $f(x)$ orizzontalmente: verso sinistra se $c > 0$ e verso destra se $c < 0$. Tutti i grafici si trovano a pag. 71.

Esercizio 9.8: SOLUZIONE

Per $x \leq -1$ la funzione coincide con $g(x) = -x^2 - 6x - 7$.

Il grafico di $g(x)$ è una parabola con asse di simmetria la retta di equazione $x = -3$ di vertice $V(-3, g(-3))$ e $g(-3) = 2$.

Per $x > -1$ la funzione coincide con $h(x) = -2\log_2(x+3)$ il cui grafico si ottiene traslando il grafico di $y = \log_2(x)$ a sinistra di 3 unità, e moltiplicando poi per -2 le ordinate.

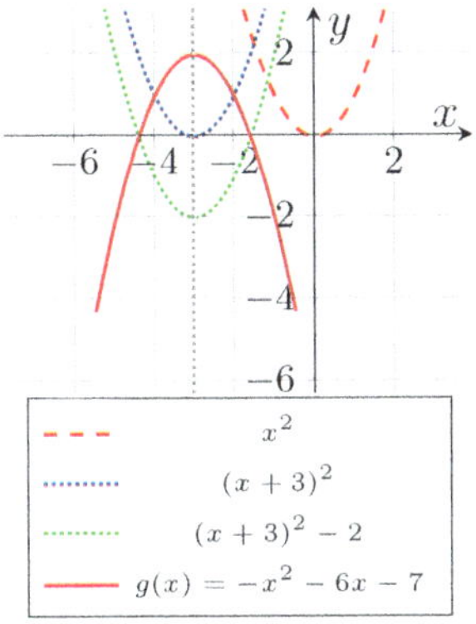

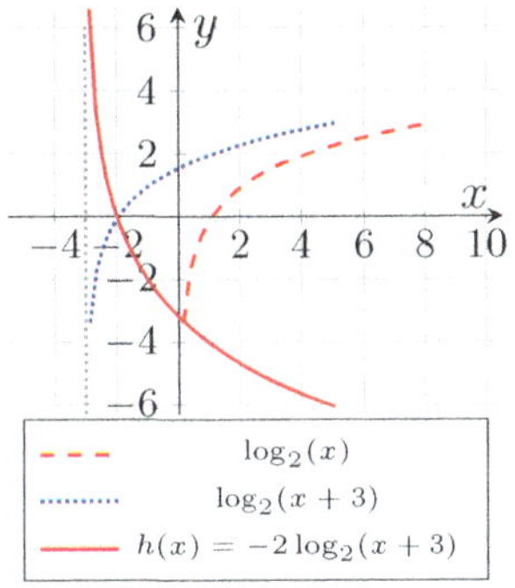

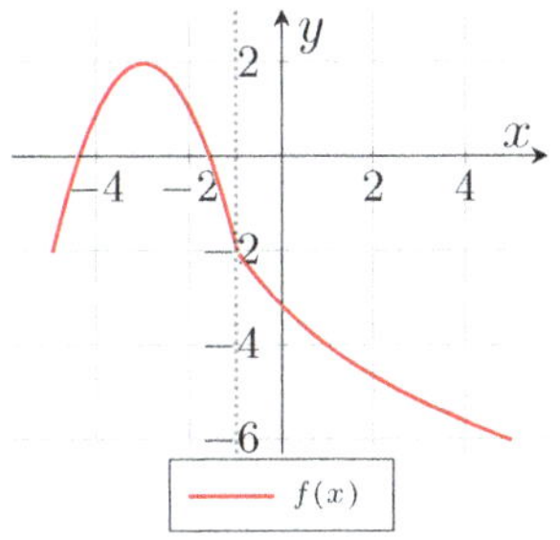

Esercizio 9.9: SOLUZIONE

Per $x \leq 0$, la funzione coincide con $g(x) = -x^2 - 8x - 4$.

Il grafico di $g(x)$ è una parabola con asse di simmetria la retta di equazione $x = -4$. e vertice $V(-4, 12)$.

Per $x > 0$, la funzione coincide con $h(x) = 2^x - 5$ e il grafico si ottiene attraverso traslazione del grafico di $y = 2^x$.

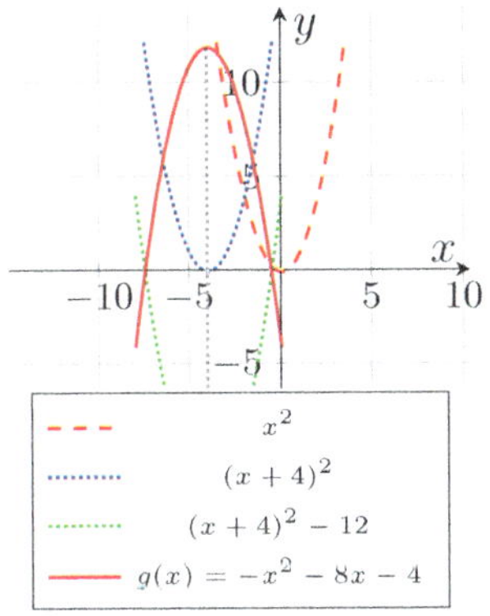

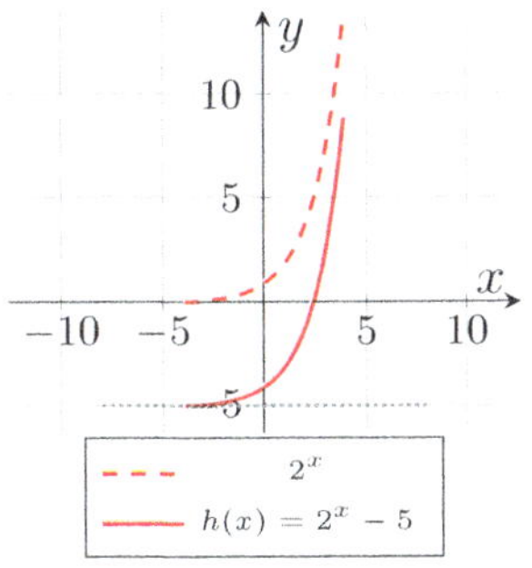

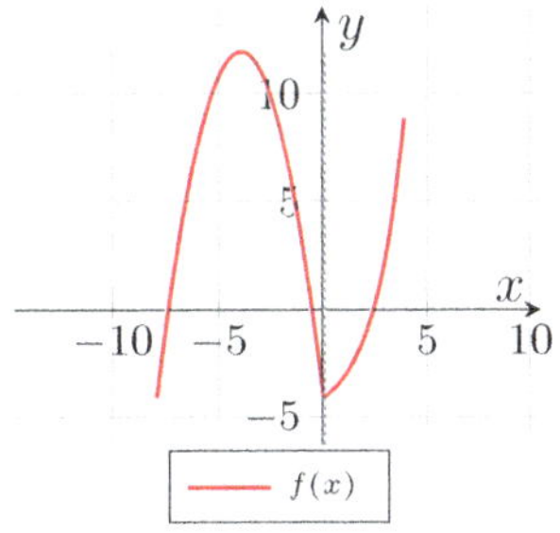

Esercizio 9.10: Tutti i grafici si trovano a pag. 71.

Per $f(x) = |x-2|$ e $f(x) = |x| - 1$ ricordiamo che il grafico di $f(x) + c$

si ottiene traslando verticalmente quello di $f(x)$, e il grafico di $f(x+c)$ si ottiene traslandolo orizzontalmente.

Per $f(x) = 1 - |x|$ osserviamo che il grafico si ottiene da quello di $|x|$ riflettendolo verticalmente ($-|x|$) e poi traslandolo verticalmente ($+1$).

Per $f(x) = |x^2 - 1| = |(x-1)(x+1)|$ si studia la sua definizione come funzione a tratti separando i casi in cui l'argomento del valore assoluto è positivo o negativo:

$$|g(x)| = \begin{cases} g(x) & \text{se } g(x) \geq 0 \\ -g(x) & \text{se } g(x) < 0 \end{cases}$$

e quindi

$$f(x) = \begin{cases} x^2 - 1 & \text{per } x \in (-\infty, -1] \cup [1, +\infty) \\ -x^2 + 1 & \text{per } x \in (-1, 1) \end{cases}$$

Analogamente per $f(x) = |x^2 - 3x + 2| = |(x-1)(x-2)|$ si ha

$$f(x) = \begin{cases} x^2 - 3x + 2 & \text{per } x \in (-\infty, 1] \cup [2, +\infty) \\ -x^2 + 3x - 2 & \text{per } x \in (1, 2) \end{cases}$$

Capitolo 10

Funzioni: limiti

Conoscendo il comportamento delle funzioni "base" è solitamente facile calcolare i limiti di composte, somme, prodotti, rapporti di funzione. Per esempio, sapendo che $\lim_{x\to+\infty} f(x) = -3$ e $\lim_{x\to+\infty} g(x) = +\infty$, possiamo dedurre

$$\lim_{x\to+\infty}(f+g)(x) = +\infty \qquad \lim_{x\to+\infty}(f\cdot g)(x) = -\infty \qquad \lim_{x\to+\infty}\frac{f}{g}(x) = 0$$

Infatti, in questi casi, i limiti si possono ottenere attraverso le "operazioni", scritte con abuso di notazione,

$$\text{“}-3+\infty = +\infty\text{”} \qquad \text{“}-3\cdot+\infty = -\infty\text{”} \qquad \text{“}\tfrac{-3}{+\infty} = 0\text{”}$$

Ma ci si deve ben ricordare $+\infty$ **non è un numero**, e quindi, ad esempio, una forma del tipo "$+\infty - \infty$" non è 0! Chiamiamo **forme indeterminate** i casi

$$\text{“}0\cdot+\infty\text{”} \qquad \text{“}+\infty-\infty\text{”} \qquad \text{“}\tfrac{+\infty}{+\infty}\text{”} \qquad \text{“}\tfrac{0}{0}\text{”} \qquad \ldots$$

Come vedremo nei prossimi esercizi, per le forme indeterminate si possono verificare risultati estremamente diversi tra loro. Per calcolare questi limiti quindi dovremo studiare caso per caso, applicando qualche astuta elaborazione, oppure il teorema di de l'Hôpital che vedremo nel Capitolo *Funzioni: il teorema di de l'Hôpital* (pg.97).

Esercizi

Esercizio 10.1. Usando il fatto che $\lim_{x\to 0}\frac{\sin(x)}{x} = 1$ calcolare:

(a) $\lim_{x\to 0}\frac{1-\cos(x)}{x}$ (b) $\lim_{x\to 0}\frac{1-\cos(x)}{x^2}$

Esercizio 10.2. Calcolare i seguenti limiti: (forma indeterminata "$\frac{\infty}{\infty}$")

(a) $\lim_{x\to+\infty}\frac{x^2-x}{x+2}$ (b) $\lim_{x\to+\infty}\frac{x^2+x+1}{2x^2-3}$ (c) $\lim_{x\to+\infty}\frac{x+1}{2x^2-3}$

Esercizio 10.3. Calcolare i seguenti limiti: (forma indet. "$+\infty-\infty$")

(a) $\lim_{x\to+\infty}(\frac{x^2-x}{x+2}-x)$ (b) $\lim_{x\to+\infty}(x^2-x)$ (c) $\lim_{x\to+\infty}(\sqrt{x+1}-\sqrt{x})$

Esercizio 10.4. Calcolare i seguenti limiti: (forma indet. "$0\cdot\infty$")

(a) $\lim_{x\to+\infty}(x\cdot\sin(\frac{1}{x}))$ (b) $\lim_{x\to+\infty}(x\cdot(1-\cos(\frac{1}{x})))$

Esercizio 10.5. Usando la definizione del numero di Nepero:

$$e = \lim_{x\to+\infty}\left(1+\tfrac{1}{x}\right)^x = \lim_{x\to-\infty}\left(1+\tfrac{1}{x}\right)^x$$

dedurre i seguenti limiti notevoli:

(a) $\lim_{x\to+\infty}\left(1+\frac{b}{x}\right)^x = e^b$

(b) $\lim_{x\to+\infty}\left(x\cdot\ln(1+\frac{1}{x})\right) = 1$

(c) $\lim_{x\to0^+}\frac{\ln(1+x)}{x} = 1$

(d) $\lim_{x\to0^+}\frac{e^x-1}{x} = 1$

Risultati

Risultati Risultati

Esercizio 10.1: **(a)** $\lim_{x\to0}\frac{1-\cos(x)}{x} = 0$; **(b)** $\lim_{x\to0}\frac{1-\cos(x)}{x^2} = \frac{1}{2}$.

Esercizio 10.2: **(a)** $+\infty$; **(b)** $\frac{1}{2}$; **(c)** 0.

Esercizio 10.3: **(a)** -3; **(b)** $+\infty$; **(c)** 0.

Esercizio 10.4: **(a)** 1; **(b)** 0.

Esercizio 10.5: Vedere soluzione.

Soluzioni

Soluzioni Soluzioni

Esercizio 10.1: SOLUZIONE

(a) $$\lim_{x\to0}\frac{1-\cos(x)}{x} = \lim_{x\to0}\frac{(1-\cos(x))\cdot(1+\cos(x))}{x\cdot(1+\cos(x))} = \lim_{x\to0}\frac{\sin^2(x)}{x\cdot(1+\cos(x))}$$
$$= \lim_{x\to0}\left(\frac{\sin(x)}{x}\cdot\frac{\sin(x)}{(1+\cos(x))}\right) = 0$$

(b) $$\lim_{x\to0}\frac{1-\cos(x)}{x^2} = \lim_{x\to0}\frac{(1-\cos(x))\cdot(1+\cos(x))}{x^2\cdot(1+\cos(x))} = \lim_{x\to0}\frac{\sin^2(x)}{x^2\cdot(1+\cos(x))}$$
$$= \lim_{x\to0}\left(\frac{\sin^2(x)}{x^2}\cdot\frac{1}{(1+\cos(x))}\right) = \frac{1}{2}$$

Esercizio 10.2: SOLUZIONE

(a) In questo caso il limite è $+\infty$:

$$\lim_{x\to+\infty}\frac{x^2-x}{x+2} = \lim_{x\to+\infty}\frac{x^2\cdot\overbrace{(1-\frac{1}{x})}^{\to 1}}{x\cdot\underbrace{(1+\frac{2}{x})}_{\to 1}} = \lim_{x\to+\infty}\frac{x^2}{x} = +\infty$$

(b) In questo caso il limite è $\frac{1}{2}$:

$$\lim_{x\to+\infty}\frac{x^2+x+1}{2x^2-3} = \lim_{x\to+\infty}\frac{\not{x}^2(1+\frac{1}{x}+\frac{1}{x^2})}{\not{x}^2(2-\frac{3}{x^2})} = \frac{1}{2}$$

(c) In questo caso il limite è 0:

$$\lim_{x\to+\infty}\frac{x+1}{2x^2-3} = \lim_{x\to+\infty}\frac{\not{x}(1+\frac{1}{x})}{x\not{^2}(2-\frac{3}{x^2})} = 0$$

Esercizio 10.3: SOLUZIONE

(a) In questo caso il limite è -3:

$$\lim_{x\to+\infty}\frac{x^2-x}{x+2}-x = \lim_{x\to+\infty}\frac{\not{x}^2-x-\not{x}^2-2x}{x+2} = \lim_{x\to+\infty}\frac{-3x}{x(1+\frac{2}{x})} = -3$$

(b) In questo caso il limite è $+\infty$:

$$\lim_{x\to+\infty}(x^2-x) = \lim_{x\to+\infty}(x(x-1)) = +\infty$$

(c) In questo caso il limite è 0:

$$\lim_{x\to+\infty}(\sqrt{x+1}-\sqrt{x}) = \lim_{x\to+\infty}\frac{(\sqrt{x+1}-\sqrt{x})\cdot(\sqrt{x+1}+\sqrt{x})}{(\sqrt{x+1}+\sqrt{x})} = \lim_{x\to+\infty}\frac{\not{x}+1-\not{x}}{(\sqrt{x+1}+\sqrt{x})} = 0$$

Esercizio 10.4: SOLUZIONE

(a) In questo caso il limite è 1:
sostituiamo $y = \frac{1}{x}$ osservando che $\lim_{x\to+\infty} \frac{1}{x} = 0$ e otteniamo

$$\lim_{x\to+\infty} (x \cdot \sin\left(\tfrac{1}{x}\right)) = \lim_{x\to+\infty} \frac{\sin(\frac{1}{x})}{\frac{1}{x}} = \lim_{y\to0} \frac{\sin(y)}{y} = 1$$

(b) In questo caso il limite è 0:
sostituiamo $y = \frac{1}{x}$ osservando che $\lim_{x\to+\infty} \frac{1}{x} = 0$ e otteniamo

$$\lim_{x\to+\infty} (x \cdot (1 - \cos\left(\tfrac{1}{x}\right))) = \lim_{x\to+\infty} \frac{1-\cos(\frac{1}{x})}{\frac{1}{x}} = \lim_{y\to0} \frac{1-\cos(y)}{y} = 0$$

(come visto nell'esercizio 10.1).

Esercizio 10.5: SOLUZIONE
Ricordiamo che $e = \lim_{x\to+\infty} \left(1 + \frac{1}{x}\right)^x = \lim_{x\to-\infty} \left(1 + \frac{1}{x}\right)^x$.

(a) $\boxed{\lim_{x\to+\infty} \left(1 + \frac{b}{x}\right)^x = e^b}$:

sostituiamo $y = \frac{x}{b}$ e otteniamo $\lim_{y\to+\infty} \left(1+\frac{1}{y}\right)^{by} = \lim_{y\to+\infty} \Bigg(\overbrace{\left(1 + \frac{1}{y}\right)^y}^{\to e}\Bigg)^b = e^b$

(b) $\boxed{\lim_{x\to+\infty} (x \cdot \ln\left(1 + \frac{1}{x}\right)) = 1}$:

$$\lim_{x\to+\infty} (x \cdot \ln\left(1 + \tfrac{1}{x}\right)) = \lim_{x\to+\infty} \ln\Bigg(\overbrace{\left(1 + \tfrac{1}{x}\right)^x}^{\to e}\Bigg) = \lim_{x\to+\infty} \ln(e) = 1$$

(c) $\boxed{\lim_{x\to0^+} \frac{\ln(1+x)}{x} = 1}$:
sostituiamo $y = \frac{1}{x}$ osservando che $\lim_{x\to0^+} \frac{1}{x} = +\infty$ e otteniamo $\lim_{y\to+\infty} (y \cdot \ln(1 + \frac{1}{y})) = 1$ (limite precedente)

(d) $\boxed{\lim_{x\to0^+} \frac{e^x-1}{x} = 1}$:
sostituiamo $y = e^x - 1$ da cui segue $e^x = 1 + y$ e quindi $x = \ln(1 + y)$. Otteniamo $\lim_{y\to0^+} \frac{y}{\ln(1+y)} = 1$ (inverso del limite precedente)

Capitolo 11

Funzioni: continuità

Una funzione f si dice **continua in α** se

(a) f è definita in α

(b) $\lim_{x\to\alpha} f(x) = f(\alpha)$

Quindi in generale per vedere se f è continua in α si deve

- calcolare $f(\alpha)$
- verificare se i $\lim_{x\to\alpha^-} f(x)$ e $\lim_{x\to\alpha^+} f(x)$ sono entrambi uguali a $f(\alpha)$

Se la funzione non è definita a sinistra o a destra di α si considera solo il limite che ha senso calcolare: per esempio $f(x)=\sqrt{x}$ è definita per $x \in [0,+\infty)$ ed è continua in 0 perché f è definita in 0 e $\lim_{x\to 0^+} f(x) = f(0)$ (e non ha senso calcolare $\lim_{x\to 0^-} f(x)$).

Esercizi

Esercizio 11.1. (extra) Dimostrare che l'equazione $x^{97}+x^3+x^2+x-3=0$ ha almeno una soluzione.

Esercizio 11.2. (base) Disegnare il grafico di una funzione continua f che soddisfi tutte le seguenti condizioni:

- Il dominio di f è l'insieme $A=(-\infty,2)\cup(2,+\infty)$;
- $f(x)$ è positiva per $x \in (-\infty,1)\cup(2,3)$, negativa o nulla altrimenti;
- $\lim_{x\to-\infty} f(x) = +\infty$, $\lim_{x\to+\infty} f(x) = -2$;
- $\lim_{x\to 2^-} f(x) = -\infty$, $\lim_{x\to 2^+} f(x) = +\infty$.

Esercizio 11.3. Sia f una funzione continua che soddisfi tutte le condizioni dell'esercizio precedente. Per ognuna delle seguenti asserzioni dire se è vera (motivando la risposta) oppure falsa (trovando, graficamente, un controesempio):

(a) f è decrescente nell' intervallo $(-\infty,2)$;

(b) $f(1)=0$;

(c) nell'intervallo $(3,+\infty)$ non ci sono minimi relativi;

(d) l'equazione $f(x) = b$ ha sempre soluzione per ogni numero reale b.

Esercizio 11.4. Sia f una funzione continua soddisfacente le seguenti condizioni:

- dominio $= \mathbb{R} \setminus \{1, -1\}$
- $\lim_{x \to -\infty} f(x) = 1$, $\lim_{x \to +\infty} f(x) = 0$
- $\lim_{x \to -1^-} f(x) = +\infty$, $\lim_{x \to -1^+} f(x) = 2$
- $\lim_{x \to 1^-} f(x) = 1$, $\lim_{x \to 1^+} f(x) = -2$
- $f(x) < 0$ per $x \in (1, 2)$, altrimenti $f(x) \geq 0$
- $f(x)$ è crescente in $(-\infty, -1)$ e in $(1, 3)$ e decrescente altrimenti

(a) Disegnare un possibile grafico di f
(b) È vero che si ha necessariamente $f(2) = 0$?
(c) Per una funzione soddisfacente tali condizioni può essere $f(-2) = 12$?

Esercizio 11.5. Dare un esempio di funzione continua il cui grafico passi per i punti $P(-3, 0)$, $Q(1, 2)$, $R(5, -1)$ rispetto ad un sistema di coordinate fissato.

Esercizio 11.6. (esame) Data la funzione

$$f(x) = \begin{cases} 4^x & \text{se } x \leq 1 \\ \log_2(2x) + 3 & \text{se } x > 1 \end{cases}$$

(a) dire se $f(x)$ è continua
(b) dire per quali x si ha $f(x) \geq 2$
(c) tracciare il grafico di $f(x)$.

Esercizio 11.7. (esame) Date le seguenti funzioni

$$f(x) = \begin{cases} x^2 + 3 & \text{se } x \leq 2 \\ 2x + 1 & \text{se } x > 2 \end{cases} \qquad g(x) = \begin{cases} x^2 + 3 & \text{se } x \leq 2 \\ kx + 1 & \text{se } x > 2 \end{cases}$$

(a) Provare che $f(x)$ non è continua in $x = 2$ e tracciarne il grafico.
(b) Determinare, se esiste, un numero $k \in \mathbb{R}$ tale che $g(x)$ sia continua in $x{=}2$ e tracciarne il grafico.

Esercizio 11.8. (esame) Data la funzione

$$f(x) = \begin{cases} -x^2 - 4x + 3 & \text{se } x \leq 1 \\ \log_2(2x) - 3 & \text{se } x > 1 \end{cases}$$

(a) dire se $f(x)$ è continua

(b) dire per quali x si ha $f(x) \leq 2$
(c) tracciare il grafico di $f(x)$.

Esercizio 11.9. (extra) Una tassa da pagare viene stabilita, in funzione del reddito annuo x in euro, come segue:
il 12% del reddito, per $x \leq 3000$
360 + (il 22% della parte eccedente 3000), per $3000 < x \leq 8500$
1570 + (il 27% della parte eccedente 8500), per $8500 < x \leq 22500$
5350 + (il 34% della parte eccedente 22500), per $x > 22500$.
Scrivere l'espressione di $f(x)$ e tracciarne il grafico.
Una volta fissate come sopra le percentuali relative alle varie fasce di reddito, per quale motivo le cifre fisse sono espresse rispettivamente da 360, 1570, 5350?
(L'esercizio è modellato sul modo con cui viene calcolata l'imposta IRPEF sui redditi).

Risultati

Risultati Risultati

Esercizio 11.1: Vedere soluzione.
Esercizio 11.2: Vedere soluzione.
Esercizio 11.3: **(a)** falso; **(b)** vero; **(c)** falso; **(d)** vero.
Esercizio 11.4: **(a)** Vedere soluzione; **(b)** sì; **(c)** sì.
Esercizio 11.5: Una possibile risposta è $\begin{cases} \frac{1}{2}x + \frac{3}{2} & \text{per } x \in [-3, 1] \\ -\frac{3}{4}x + \frac{11}{4} & \text{per } x \in (1, 5] \end{cases}$
Esercizio 11.6: **(a)** Sì; **(b)** $x \in [\frac{1}{2}, +\infty)$; **(c)** vedere soluzione
Esercizio 11.7: **(a)** Vedere soluzione; **(b)** $k=3$, vedere soluzione
Esercizio 11.8: **(a)** sì; **(b)** $x \in (-\infty, -2-\sqrt{5}] \cup [-2+\sqrt{5}, 16]$
Esercizio 11.9: Vedere soluzione.

Soluzioni

Soluzioni Soluzioni

Esercizio 11.1: SOLUZIONE
Metodo algebrico: $f(x)$ è definita da un polinomio di grado 97 e tutti i polinomi di grado dispari hanno almeno una radice reale (perché il coniugio di ogni radice è a sua volta radice, e quindi tutte le radici complesse non reali sono appaiate).

Metodo analitico: $f(x)$ è una funzione polinomiale e quindi è definita e continua su tutto $\mathbb{R}$; ha limiti $\lim_{x \to -\infty} f(x) = -\infty$ e $\lim_{x \to +\infty} f(x) = +\infty$ e quindi il suo grafico incontra in almeno un punto l'asse delle x.

Esercizio 11.2: Soluzione

Due possibili grafici sono

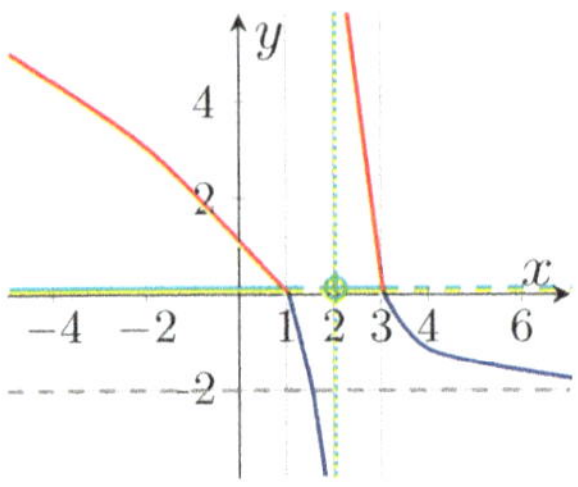

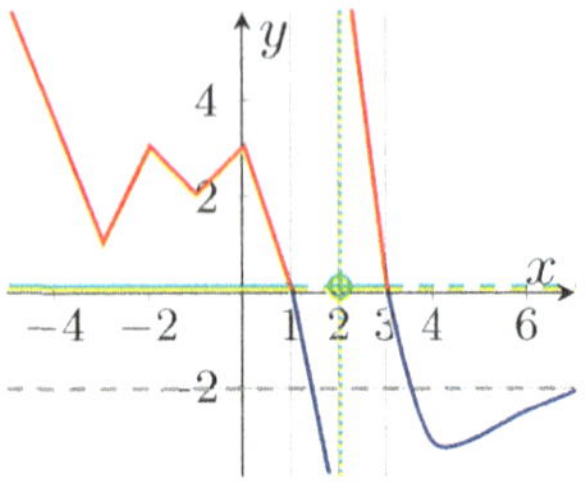

Esercizio 11.3: Soluzione

(a) f è decrescente nell'intervallo $(-\infty, 2)$? falso: controesempio in figura.

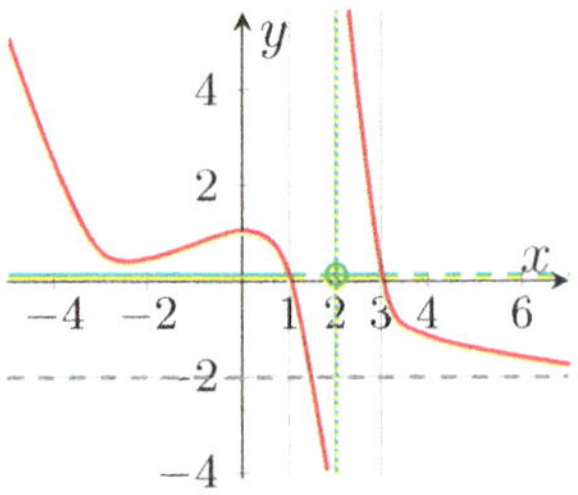

(b) $f(1) = 0$? vero:
(*teorema degli zeri*) f è continua, $f(x) > 0$ per $x < 1$ e $f(x) \leq 0$ per $x \in (1, 2)$, quindi $f(1)$ deve essere 0.

(c) nell'intervallo $(3, +\infty)$ non ci sono minimi relativi? falso:
controesempio in figura.

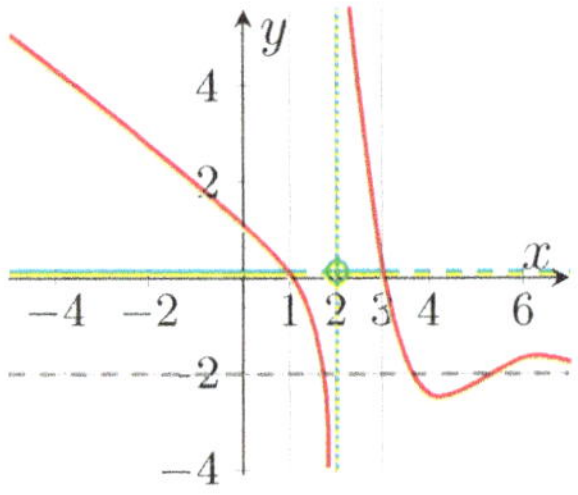

(d) l'equazione $f(x) = b$ ha sempre soluzione per ogni numero reale b? vero:
f è continua, $\lim\limits_{x \to -\infty} f(x) = +\infty$ e $\lim\limits_{x \to 2^-} f(x) = -\infty$ quindi per ogni b esiste almeno un $x \in (-\infty, 2)$ tale che $f(x) = b$.

Esercizio 11.4: Soluzione

(a) Grafico →

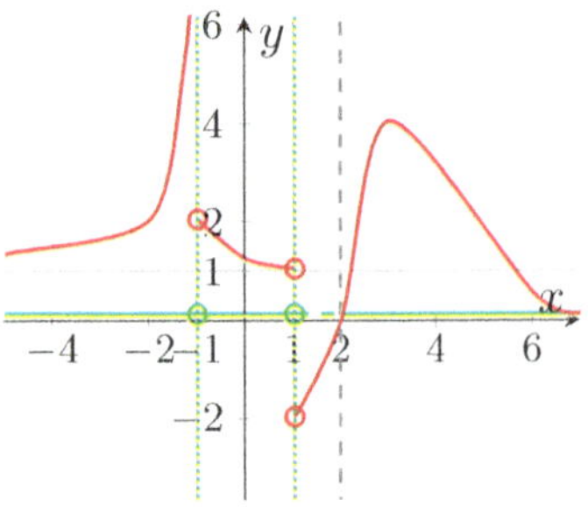

(b) È vero che si ha necessariamente $f(2)=0$? sì: per il teorema degli zeri, perché f è continua e

$f(x) < 0$ per $x \in (1, 2)$

$f(x) \geq 0$ per $x > 2$

(c) Può essere $f(-2) = 12$? sì: per $x = -2$ l'unica condizione richiesta è $f(x) > 0$.

Esercizio 11.5: SOLUZIONE

Un possibile esempio è dato dalla funzione il cui grafico è l'unione dei segmenti $\overline{PQ}$ e $\overline{QR}$, cioè i punti della retta per P e Q con $x \in [-3,1]$, e i punti della retta per Q e R con $x \in (1,5]$ ossia la funzione definita da

$$f(x) = \begin{cases} \frac{1}{2}x + \frac{3}{2} & \text{se } x \in [-3,1] \\ -\frac{3}{4}x + \frac{11}{4} & \text{se } x \in (1,5] \end{cases}$$

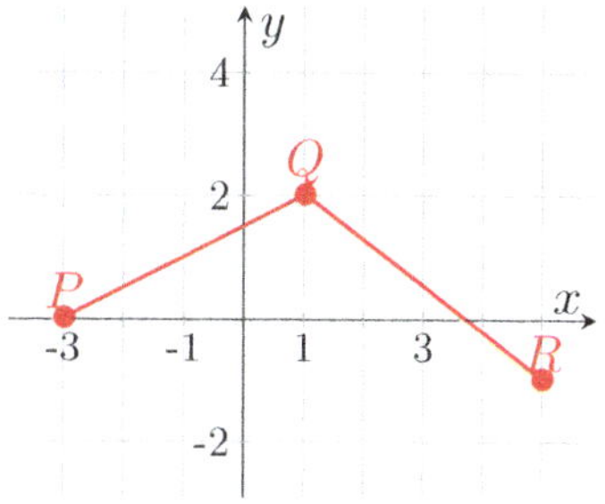

Esercizio 11.6: SOLUZIONE

$$f(x) = \begin{cases} 4^x & \text{se } x \leq 1 \\ \log_2(2x) + 3 & \text{se } x > 1 \end{cases}$$

(a) Le funzioni 4^x e $\log_2(2x)+3$ sono continue, quindi f è continua per ogni $x \in (-\infty,1) \cup (1,+\infty)$. Resta da studiare la continuità nel punto di raccordo dei due rami, $x=1$:

$$\begin{aligned} f(1) &= 4^1 = \boxed{4} \\ \lim_{x\to 1^-} f(x) &= \lim_{x\to 1^-}(4^x) = 4^1 = \boxed{4} \\ \lim_{x\to 1^+} f(x) &= \lim_{x\to 1^+}(\log_2(2x)+3)) = \log_2(2) + 3 = \boxed{4} \end{aligned}$$

Conclusione: $f(x)$ è continua.

(b) Si considera la disuguaglianza $f(x) \geq 2$ separatamente nei due rami, cioè per $x \leq 1$ e $x > 1$:

$\boxed{\text{per } x \leq 1:\ 4^x \geq 2}$ $\quad 4^x \geq 4^{\frac{1}{2}}$

$4^x \geq 4^{\frac{1}{2}}$ per $x \geq \frac{1}{2}$. Quindi per $x \leq 1$ si ha $f(x) \geq 2$ in $[\frac{1}{2},1]$.

$\boxed{\text{per } x > 1:\ \log_2(2x) + 3 \geq 2}$

$\log_2(2x) \geq -1$

Applicando 2^y si ha $2x \geq 2^{-1}$, ossia $x \geq 2^{-2} = \frac{1}{4}$.

Quindi per $x>1$ si ha

$f(x) \geq 2$ in $(1,+\infty)$

Conclusione:
$f(x) \geq 2$ in $[\frac{1}{2},+\infty)$.

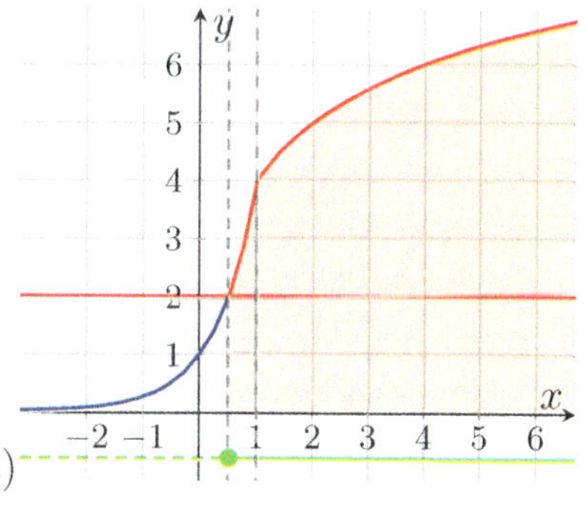

(c)

Esercizio 11.7: SOLUZIONE

(a) $f(x) = \begin{cases} x^2+3 & \text{se } x \le 2 \\ 2x+1 & \text{se } x > 2 \end{cases}$

Per la continuità della funzione x^2+3 si ha:

$$\lim_{x\to 2^-} f(x) = \lim_{x\to 2^-} (x^2+3) = 2^2+3 = \boxed{7}$$

Per la continuità della funzione $2x+1$ si ha:

$$\lim_{x\to 2^+} f(x) = \lim_{x\to 2^+} (2x+1) = 4+1 = \boxed{5}$$

Conclusione: i due limiti sono diversi pertanto $f(x)$ non è continua in $x=2$.

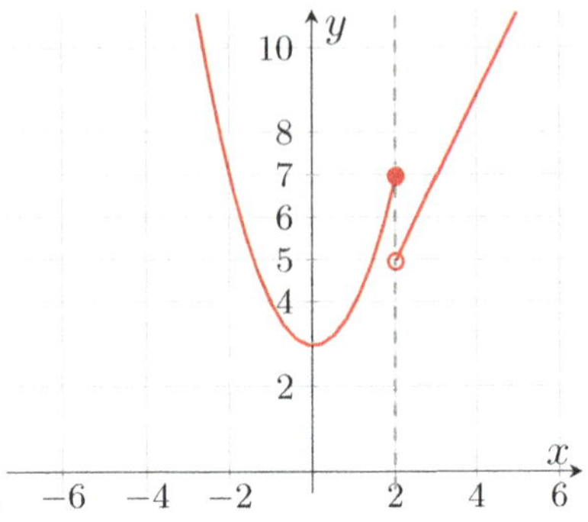

(b) $g(x) = \begin{cases} x^2+3 & \text{se } x \le 2 \\ kx+1 & \text{se } x > 2 \end{cases}$

La condizione richiesta significa:
$\lim_{x\to 2^+} g(x) = \lim_{x\to 2^+} (kx+1) = 2k+1$,
deve coincidere con
$7 = g(2) = \lim_{x\to 2^-} g(x) = \lim_{x\to 2^-} (x^2+3)$
ossia: $2k+1=7$.
Conclusione: $g(x)$ è continua in $x=2$ per $k=3$.

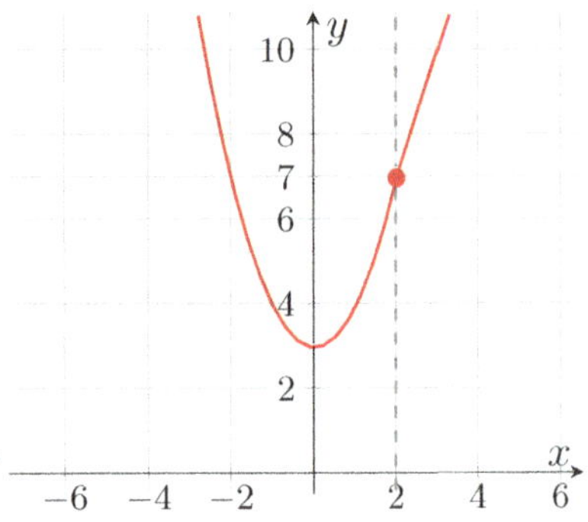

Esercizio 11.8: SOLUZIONE

$$f(x) = \begin{cases} -x^2-4x+3 & \text{se } x \le 1 \\ \log_2(2x)-3 & \text{se } x > 1 \end{cases}$$

(a) Le funzioni $-x^2-4x+3$ e $\log_2(2x)-3$ sono continue, quindi f è continua per ogni $x \in (-\infty, 1) \cup (1, +\infty)$. Resta da studiare la continuità in $x=1$:

$$\begin{aligned} f(1) &= -(1^2)-4(1)+3 = \boxed{-2} \\ \lim_{x\to 1^-} f(x) &= \lim_{x\to 1^-} (-x^2-4x+3) = -(1^2)-4(1)+3 = \boxed{-2} \\ \lim_{x\to 1^+} f(x) &= \lim_{x\to 1^+} (\log_2(2x)-3)) = \log_2(2)-3 = \boxed{-2} \end{aligned}$$

Conclusione: $f(x)$ è continua.

(b) Si considera la disuguaglianza $f(x) \le 2$ separatamente per $x \le 1$ e $x > 1$:

$\boxed{\text{per } x \le 1:\ -x^2-4x+3 \le 2}$ $\quad -x^2-4x+1 \le 0$

$-x^2-4x+1$ si annulla in $x_1 = -2-\sqrt{5}$, $x_2 = -2+\sqrt{5}$, entrambi < 1.
Quindi per $x \le 1$ si ha $f(x) \le 2$ in $(-\infty, -2-\sqrt{5}] \cup [-2+\sqrt{5}, 1]$.

$\boxed{\text{per } x > 1:\ \log_2(2x) - 3 \le 2}$

$\log_2(2x) \le 5$

Applicando 2^y si ha $2x \le 2^5$,
ossia $x \le 2^4 = 16$.
Quindi per $x>1$
si ha $f(x) \le 2$ in $(1, 16]$

<u>Conclusione</u>: $f(x) \le 2$ in
$(-\infty, -2-\sqrt{5}] \cup [-2+\sqrt{5}, 16]$.

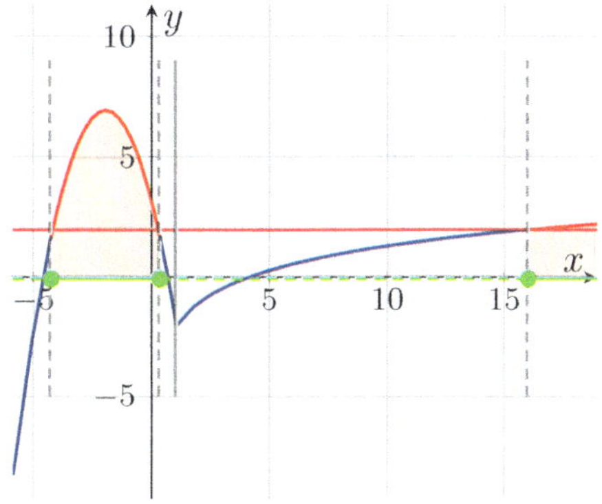

Esercizio 11.9: SOLUZIONE

L'imposta $f(x)$ in funzione del reddito x si esprime come segue:

$$\begin{cases} \frac{12}{100}x & \text{se } x \in (0, 3000] \\ 360 + \frac{22}{100}(x-3000) & \text{se } x \in (3000, 8500] \\ 1570 + \frac{27}{100}(x-8500) & \text{se } x \in (8500, 22500] \\ 5350 + \frac{34}{100}(x-22500) & \text{se } x > 22500 \end{cases}$$

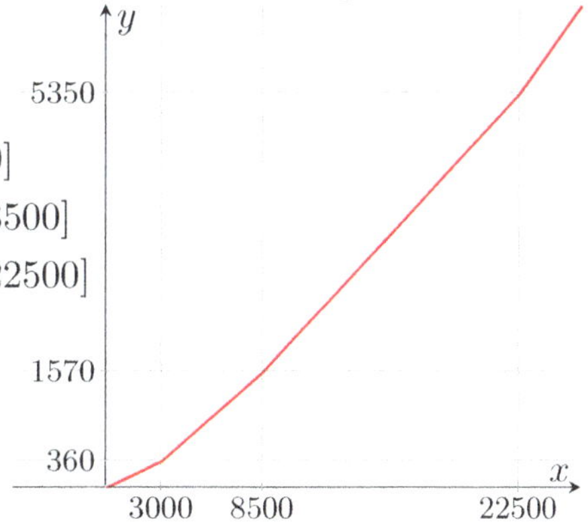

Il grafico è costituito dall'unione di tre segmenti di rette e una semiretta di coefficienti angolari rispettivi

$$\frac{12}{100}, \quad \frac{22}{100}, \quad \frac{27}{100}, \quad \frac{34}{100}$$

Le cifre fisse sono stabilite in modo da ottenere un funzione continua: infatti si può verificare che

$\lim_{x\to 3000^-} f(x) = \lim_{x\to 3000^+} f(x) = 360$

$\lim_{x\to 8500^-} f(x) = \lim_{x\to 8500^+} f(x) = 1570$ etc.

Capitolo 12

Funzioni: derivate

Derivate di funzioni elementari. Sia $k \in \mathbb{R}$

funzione	**derivata**	**es: funzione**	**derivata**
$f(x) = \text{costante}$	$f'(x) = 0$	3.14	0
$f(x) = x^k$ con $k \neq 0$	$f'(x) = k \cdot x^{k-1}$	x	1
		x^3	$3x^2$
		$\frac{1}{x^2} = x^{-2}$	$-\frac{2}{x^3} = -2x^{-3}$
	se $k \in (0,1)$ f è definita ma non derivabile in 0	$\sqrt{x} = x^{\frac{1}{2}}$	$\frac{1}{2\sqrt{x}} = \frac{1}{2}x^{-\frac{1}{2}}$

funz	**derivata**
e^x	e^x
$\ln(x)$	$\frac{1}{x}$

funz	**derivata**
$\sin(x)$	$\cos(x)$
$\cos(x)$	$-\sin(x)$
$\tan(x)$	$\frac{1}{(\cos(x))^2}$ $= 1 + (\tan(x))^2$

funz	**derivata**
$\arcsin(x)$	$\frac{1}{\sqrt{1-x^2}}$
$\arccos(x)$	$-\frac{1}{\sqrt{1-x^2}}$
$\arctan(x)$	$\frac{1}{x^2+1}$

funz	**derivata**	**es: funz**	**derivata**
$f(x) + g(x)$	$f'(x) + g'(x)$	$\sin(x) + x^{\frac{3}{2}}$	$\cos(x) + \frac{3}{2} \cdot x^{\frac{1}{2}}$
$k \cdot f(x)$	$k \cdot f'(x)$	$-2x^4$	$-8x^3$
$f(x) \cdot g(x)$	$f'(x) \cdot g(x) + f(x) \cdot g'(x)$	$x^2 \cdot \sin(x)$	$2x\sin(x) + x^2\cos(x)$
$g(f(x))$	$g'(f(x)) \cdot f'(x)$	$\sin(x^2)$	$\cos(x^2) \cdot 2x$
$\frac{1}{f(x)}$	$-\frac{f'(x)}{(f(x))^2}$	$\frac{1}{\sin(x)}$	$-\frac{\cos(x)}{(\sin(x))^2}$
$\frac{f(x)}{g(x)}$	$\frac{f'(x) \cdot g(x) - f(x) \cdot g'(x)}{(g(x))^2}$	$\frac{x^4}{\cos(x)}$	$\frac{4x^3 \cdot \cos(x) + x^4 \cdot \sin(x)}{(\cos(x))^2}$

Esercizi

Esercizi Esercizi

Esercizio 12.1. Determinare, dove esiste, la derivata delle funzioni:

(a) $f(x) = 3x^3 + 9x^2 - x - 4$
(b) $f(x) = x\cos(x)$
(c) $f(x) = (\sin(x))^2$
(d) $f(x) = 10^x$
(e) $f(x) = (\sin(x) - \frac{1}{x})^2$
(f) $f(x) = \ln(\frac{x+1}{x-2})$
(g) $f(x) = \cos(e^{2x})$

Esercizio 12.2. Data $f(x) = \begin{cases} x^3 & \text{per } x \leq 0 \\ -\cos(x) + 1 + x & \text{per } x > 0 \end{cases}$

(a) determinare il dominio e il segno;
(b) dire per quali $x \in \mathbb{R}$ è continua e calcolare i limiti agli estremi del dominio;
(c) dire per quali $x \in \mathbb{R}$ è derivabile e trovare la derivata.

Esercizio 12.3. Dire per quali $x \in \mathbb{R}$ sono continue e per quali $x \in \mathbb{R}$ sono derivabili le seguenti funzioni, e scrivere la derivata

(a) $f(x) = |x^3|$
(b) $f(x) = |4 - x^2|$
(c) $f(x) = \begin{cases} x & \text{per } x \neq 3 \\ 2 & \text{per } x = 3 \end{cases}$

Esercizio 12.4. Sia $f(x) = \begin{cases} |x-1| & \text{per } x \neq 4 \\ 0 & \text{per } x = 4 \end{cases}$

(a) dire dove è continua;
(b) dire dove è derivabile;
(c) determinare la derivata (dove esiste);
(d) disegnare il grafico.

Risultati

Risultati Risultati

Esercizio 12.1: **(a)** Derivabile su $\mathbb{R}$: $f'(x) = 9x^2 + 18x - 1$
(b) Derivabile su $\mathbb{R}$: $f'(x) = \cos(x) - x\sin(x)$
(c) Derivabile su $\mathbb{R}$: $f'(x) = 2\sin(x)\cos(x)$
(d) Derivabile su $\mathbb{R}$: $f'(x) = \ln(10) \cdot 10^x$
(e) Derivabile su $\mathbb{R}\backslash\{0\}$: $f'(x) = 2(\sin(x) - \frac{1}{x}) \cdot (\cos(x) + \frac{1}{x^2})$
(f) Derivabile su $(-\infty, -1) \cup (2, +\infty)$: $f'(x) = -\frac{3}{(x+1)(x-2)}$
(g) Derivabile su $\mathbb{R}$: $f'(x) = -\sin(e^{2x}) \cdot 2e^{2x}$

Esercizio 12.2: **(a)** Il dominio di f è $\mathbb{R}$ e f è $\begin{cases} \text{nulla per} & x = 0 \\ \text{positiva per} & x \in (0, +\infty) \\ \text{negativa per} & x \in (-\infty, 0) \end{cases}$

(b) f è continua su $\mathbb{R}$; $\lim_{x\to-\infty} f(x) = -\infty$; $\lim_{x\to+\infty} f(x) = +\infty$.

(c) Derivabile in $\mathbb{R}\setminus\{0\}$ e
$$f'(x) = \begin{cases} 3x^2 & \text{per } x < 0 \\ \sin(x) + 1 & \text{per } x > 0 \end{cases}$$

Esercizio 12.3: **(a)** Continua e derivabile in $\mathbb{R}$; $f'(x) = \begin{cases} -3x^2 & \text{per } x < 0 \\ 3x^2 & \text{per } x \geq 0 \end{cases}$

(b) Continua in $\mathbb{R}$; derivabile in $\mathbb{R}\setminus\{-2, 2\}$ $f'(x) = \begin{cases} -2x & \text{per } x \in (-2, 2) \\ 2x & \text{per } x \in \mathbb{R}\setminus(-2, 2) \end{cases}$

(c) f è continua e derivabile su $\mathbb{R}\setminus\{3\}$ e $f'(x)=1$ su $\mathbb{R}\setminus\{3\}$.

Esercizio 12.4: **(a)** f è continua solo su $\mathbb{R} \setminus \{4\}$;

(b) f è derivabile su $\mathbb{R} \setminus \{1, 4\}$;

(c) $f'(x) = \begin{cases} -1 & \text{per } x < 1 \\ 1 & \text{per } 1 < x < 4 \\ 1 & \text{per } x > 4 \end{cases}$

(d) vedere soluzione.

Soluzioni

Soluzioni Soluzioni

Esercizio 12.1: SOLUZIONE

(a) $f(x) = 3x^3 + 9x^2 - x - 4$:
$f(x)$ è somma di $3x^3$, $9x^2$, $-x$ e -4 derivabili su tutto $\mathbb{R}$ le cui derivate sono $3 \cdot 3x^2$, $9 \cdot 2x$, -1, 0.
La derivata è la somma delle derivate.
Conclusione: $f'(x) = 9x^2 + 18x - 1$ definita su $\mathbb{R}$.

(b) $f(x) = x\cos(x)$:
$f(x)$ è prodotto di x e $\cos(x)$ derivabili su tutto $\mathbb{R}$ le cui derivate sono 1 e $-\sin(x)$.
Conclusione: la derivata è $f'(x) = 1 \cdot (\cos(x)) + x \cdot (-\sin(x)) = \cos(x) - x\sin(x)$ definita su $\mathbb{R}$.

(c) $f(x) = (\sin(x))^2$:
$f(x) = g(\sin(x))$ con $g(y) = y^2$ e $\sin(x)$ derivabili su tutto $\mathbb{R}$ le cui derivate sono $g'(y) = 2y$ e $\cos(x)$.
Conclusione: la derivata della composta è $g'(\sin(x)) \cdot \cos(x) = 2(\sin(x)) \cdot \cos(x) = 2\sin(x)\cos(x)$ definita su $\mathbb{R}$.

(d) $f(x) = 10^x$:
$f(x) = 10^x = e^{\ln(10)\cdot x} = g(\ln(10) \cdot x)$ con $g(y) = e^y$, e $g'(y) = e^y$.
Conclusione: $f'(x) = \ln(10) \cdot g'(\ln(10) \cdot x) = \ln(10) \cdot e^{\ln(10)\cdot x} = \ln(10) \cdot 10^x$.

(e) $f(x) = (\sin(x) - \frac{1}{x})^2$:
$f(x)$ è definita su $\mathbb{R}\setminus\{0\}$ ed è composta di $g(y) = y^2$ e $\sin(x) - \frac{1}{x}$ derivabili su $\mathbb{R}\setminus\{0\}$ e le cui derivate sono $g'(y) = 2y$ e $\cos(x) - (-\frac{1}{x^2})$.
Conclusione: la derivata della composta è $g'(\sin(x) - \frac{1}{x}) \cdot (\cos(x) + \frac{1}{x^2}) = 2(\sin(x) - \frac{1}{x}) \cdot (\cos(x) + \frac{1}{x^2})$ definita su $\mathbb{R}\setminus\{0\}$.

(f) $f(x) = \ln(\frac{x+1}{x-2})$:
$f(x)$ è definita su $\{x\in\mathbb{R} \mid \frac{x+1}{x-2}>0\} = (-\infty, -1)\cup(2, +\infty)$ e $f(x)=g(h(x))$ composta di $g(y)=\ln(y)$ e $h(x)=\frac{x+1}{x-2}$ derivabili su tutto il dominio e le cui derivate sono

$$g'(y) = \frac{1}{y} \qquad h'(x) = \frac{1\cdot(x-2)-(x+1)\cdot 1}{(x-2)^2} = \frac{-3}{(x-2)^2}$$

La derivata della composta è quindi
$g'(h(x))\cdot h'(x) = g'(\frac{x+1}{x-2})\cdot\frac{-3}{(x-2)^2} = \frac{1}{\frac{x+1}{x-2}}\cdot\frac{-3}{(x-2)^2} = -\frac{x-2}{x+1}\cdot\frac{3}{(x-2)^2} = -\frac{3}{(x+1)(x-2)}$

Procedimento alternativo:

$$f(x) = \ln(\frac{x+1}{x-2}) = \begin{cases} \ln(x+1) - \ln(x-2) & \text{per } x > 2 \\ \ln(-x-1) - \ln(-x+2) & \text{per } x < -1 \end{cases}$$

Per $x > 2$ $f(x)$ è differenza della composte di $g(y)=\ln(y)$ con $h_1(x)=x+1$ e con $h_2(x)=x-2$, derivabili su tutto il dominio, le cui derivate sono rispettivamente $g'(y) = \frac{1}{y}$, $h_1'(x) = 1$, $h_2'(x) = 1$. Allora la derivata è $g'(x+1)\cdot 1 - g'(x-2)\cdot 1 = \frac{1}{x+1} - \frac{1}{x-2} = \frac{(x-2)-(x+1)}{(x+1)(x-2)} = -\frac{3}{(x+1)(x-2)}$.
Per $x < -1$ si procede analogamente e si ottiene di nuovo $-\frac{3}{(x+1)(x-2)}$.
Conclusione: Il dominio di $f(x) = \ln(\frac{x+1}{x-2})$ è $(-\infty, -1) \cup (2, +\infty)$, f è derivabile su tutto il dominio e la derivata è $-\frac{3}{(x+1)(x-2)}$.

(g) $f(x) = \cos(e^{2x})$:
$f(x)$ è composta di $\cos(y)$ e $y = e^{2x}$, a sua volta composta da e^z e $z = 2x$ le cui derivate sono e^z, 2.
La derivata di e^{2x} è $e^z \cdot 2 = 2e^{2x}$. La derivata di $\cos(y)$ è $-\sin(y)$.
Conclusione: la derivata di f è $-\sin(e^{2x}) \cdot 2e^{2x}$

Esercizio 12.2: SOLUZIONE

$$f(x) = \begin{cases} x^3 & \text{per } x \leq 0 \\ -\cos(x) + 1 + x & \text{per } x > 0 \end{cases}$$

(a) *Dominio e segno*
Il dominio di f è tutto $\mathbb{R}$.

Segno di $f(x) = x^3$ in $(-\infty, 0]$: $f(0) = 0$ e $f(x) < 0$ per $x \in (-\infty, 0)$.

Segno di $f(x) = -\cos(x) + 1 + x$ in $(0, +\infty)$:
$-\cos(x) + 1 \geq 0$ e $x > 0$ per $x \in (0, +\infty)$,
quindi $(-\cos(x) + 1) + (x) > 0$ per $x \in (0, +\infty)$.

Conclusione: Il dominio di f è $\mathbb{R}$ e f è $\begin{cases} \text{nulla per} & x = 0 \\ \text{positiva per} & x \in (0, +\infty) \\ \text{negativa per} & x \in (-\infty, 0) \end{cases}$

(b) *Continuità e limiti agli estremi*

$\lim_{x\to-\infty} f(x) = \lim_{x\to-\infty} (x^3) = -\infty$.
$\lim_{x\to+\infty} f(x) = \lim_{x\to+\infty} (-\cos(x) + 1 + x) = +\infty$.

Continuità: In $(-\infty, 0)$ $f(x) = x^3$ è continua perché polinomiale.
In $(0, +\infty)$ $f(x) = -\cos(x)+1+x$ è continua perché somma di funzioni continue.

f è continua in x=0? $f(0) = 0^3 = 0$;
$\lim_{x\to0^-} f(x) = \lim_{x\to0^-} x^3 = 0$;
$\lim_{x\to0^+} f(x) = \lim_{x\to0^+} (-\cos(x) + 1 + x) = -1 + 1 + 0 = 0$.
SI'! f è continua in 0 perché $f(0) = \lim_{x\to0^-} f(x) = \lim_{x\to0^+} f(x)$.

Conclusione: f è continua su $\mathbb{R}$; $\lim_{x\to-\infty} f(x) = -\infty$; $\lim_{x\to+\infty} f(x) = +\infty$.

(c) *Derivabilità e derivata*

In $(-\infty, 0)$ $f(x) = x^3$ quindi è derivabile e ha derivata $f'(x) = 3x^2$.
In $(0, +\infty)$ $f(x) = -\cos(x)+1+x$ quindi è derivabile e $f'(x) = \sin(x)+1$.

È derivabile in x=0?
$\lim_{x\to0^-} f'(x) = \lim_{x\to0^-} 3x^2 = 0$;
$\lim_{x\to0^+} f'(x) = \lim_{x\to0^+} \sin(x) + 1 = 1$
f non è derivabile in 0 perché i limiti destro e sinistro della derivata esistono e sono diversi.

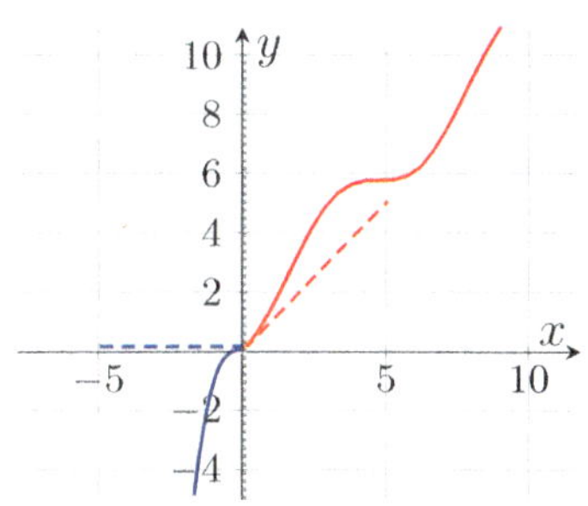

Ricordiamo che la tangente al grafico in $(x, f(x))$ è parallela al vettore $(1, f'(x))$, e qui si osserva che in $(0,0)$ non c'è tangente al grafico.

Conclusione: f è derivabile in $\mathbb{R}\backslash\{0\}$ e $f'(x) = \begin{cases} 3x^2 & \text{per } x < 0 \\ \sin(x) + 1 & \text{per } x > 0 \end{cases}$

Esercizio 12.3: SOLUZIONE

(a) $f(x) = |x^3| = \begin{cases} -x^3 & \text{per } x < 0 \\ x^3 & \text{per } x \geq 0 \end{cases}$

In $(-\infty, 0)$ $f(x) = -x^3$ quindi è continua e derivabile.
In $(0, +\infty)$ $f(x) = x^3$ quindi è continua e derivabile.

È continua in x=0 ? $f(0) = 0^3 = 0$;
$\lim_{x\to 0^-} f(x) = \lim_{x\to 0^-} -x^3 = 0$;
$\lim_{x\to 0^+} f(x) = \lim_{x\to 0^+} x^3 = 0$; $\Longrightarrow$ *SÌ!*
È derivabile in x=0 ?
In $(-\infty, 0)$ $f'(x) = -3x^2$.
In $(0, +\infty)$ $f'(x) = 3x^2$.
$\lim_{x\to 0^-} f'(x) = 0$ e $\lim_{x\to 0^+} f'(x) = 0$ $\Longrightarrow$ *SÌ!*

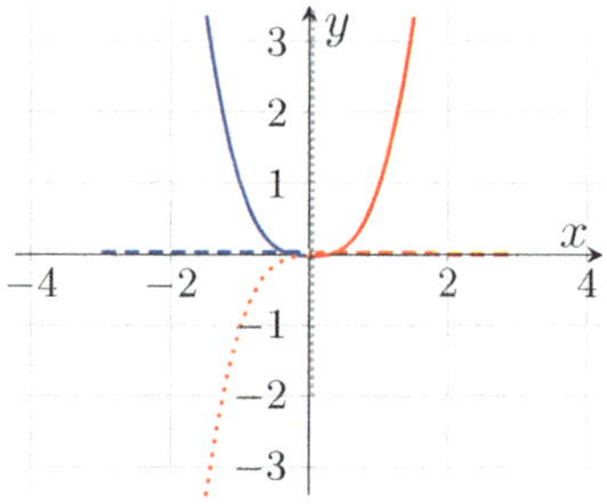

Conclusione:

f è continua e derivabile su tutto $\mathbb{R}$ e $f'(x) = \begin{cases} -3x^2 & \text{per } x < 0 \\ 3x^2 & \text{per } x \geq 0 \end{cases}$

(b) $f(x) = |4 - x^2| = \begin{cases} 4 - x^2 & \text{per } x \in [-2, 2] \\ x^2 - 4 & \text{per } x \in (-\infty, -2) \cup (2, +\infty) \end{cases}$

In $(-2, 2)$ $f(x) = 4 - x^2$ è continua e derivabile con $f'(x) = -2x$.
In $(-\infty, -2) \cup (2, +\infty)$ $f(x) = x^2 - 4$ è continua e derivabile con $f'(x) = 2x$.
È continua in -2 *e* 2 *?* SÌ, perché
$f(-2) = 0 = \lim_{x\to(-2)^-} f(x) = \lim_{x\to(-2)^+} f(x)$;
$f(2) = 0 = \lim_{x\to 2^-} f(x) = \lim_{x\to 2^+} f(x)$.
È derivabile in -2 *?* NO, perché
$\lim_{x\to(-2)^-} f'(x) = -4 \neq \lim_{x\to(-2)^+} f'(x) = 4$.
È derivabile in 2 *?* NO, perché
$\lim_{x\to 2^-} f'(x) = -4 \neq \lim_{x\to 2^+} f'(x) = 4$.

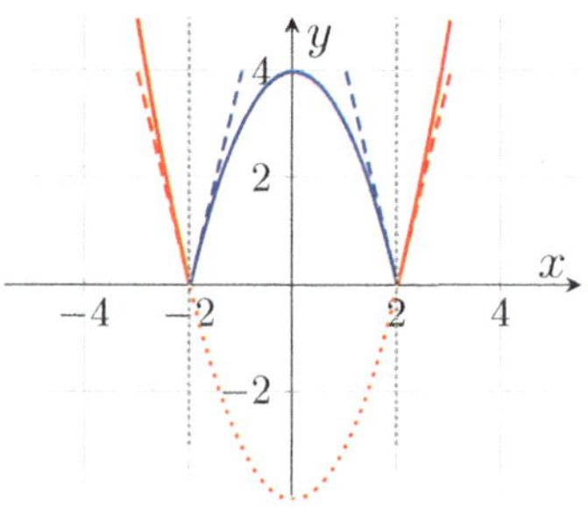

Conclusione: f è continua su tutto $\mathbb{R}$ e derivabile in $\mathbb{R}\backslash\{-2, 2\}$ e si ha
$f'(x) = \begin{cases} -2x & \text{per } x \in (-2, 2) \\ 2x & \text{per } x \in (-\infty, -2) \cup (2, +\infty) \end{cases}$

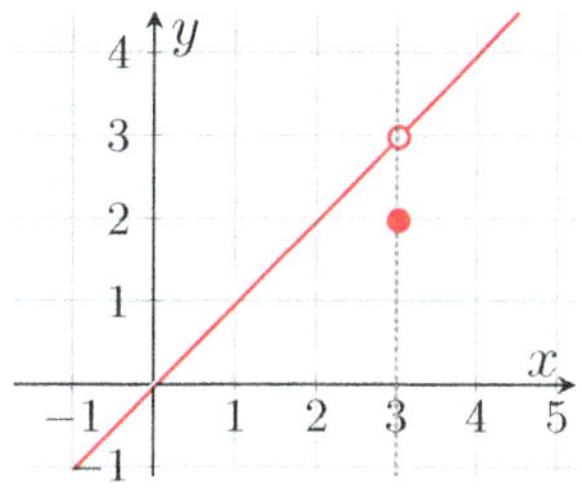

(c) Per $x \neq 3$ $f(x) = x \implies$ è continua e derivabile e $f'(x) = 1$.
Per $x = 3$ f non è continua perché $f(3)=2$ e $\lim_{x\to 3+} f(x)=3$. Quindi non è neanche derivabile.

Conclusione: f è continua e derivabile su $\mathbb{R}\setminus\{3\}$ e $f'(x)=1$ su $\mathbb{R}\setminus\{3\}$.

Esercizio 12.4: SOLUZIONE

$$f(x) = \begin{cases} |x-1| & \text{per } x \neq 4 \\ 0 & \text{per } x = 4 \end{cases}$$

(a) **dire dove è continua**:
la funzione $|y|$ è continua su $\mathbb{R}$, quindi f è continua almeno su $\mathbb{R} \setminus \{4\}$.
È continua anche in 4? Dobbiamo vedere se i limiti destro e sinistro esistono, sono uguali tra loro e a $f(4)$:
$\lim_{x\to 4^-} f(x) = \lim_{x\to 4^-} |x-1| = 3$ $\qquad$ $\lim_{x\to 4^+} f(x) = \lim_{x\to 4^+} |x-1| = 3$ $\qquad$ $f(4) = 0$
Allora non è continua in 4.
Conclusione: f è continua solo su $\mathbb{R} \setminus \{4\}$.

(b) **dire dove è derivabile**:
f non è derivabile in 4 perché non è continua.
La funzione "modulo" è derivabile su $\mathbb{R}\setminus\{0\}$, quindi f in $(-\infty, 4)\cup(4, +\infty)$ è derivabile quando $x - 1 \neq 0$, cioè $x \neq 1$.
Conclusione: f è derivabile su $\mathbb{R} \setminus \{1, 4\}$.

(c) **determinare la derivata (dove esiste)**:
In $(-\infty, 1)$ $f(x) = |x-1| = -x+1$, quindi $f'(x) = -1$.
In $(1, 4)$ $f(x) = |x-1| = x-1$, quindi $f'(x) = 1$.
In $(4, +\infty)$ $f(x) = |x-1| = x-1$, quindi $f'(x) = 1$.

Conclusione: $f'(x) = \begin{cases} -1 & \text{per } x < 1 \\ 1 & \text{per } 1 < x < 4 \\ 1 & \text{per } x > 4 \end{cases}$

(d) **disegnare il grafico**:

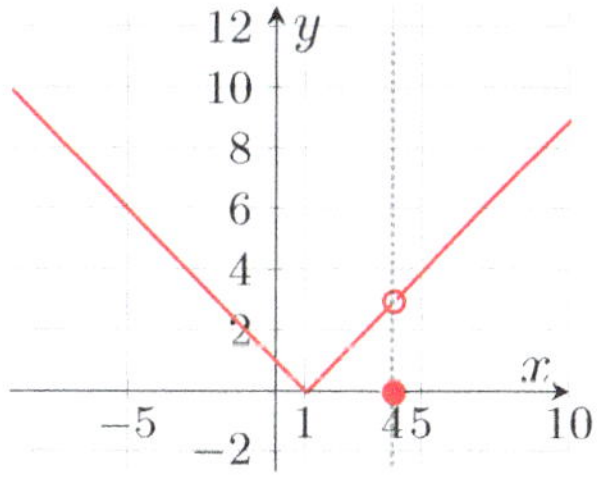

Capitolo 13

Funzioni: il teorema di de l'Hôpital

Nel Capitolo *Funzioni: limiti* (pag.77) abbiamo affrontato il problema di calcolare limiti con *forme indeterminate.*

Ora vedremo come alcuni di questi limiti, troppo difficili da risolvere con metodi diretti, possono essere calcolati con l'uso delle derivate.

Teorema Se $\lim\limits_{x \to x_0} \frac{f(x)}{g(x)}$ è una forma indeterminata del tipo "$\frac{0}{0}$" o "$\frac{\infty}{\infty}$", e

- esiste $I = (a, b) \setminus \{x_0\} = \overset{a \quad x_0 \quad b}{\circ\!\!-\!\!\!-\!\!\circ\!\!-\!\!\!-\!\!\circ}$ tale che:
  $f(x)$ e $g(x)$ sono derivabili (almeno) in I e
  $g(x) \neq 0$ e $g'(x) \neq 0$ per $x \in I$ (cioè $\frac{f(x)}{g(x)}$ e $\frac{f'(x)}{g'(x)}$ definite in I)
- esiste $\lim\limits_{x \to x_0} \frac{f'(x)}{g'(x)}$

allora $\lim\limits_{x \to x_0} \frac{f(x)}{g(x)} = \lim\limits_{x \to x_0} \frac{f'(x)}{g'(x)}$.

Analoghi risultati valgono per i limiti

$x \to x_0^+$	con	$I = (x_0, b)$	$x \to -\infty$	con	$I = (-\infty, b)$
$x \to x_0^-$	con	$I = (a, x_0)$	$x \to +\infty$	con	$I = (a, +\infty)$

Osservazione: in alcuni casi $\lim\limits_{x \to x_0} \frac{f(x)}{g(x)}$ esiste anche se non esiste $\lim\limits_{x \to x_0} \frac{f'(x)}{g'(x)}$:
per esempio $\lim\limits_{x \to +\infty} \frac{f(x)}{g(x)} = \frac{x + \cos(x)}{x}$ è una forma indeterminata del tipo "$\frac{\infty}{\infty}$",
e il limite delle derivate $\lim\limits_{x \to +\infty} \frac{f'(x)}{g'(x)} = \lim\limits_{x \to +\infty} (1 - \sin(x))$ non esiste.
Tuttavia si vede facilmente che $\lim\limits_{x \to +\infty} \frac{x + \cos(x)}{x} = \lim\limits_{x \to +\infty} (1 + \frac{\cos(x)}{x}) = 1$

Esercizi

Esercizi Esercizi

Esercizio 13.1. Calcolare i seguenti limiti: (forma indeterminata "$\frac{\infty}{\infty}$")

(a) $\lim_{x\to+\infty} \frac{\ln(x)}{x}$ (b) $\lim_{x\to+\infty} \frac{\ln(x^3+x)}{x^2}$

Esercizio 13.2. Calcolare i seguenti limiti: (forma indeterminata "$\frac{0}{0}$")

(a) $\lim_{x\to0^+} \frac{e^x-1}{x^2}$

(b) $\lim_{x\to0^-} \frac{e^x-1}{x^2}$

(c) $\lim_{x\to e} \frac{\ln(x)-1}{x^2-(1+e)x+e}$

Esercizio 13.3. Calcolare i seguenti limiti: (forma indeterm. "$0\cdot\infty$")

(a) $\lim_{x\to0^+} (x\cdot\ln(x))$ (b) $\lim_{x\to-\infty} (x\cdot e^x)$

Risultati

Risultati Risultati

Esercizio 13.1: **(a)** 0; **(b)** 0.
Esercizio 13.2: **(a)** $+\infty$; **(b)** $-\infty$; **(c)** $\frac{1}{e(e-1)}$.
Esercizio 13.3: **(a)** 0; **(b)** 0.

Soluzioni

Soluzioni Soluzioni

Esercizio 13.1: SOLUZIONE

(a) $\lim_{x\to+\infty} \frac{\ln(x)}{x}$

Nell'intervallo $I=(0,+\infty)$ si ha che:
$f(x)$ e $g(x)$ sono derivabili: $f'(x)=\frac{1}{x}$ e $g'(x)=1$;
$g(x)=x$ e $g'(x)=1$ sono non nulle.

Il limite del rapporto delle derivate $\lim_{x\to+\infty} \frac{f'(x)}{g'(x)} = \lim_{x\to+\infty} \frac{1}{x}$ esiste e vale 0.

Quindi possiamo applicare il teorema di de l'Hôpital.
Conclusione: $\lim_{x\to+\infty} \frac{\ln(x)}{x} = 0$
Osservazione: possiamo anche scegliere I "più piccolo", es. $I=(1000,+\infty)$

(b) $\lim_{x\to+\infty} \frac{\ln(x^3+x)}{x^2}$:

Nell'intervallo $I = (0, +\infty)$ si ha che:
$f(x)$ e $g(x)$ sono derivabili: $f'(x) = \frac{3x^2+1}{x^3+x}$ e $g'(x) = 2x$;
$g(x) = x^2$ e $g'(x) = 2x$ non si annullano.
$\lim_{x\to+\infty} \frac{f'(x)}{g'(x)} = \lim_{x\to+\infty} (\frac{3x^2+1}{x^3+x} \cdot \frac{1}{2x}) = 0$ ($\Rightarrow$ esiste)
Quindi possiamo applicare il teorema di de l'Hôpital.
Conclusione: $\lim_{x\to+\infty} \frac{\ln(x^3+x)}{x^2} = 0$.

Esercizio 13.2: Soluzione

(a) $\lim_{x\to0^+} \frac{e^x-1}{x^2}$
Nell'intervallo $I = (0, 1)$ si ha che:
$f(x)$ e $g(x)$ sono derivabili: $f'(x) = e^x$ e $g'(x) = 2x$;
$g(x) = x^2$ e $g'(x) = 2x$ non si annullano.
$\lim_{x\to0^+} \frac{f'(x)}{g'(x)} = \lim_{x\to0^+} \frac{e^x}{2x} = +\infty$.
Quindi possiamo applicare il teorema di de l'Hôpital.
Conclusione: $\lim_{x\to0^+} \frac{e^x-1}{x^2} = +\infty$.

(b) $\lim_{x\to0^-} \frac{e^x-1}{x^2}$
Nell'intervallo $I = (-1, 0)$ si ha che: (come al punto precedente)
$f(x)$ e $g(x)$ sono derivabili: $f'(x) = e^x$ e $g'(x) = 2x$;
$g(x) = x^2$ e $g'(x) = 2x$ non si annullano.
$\lim_{x\to0^-} \frac{f'(x)}{g'(x)} = \lim_{x\to0^-} \frac{e^x}{2x} = -\infty$.
Conclusione: $\lim_{x\to0^-} \frac{e^x-1}{x^2} = -\infty$.

(c) $\lim_{x\to e} \frac{\ln(x)-1}{x^2-(1+e)x+e}$
In $I = (e-\varepsilon,\ e+\varepsilon)\setminus\{e\}$, con $\varepsilon = 0.1$, si ha che:
$f(x)$ e $g(x)$ sono derivabili: $f'(x) = \frac{1}{x}$ e $g'(x) = 2x - 1 - e$;
$g(x) = x^2 - (1+e)x + e$ e $g'(x) = 2x - 1 - e$ non si annullano, infatti:
$g'(x)$ è crescente in I e quindi $g'(x) > g'(e-\varepsilon) = e - 2\varepsilon - 1 > 0$ in I;
visto che la derivata $g'(x)$ è positiva in I, anche $g(x)$ è crescente in I,
allora $g(x)$ è $\begin{cases} < g(e) = 0 & \text{per } x \in (e-\varepsilon, e) \\ > g(e) = 0 & \text{per } x \in (e, e+\varepsilon) \end{cases}$ quindi $g(x) \neq 0$ per $x \in I$.

$\lim_{x\to e} \frac{f'(x)}{g'(x)} = \lim_{x\to e} \frac{\frac{1}{x}}{2x-1-e} = \frac{1}{e(e-1)}$.
Applichiamo il teorema di de l'Hôpital.
Conclusione: $\lim_{x\to e} \frac{\ln(x)-1}{x^2-(1+e)x+e} = \frac{1}{e(e-1)}$.

Esercizio 13.3: SOLUZIONE

Osservazione: la forma indeterminata "$0 \cdot \infty$" è risolubile con de l'Hôpital riscrivendo opportunamente la funzione per ricondurla al caso "$\frac{0}{0}$" o "$\frac{\infty}{\infty}$".

(a) $\lim_{x \to 0^+} (x \cdot \ln(x))$

Scriviamo la funzione nella forma $\frac{\ln(x)}{\frac{1}{x}}$ e otteniamo una forma indeterminata "$\frac{\infty}{\infty}$", a cui possiamo applicare il teorema di de l'Hôpital:

nell'intervallo $I = (0, 1)$ si ha che:
$f(x) = \ln(x)$ e $g(x) = \frac{1}{x}$ sono derivabili e $f'(x) = \frac{1}{x}$ e $g'(x) = -\frac{1}{x^2}$;
$g(x) = \frac{1}{x}$ e $g'(x) = -\frac{1}{x^2}$ non si annullano.

$$\lim_{x \to 0^+} \frac{f'(x)}{g'(x)} = \lim_{x \to 0^+} \frac{\frac{1}{x}}{\frac{-1}{x^2}} = \lim_{x \to 0^+} - x = 0 .$$

<u>Conclusione</u>: $\lim_{x \to 0^+} (x \cdot \ln(x)) = \lim_{x \to 0^+} \frac{\ln(x)}{\frac{1}{x}} = 0 .$

(b) $\lim_{x \to -\infty} (x \cdot e^x)$

Analogamente a quanto fatto in (a), scriviamo la funzione nella forma $\frac{x}{e^{-x}}$, a cui possiamo applicare il teorema di de l'Hôpital:

nell'intervallo $I = (-\infty, 0)$ si ha che:
$f(x) = x$ e $g(x) = e^{-x}$ sono derivabili e $f'(x) = 1$ e $g'(x) = -e^{-x}$;
$g(x) = e^{-x}$ e $g'(x) = -e^{-x}$ non si annullano.

$$\lim_{x \to -\infty} \frac{f'(x)}{g'(x)} = \lim_{x \to -\infty} \frac{1}{-e^{-x}} = \lim_{x \to -\infty} - e^x = 0 .$$

<u>Conclusione</u>: $\lim_{x \to -\infty} (x \cdot e^x) = 0 .$

Capitolo 14

Funzioni: studio di funzione e grafico

Esercizi

Esercizio 14.1. Per le seguenti funzioni determinare:

- dominio e limiti agli estremi,
- intervalli di crescenza e decrescenza, minimi e massimi relativi e assoluti.

(a) $f(x) = x^3 - x^2 - 1$ (b) $f(x) = x^4 - 4x - 1$

Esercizio 14.2. (esame) Per le seguenti funzioni determinare:

- dominio e limiti agli estremi,
- intervalli di crescenza e decrescenza, minimi e massimi relativi e assoluti e disegnare il grafico

(a) $f(x) = \frac{1}{1+x+x^2}$ (b) $f(x) = \frac{1+3x^2}{4x(1-x)}$

Esercizio 14.3. (esame) Per le seguenti funzioni determinare:

- dominio e limiti agli estremi,
- intervalli di crescenza e decrescenza, minimi e massimi relativi e assoluti e disegnare il grafico

(a) $f(x) = \ln(x^2 - 5x + 6)$ (b) $f(x) = x \cdot e^{1-x}$

Esercizio 14.4. (esame) Sia data la funzione $f(x) = e^{\frac{x-1}{x+3}}$. Determinarne:
(a) il dominio;
(b) i limiti agli estremi del dominio;
(c) il segno;
(d) la derivata prima;
(e) gli eventuali massimi e minimi relativi ed assoluti;
(f) la derivata seconda;
(g) disegnarne il grafico.

Esercizio 14.5. (esame) Data la funzione $f(x) = \ln(x^2 + x + 1)$

(a) determinarne il dominio, il segno e i limiti agli estremi;
(b) dire dove f è continua e dove è derivabile e determinarne la derivata prima quando esiste;
(c) determinare gli intervalli di crescenza, decrescenza e dire se vi sono punti di massimo o minimo relativo o assoluto;
(d) determinare la derivata seconda e studiare il tipo di concavità, individuando anche eventuali punti di flesso;
(e) disegnare il grafico.

Esercizio 14.6. (esame) Data la funzione $f(x) = \ln(4 - \frac{3}{x})$
(a) determinarne il dominio, il segno e i limiti agli estremi;
(b) dire per quali x si ha $f(x) < \ln(4)$;
(c) dire dove f è continua e dove è derivabile e determinarne la derivata prima quando esiste;
(d) determinare gli intervalli di crescenza, decrescenza e dire se vi sono punti di massimo o minimo relativo o assoluto;
(e) studiare il tipo di concavità, individuando anche eventuali punti di flesso;
(f) disegnare il grafico.

Esercizio 14.7. (esame) Data la funzione $f(x) = x \cdot \ln(\frac{2x}{3})$
(a) determinare il dominio D e $\lim_{x \to +\infty} f(x)$;
(b) provare che $\lim_{x \to 0^+} f(x) = 0$ (scrivere $f(x)$ in forma di rapporto e applicare il teorema di de l'Hôpital);
(c) indicare gli intervalli di crescenza, decrescenza e gli eventuali massimi e/o minimi relativi o assoluti;
(d) studiare il tipo di concavità e individuare gli eventuali punti di flesso;
(e) calcolare $f(\frac{3}{2})$, $f(\frac{3}{2e})$; tracciare l'andamento del grafico rispetto a un sistema di coordinate fissato.
(f) *facoltativo*:
  (1) Dire se la retta di equazione $y = \frac{-3}{2e}$ ha qualche particolarità rispetto al grafico.
  (2) Dire se è vero che il grafico di $f(x)$ e la retta di equazione $y = x$ hanno un unico punto di intersezione, e in caso affermativo indicare le coordinate del punto.

Esercizio 14.8. (esame) Data la funzione $f(x) = -x^2 + 3x - \ln(2x)$
(a) determinare il dominio D e $\lim_{x \to 0^+} f(x)$. Calcolare $f(\frac{1}{2})$, $f(1)$;
(b) indicare gli intervalli di crescenza, decrescenza e gli eventuali massimi e/o minimi relativi;
(c) studiare il tipo di concavità e individuare gli eventuali punti di flesso;
(d) tracciare l'andamento del grafico rispetto a un sistema di coordinate fissato.

Esercizio 14.9. (esame) Data la funzione $f(x) = (2x+1)e^x$
(a) determinare il dominio D e $\lim_{x \to +\infty} f(x)$;
(b) studiare il segno di $f(x)$;
(c) indicare gli intervalli di crescenza, decrescenza e gli eventuali massimi e/o minimi;
(d) studiare il tipo di concavità e individuare gli eventuali punti di flesso;
(e) rispetto a un sistema di coordinate, dire se:
il grafico di $f(x)$ ha punti in comune con l'asse x (rispettivamente: con l'asse y)
il grafico di $f(x)$ ha punti in comune con la retta di equazione $x = -1$ e in caso affermativo indicare le coordinate di tali punti.

Esercizio 14.10. (esame) Data la funzione $f(x) = e^{2x} - e^x + 1$
(a) determinare il dominio, $\lim_{x \to -\infty} f(x)$ e calcolare $f(0)$, $f(-\ln(2))$;
(b) indicare gli intervalli di crescenza, decrescenza e gli eventuali massimi e/o minimi;
(c) studiare il tipo di concavità e individuare gli eventuali punti di flesso;
(d) da (b) e (c) si possono trarre informazioni circa $\lim_{x \to +\infty} f(x)$?
(e) *facoltativo.* Dire se l'affermazione seguente è vera: $f(x) < 1$ se $x < 0$ (dare motivazioni). Tracciare il grafico di $f(x)$ rispetto a un sistema di coordinate fissato.

Esercizio 14.11. (esame) Data la funzione $f(x) = 2e^{-x} + x$
(a) determinare il dominio D, $\lim_{x \to +\infty} f(x)$ e calcolare $f(0)$, $f(-1)$;
(b) indicare gli intervalli di crescenza, decrescenza e gli eventuali massimi e/o minimi;
(c) studiare il tipo di concavità e individuare gli eventuali punti di flesso;
(d) da (b) e (c) si possono trarre informazioni circa $\lim_{x \to -\infty} f(x)$?
(e) *facoltativo.* Calcolare $f(-2)$. Dire se l'affermazione seguente è vera: $f(x) < 0$ per ogni $x \in D$ (dare motivazioni).

Esercizio 14.12. (esame) Data la funzione $f(x) = \frac{\ln(x)}{x}$
(a) determinare il dominio D, il segno, $\lim_{x \to 0^+} f(x)$ e calcolare $f(1)$, $f(e)$;
(b) indicare gli intervalli di crescenza, decrescenza e gli eventuali massimi e/o minimi;
(c) studiare il tipo di concavità e individuare gli eventuali punti di flesso;

Esercizio 14.13. (esame) Sia data la funzione: $f(x) = x + \frac{2}{x} + \ln(4x)$.
(a) Determinare il dominio D e $\lim_{x \to +\infty} f(x)$.
(b) Indicare gli intervalli di crescenza, decrescenza e gli eventuali massimi e/o minimi.

(c) Studiare il tipo di concavità e individuare gli eventuali flessi.
(d) Calcolare $f(1)$ e dire se da (b) è corretto dedurre: $f(x) > 0$ per ogni $x \in D$.

Esercizio 14.14. (esame) Considerare la funzione $f(x) = \ln(x^2 + 3x + 3)$ nell'intervallo $D = [-3, 1]$
(a) determinare i limiti agli estremi di D;
(b) studiare il segno di $f(x)$;
(c) indicare gli intervalli di crescenza, decrescenza e gli eventuali massimi e/o minimi relativi o assoluti;
(d) studiare il tipo di concavità e individuare gli eventuali punti di flesso;
(e) tracciare l'andamento del grafico rispetto a un sistema di coordinate fissato.
(f) *facoltativo*: dire per quali numeri reali k il grafico di $f(x)$ ha intersezione non vuota con la retta di equazione $y = \ln(k)$. Trovare i punti di intersezione tra il grafico di $f(x)$ e la retta di equazione $y = \ln(\frac{3}{4})$.

Esercizio 14.15. (esame) Sia data la funzione $f(x) = \sqrt{\frac{x-2}{x-5}}$. Determinarne dominio e limiti agli estremi, intervalli di crescenza e decrescenza, minimi e massimi relativi e assoluti, e disegnarne il grafico.

Esercizio 14.16. Data $f(x) = \begin{cases} \frac{x^2}{2} + x & \text{per } x \leq 0 \\ -\cos(x) + 1 & \text{per } x > 0 \end{cases}$
(a) dire dove è nulla e studiarne il segno;
(b) calcolare i limiti agli estremi del dominio;
(c) dire dove è continua;
(d) dire dove è derivabile e determinare la derivata dove esiste;
(e) individuare massimi e minimi assoluti e relativi;
(f) disegnare il grafico.

Risultati

Risultati Risultati

Esercizio 14.1:

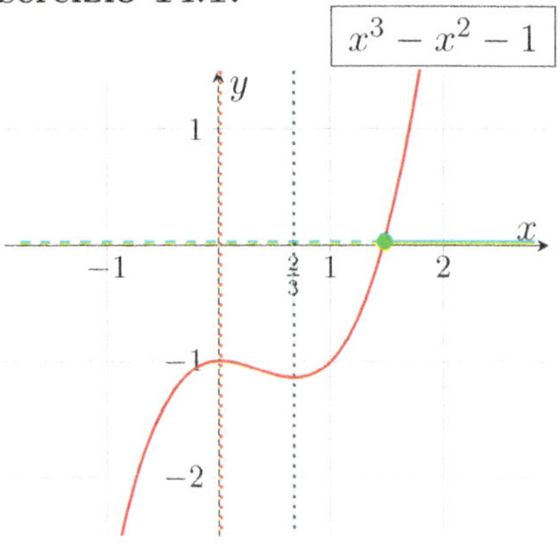

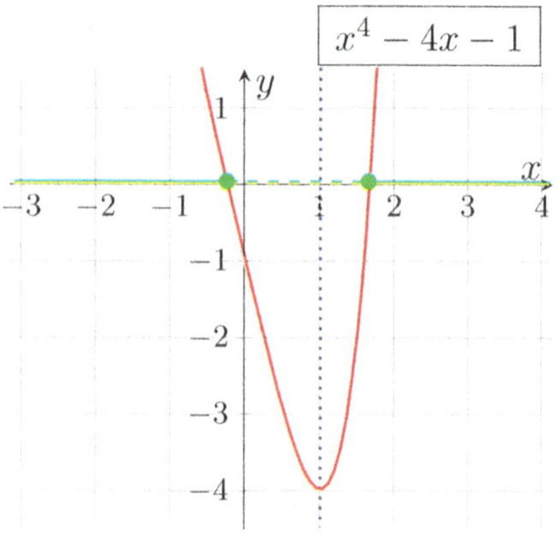

Esercizio 14.2:

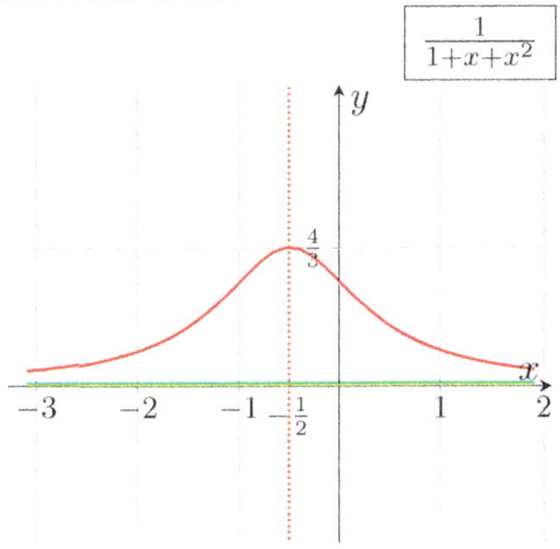

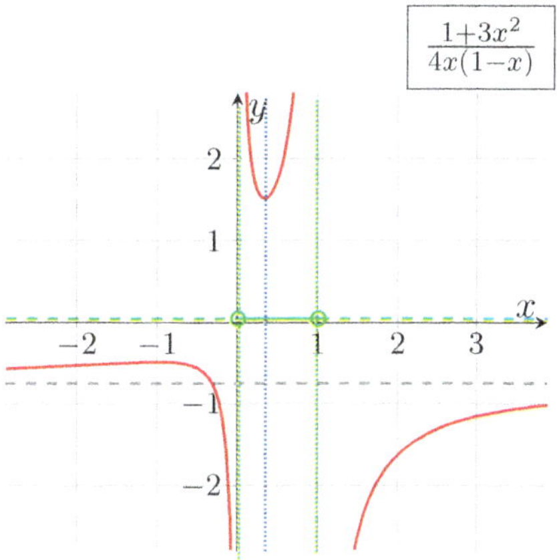

Esercizio 14.3:

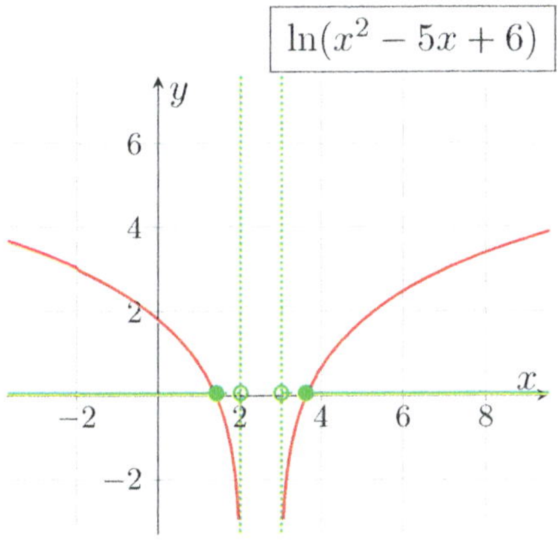

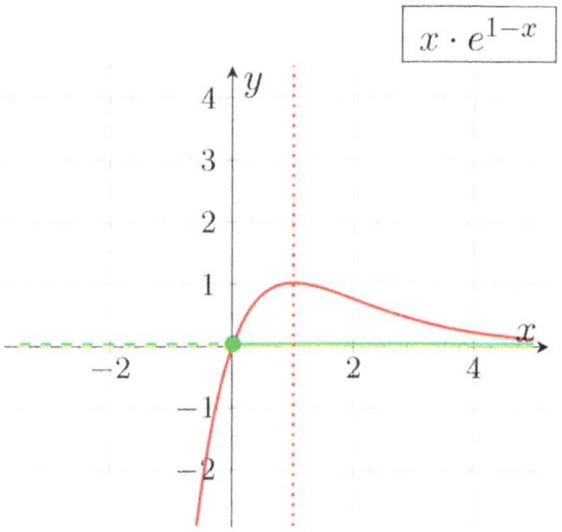

Esercizio 14.4:

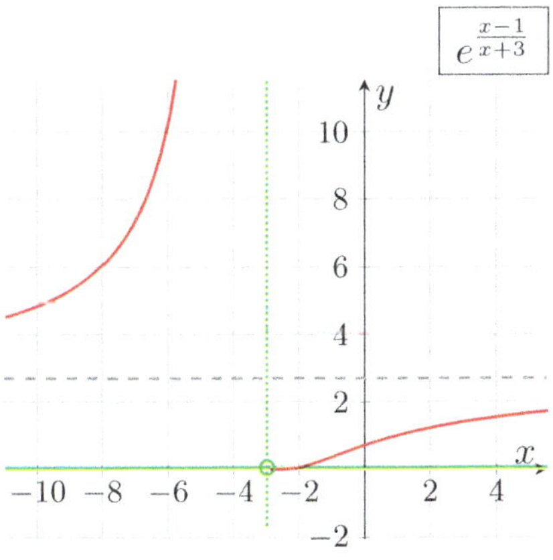

Esercizio 14.5:

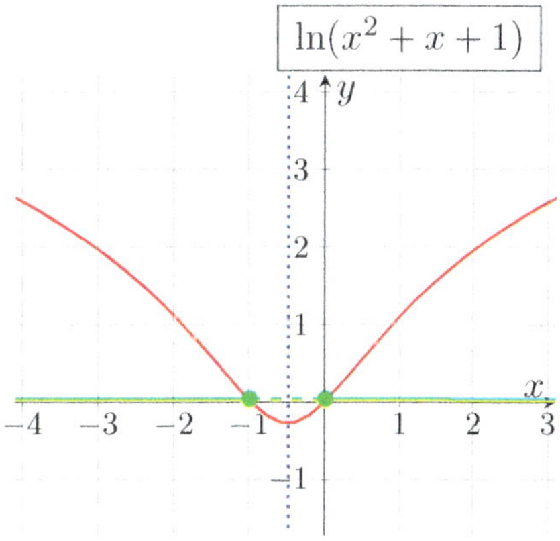

Esercizio 14.6:

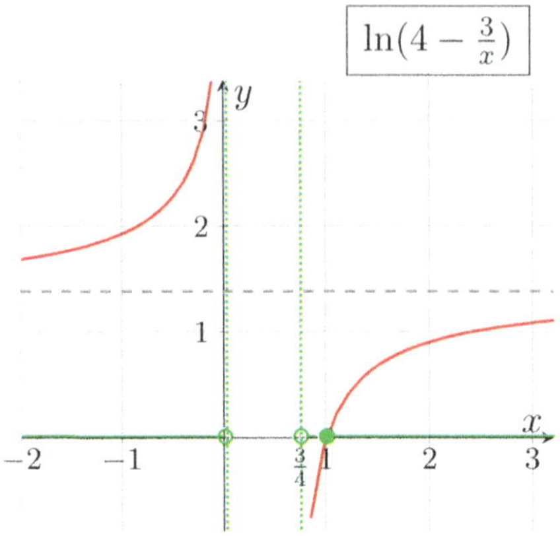

Esercizio 14.7:

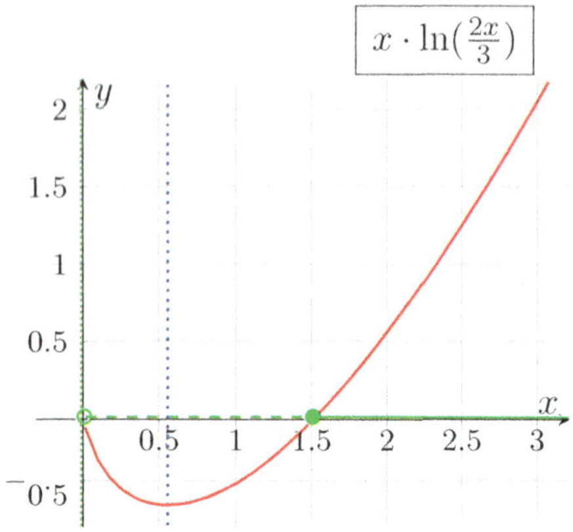

Esercizio 14.8:

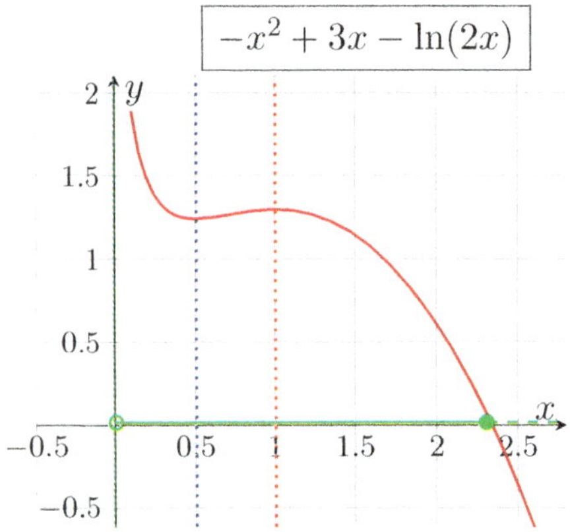

Esercizio 14.9:

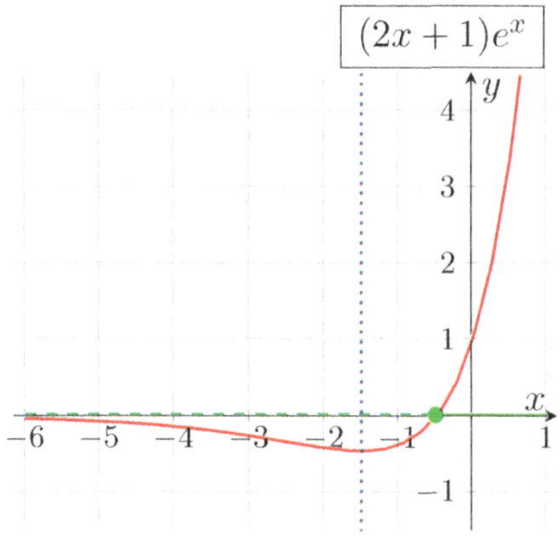

Esercizio 14.10:

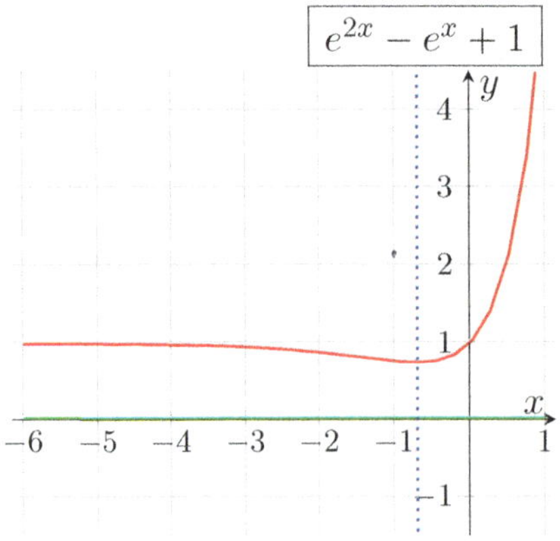

Esercizio 14.11:

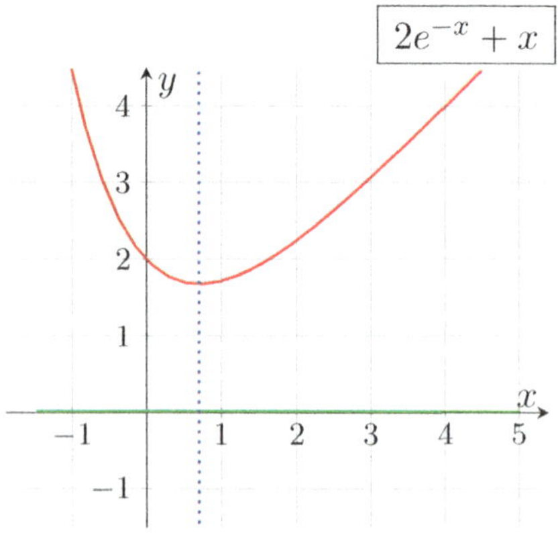

Esercizio 14.12:

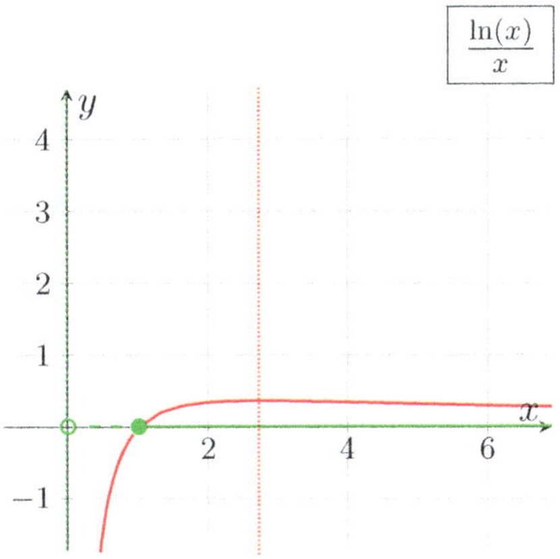

Esercizio 14.13:

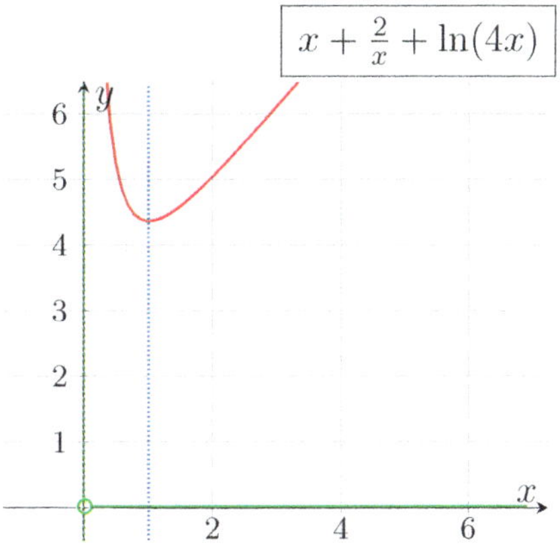

Esercizio 14.14:

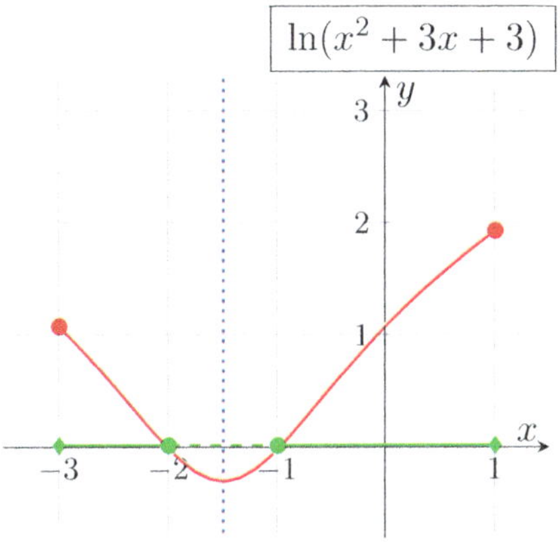

Esercizio 14.15:

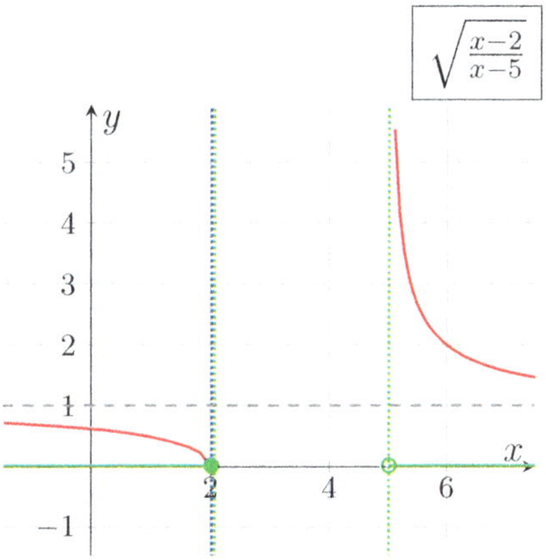

Esercizio 14.16:

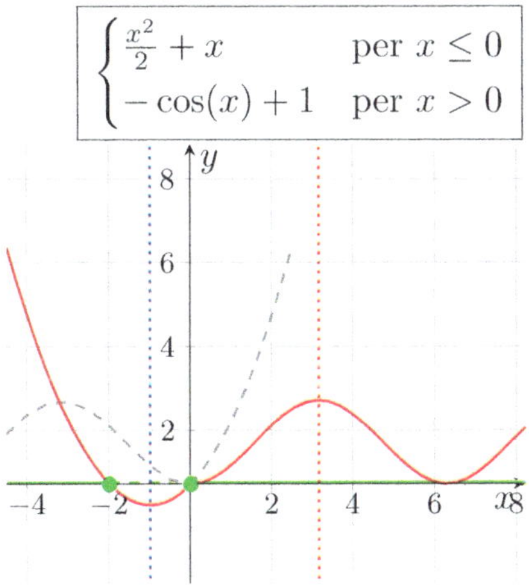

Soluzioni

Soluzioni Soluzioni

Esercizio 14.1: SOLUZIONE

(a) $f(x) = x^3 - x^2 - 1$

La funzione è polinomiale, quindi definita per ogni $x \in \mathbb{R}$. Si tratta di un polinomio di grado dispari. Quindi:
Conclusione: Il dominio di f è $\mathbb{R}$;
$\lim_{x\to-\infty} f(x) = -\infty$; $\lim_{x\to+\infty} f(x) = +\infty$

La funzione è derivabile in $\mathbb{R}$, quindi le informazioni sugli intervalli di crescenza e decrescenza e su eventuali massimi/minimi (relativi o assoluti) si possono dedurre dal segno della derivata prima. Si ha: $f'(x) = 3x^2 - 2x$ che ha le radici reali $0; \frac{2}{3}$, da cui:

$$f'(x) \text{ è } \begin{cases} \text{positiva per} & x \in (-\infty, 0) \cup (\frac{2}{3}, +\infty) \\ \text{negativa per} & x \in (0, \frac{2}{3}) \\ \text{nulla per} & x \in \{0, \frac{2}{3}\} \end{cases}$$

Conclusione: La funzione $f(x)$ è crescente in $(-\infty, 0)$ e in $(\frac{2}{3}, +\infty)$, è decrescente in $(0, \frac{2}{3})$, ha un massimo relativo in $x = 0$ e un minimo relativo in $x = \frac{2}{3}$.

(b) $f(x) = x^4 - 4x - 1$

La funzione è polinomiale, quindi definita per ogni $x \in \mathbb{R}$. Si tratta di un polinomio di grado pari.
Conclusione: Il dominio di f è $\mathbb{R}$;
$\lim_{x\to-\infty} f(x) = \lim_{x\to+\infty} f(x) = +\infty$

La funzione è derivabile in $\mathbb{R}$, quindi le informazioni sugli intervalli di crescenza e decrescenza e su eventuali massimi/minimi (relativi o assoluti) si possono dedurre dal segno della derivata prima. Si ha: $f'(x) = 4x^3 - 4 = 4(x^3 - 1) = 4(x-1)(x^2 + x + 1)$, dove $4(x^2 + x + 1)$ è positivo per ogni $x \in \mathbb{R}$ in quanto ha discriminante negativo. Quindi $f'(x)$ ha 1 come unica radice reale e si ha:

$$f'(x) \text{ è } \begin{cases} \text{positiva per} & x \in (1, +\infty) \\ \text{negativa per} & x \in (-\infty, 1) \\ \text{nulla per} & x = 1 \end{cases}$$

Conclusione: La funzione è crescente in $(1, +\infty)$, decrescente in $(-\infty, 1)$ e ha un minimo assoluto in $x = 1$

Esercizio 14.2: SOLUZIONE

(a) $f(x) = \frac{1}{1+x+x^2}$

Si tratta di funzione razionale definita per ogni $x \in \mathbb{R}$, in quanto il denominatore non ha radici reali. Inoltre il grado del numeratore è minore di quello del denominatore.
Conclusione: Il dominio di f è $\mathbb{R}$;
$\lim_{x\to-\infty} f(x) = \lim_{x\to+\infty} f(x) = 0$

La funzione è derivabile in $\mathbb{R}$, quindi il segno della derivata prima fornisce le informazioni sugli intervalli di crescenza e decrescenza e su eventuali massimi/minimi (relativi o assoluti). La derivata è $f'(x) = \frac{-1-2x}{(1+x+x^2)^2}$. Siccome il denominatore è positivo per ogni x reale, si ha:

$$f'(x) \text{ è } \begin{cases} \text{positiva per} & x \in (-\infty, -\frac{1}{2}) \\ \text{negativa per} & x \in (-\frac{1}{2}, +\infty) \\ \text{nulla per} & x = -\frac{1}{2} \end{cases}$$

Conclusione: $f(x)$ è crescente nell'intervallo $(-\infty, -\frac{1}{2})$, decrescente nell'intervallo $(-\frac{1}{2}, +\infty)$ e ha un massimo assoluto in $x = -\frac{1}{2}$.

(b) $f(x) = \frac{1+3x^2}{4x(1-x)}$

Si tratta di funzione razionale definita per $x \neq 0$, $x \neq 1$, in quanto 0 e 1 sono le radici del denominatore. Il numeratore e il denominatore hanno lo stesso grado, quindi $\lim_{x\to-\infty} f(x)$ e $\lim_{x\to+\infty} f(x)$ sono uguali al rapporto tra i coefficienti dei monomi di grado massimo di numeratore e denominatore. I limiti agli altri estremi del dominio sono $+\infty$ oppure $-\infty$ in base al segno del denominatore $4x(1-x)$ in quanto il numeratore è positivo per ogni x reale.
Conclusione: Il dominio di f è $\mathbb{R}\setminus\{0,1\}$;
$\lim_{x\to-\infty} f(x) = \lim_{x\to+\infty} f(x) = -\frac{3}{4}$; $\lim_{x\to0^-} f(x) = -\infty$, $\lim_{x\to0^+} f(x) = +\infty$, $\lim_{x\to1^-} f(x) = +\infty$, $\lim_{x\to1^+} f(x) = -\infty$.

La funzione è derivabile in $\mathbb{R}$, quindi il segno della derivata prima fornisce le informazioni sugli intervalli di crescenza e decrescenza e su eventuali massimi/minimi (relativi o assoluti). Si ha: $f'(x) = \frac{6x(4x(1-x))-(1+3x^2)(4-8x)}{(4x(1-x))^2} = \frac{12x^2+8x-4}{(4x(1-x))^2} = \frac{4(3x^2+2x-1)}{(4x(1-x))^2}$ quindi $f'(x)$ ha lo stesso segno del polinomio $3x^2+2x-1$, che ha le radici $-1, \frac{1}{3}$. Allora:

$$f'(x) \text{ è } \begin{cases} \text{positiva per} & x \in (-\infty, -1) \cup (\frac{1}{3}, 1) \cup (1, +\infty) \\ \text{negativa per} & x \in (-1, 0) \cup (0, \frac{1}{3}) \\ \text{nulla per} & x \in \{-1, \frac{1}{3}\} \end{cases}$$

Conclusione: La funzione è crescente in ciascuno degli intervalli $(-\infty, -1)$, $(\frac{1}{3}, 1)$ e $(1, +\infty)$, è decrescente negli intervalli $(-1, 0)$ e $(0, \frac{1}{3})$, ha un massimo relativo in $x = -1$ e un minimo relativo in $x = \frac{1}{3}$.

Esercizio 14.3: SOLUZIONE

(a) $f(x) = \ln(x^2 - 5x + 6)$

La funzione è definita per $x^2 - 5x + 6 > 0$, ossia per $x < 2$ oppure $x > 3$. Quando x tende a $-\infty$ oppure a $+\infty$ l'argomento $x^2 - 5x + 6$ tende a $+\infty$; quando x tende a 2^- oppure a 3^+ l'argomento tende a zero.
Conclusione: Il dominio di f è $D = (-\infty, 2) \cup (3, +\infty)$;
$\lim_{x \to -\infty} f(x) = \lim_{x \to +\infty} f(x) = +\infty$; $\lim_{x \to 2^-} f(x) = \lim_{x \to 3^+} f(x) = -\infty$.
La funzione è derivabile in D, quindi il segno della derivata prima fornisce le informazioni su crescenza e decrescenza e su eventuali massimi/minimi (relativi o assoluti) in ciascuno degli intervalli $(-\infty, 2)$; $(3, +\infty)$. Si ha: $f'(x) = \frac{2x-5}{x^2-5x+6}$. Il denominatore di $f'(x)$ è positivo in D, il numeratore si annulla in $x = \frac{5}{2} \notin D$, è positivo per $x > \frac{5}{2}$, è negativo per $x < \frac{5}{2}$. Quindi:

$$f'(x) \text{ è } \begin{cases} \text{positiva per} & x \in (3, +\infty) \\ \text{negativa per} & x \in (-\infty, 2) \\ \text{nulla per} & x \in \emptyset \end{cases}$$

Conclusione: La funzione $f(x)$ è crescente in $(3, +\infty)$ e decrescente in $(-\infty, 2)$; non ha né massimi né minimi.

(b) $f(x) = x \cdot e^{1-x}$

La funzione è prodotto di funzioni definite per ogni $x \in \mathbb{R}$. Quando x tende a $-\infty$, si ha: e^{1-x} tende a $+\infty$. Quando x tende a $+\infty$, e^{1-x} tende a zero, quindi si ha una forma indeterminata, che possiamo risolvere come segue. Scriviamo $f(x)$ nella forma $\frac{x}{e^{x-1}}$ e applichiamo il teorema di de l'Hôpital a tale forma indeterminata; consideriamo quindi $\lim_{x \to +\infty} \frac{1}{e^{x-1}}$ che vale 0.
Conclusione: Il dominio di f è $\mathbb{R}$;
$\lim_{x \to -\infty} f(x) = -\infty$; $\lim_{x \to +\infty} f(x) = 0$
La funzione è derivabile in $\mathbb{R}$, quindi il segno della derivata prima fornisce le informazioni su crescenza e decrescenza e su eventuali massimi/minimi

(relativi o assoluti). Si ha: $f'(x) = (x)'e^{1-x} + x(e^{1-x})' = e^{1-x} - xe^{1-x} = (1-x)e^{1-x}$. Siccome $e^{1-x} > 0$ per ogni x reale, si ha:

$$f'(x) \text{ è } \begin{cases} \text{positiva per} & x \in (-\infty, 1) \\ \text{negativa per} & x \in (1, +\infty) \\ \text{nulla per} & x = 1 \end{cases}$$

Conclusione: $f(x)$ è crescente in $(-\infty, 1)$, decrescente in $(1, +\infty)$ e ha massimo assoluto in $x = 1$.

Esercizio 14.4: SOLUZIONE

$$\boxed{f(x) = e^{\frac{x-1}{x+3}}}$$

(a) **il dominio**:

e^y è definita per ogni $y \in \mathbb{R}$; $\frac{x-1}{x+3}$ è definita per $x \neq -3$.
Conclusione: $f(x)$ è definita su $\mathbb{R} \setminus \{-3\}$

(b) **i limiti agli estremi del dominio**:

gli estremi sono $+\infty, -\infty, -3$.

$\boxed{+\infty}$ $\lim_{x\to+\infty} \frac{x-1}{x+3} = \lim_{x\to+\infty} \frac{\not{x}(1-\frac{1}{x})}{\not{x}(1+\frac{3}{x})} = 1$ quindi $\lim_{x\to+\infty} e^{\frac{x-1}{x+3}} = e$

$\boxed{-\infty}$ Analogamente $\lim_{x\to-\infty} \frac{x-1}{x+3} = 1$, quindi $\lim_{x\to-\infty} f(x) = e$

$\boxed{-3^+}$ $\lim_{x\to-3^+} e^{\frac{x-1 \to -2}{x+3 \to 0^+}} = e^{-\infty} = 0$

$\boxed{-3^-}$ $\lim_{x\to-3^-} e^{\frac{x-1 \to -2}{x+3 \to 0^-}} = e^{+\infty} = +\infty$

Conclusione:
$\lim_{x\to+\infty} f(x) = \lim_{x\to-\infty} f(x) = e$; $\lim_{x\to-3^+} f(x) = 0$; $\lim_{x\to-3^-} f(x) = +\infty$.

(c) **il segno**:

$e^y > 0$ per ogni $y \in \mathbb{R}$, quindi $e^{\frac{x-1}{x+3}} > 0$ su tutto il dominio:

Conclusione: $$e^{\frac{x-1}{x+3}} \text{ è } \begin{cases} \text{positiva per} & x \in \mathbb{R} \setminus \{-3\} \\ \text{negativa o nulla per} & \text{nessuna } x \end{cases}$$

Osserviamo che il segno è compatibile con i limiti calcolati al punto precedente.

(d) **la derivata prima**:

e^y è derivabile per ogni $y \in \mathbb{R}$, quindi $e^{\frac{x-1}{x+3}}$ è derivabile su tutto il dominio.
$f(x) = e^{g(x)}$ con $g(x) = \frac{x-1}{x+3}$.
Allora $f'(x) = e^{g(x)} \cdot g'(x) = e^{\frac{x-1}{x+3}} \cdot \frac{1\cdot(x+3)-1\cdot(x-1)}{(x+3)^2} = e^{\frac{x-1}{x+3}} \cdot \frac{4}{(x+3)^2}$.
Conclusione: f è derivabile su tutto il dominio e $f'(x) = e^{\frac{x-1}{x+3}} \cdot \frac{4}{(x+3)^2}$

(e) **i massimi e minimi relativi e assoluti**:

osserviamo che $f'(x) > 0$ su tutto il dominio, quindi $f(x)$ è strettamente crescente in tutti gli intervalli che formano il dominio.
In $(-\infty, -3)$: il limite in 3^- potrebbe essere un massimo, ma $f(x)$ tende a $+\infty$ e quindi è illimitata;
In $(-3, +\infty)$: il limite in 3^+ potrebbe essere un minimo, $f(x)$ tende a 1 con valori strettamente maggiori e quindi è limitata da 1, ma $f(x) \neq 1$ per ogni x.
Conclusione: $f(x)$ non ha né massimi né minimi relativi o assoluti

Verifica: Le osservazioni fatte sono compatibili con i limiti e con il segno.

(f) **la derivata seconda**:

$f'(x) = e^{\frac{x-1}{x+3}} \cdot \frac{4}{(x+3)^2}$ è derivabile su tutto il dominio.
$f'(x) = f(x) \cdot h(x)$ con $h(x) = \frac{4}{(x+3)^2}$.
Allora $f''(x) = f'(x)h(x) + f(x)h'(x) = e^{\frac{x-1}{x+3}} \cdot \frac{4}{(x+3)^2} \frac{4}{(x+3)^2} + e^{\frac{x-1}{x+3}} \frac{4(-2)}{(x+3)^3} =$
$= e^{\frac{x-1}{x+3}} \cdot (\frac{16}{(x+3)^4} + \frac{4(-2)}{(x+3)^3}) = e^{\frac{x-1}{x+3}} \frac{1}{(x+3)^4} \cdot (16 - 8(x+3)) = e^{\frac{x-1}{x+3}} \frac{1}{(x+3)^4} \cdot (-8x - 8) = -8(x+1) \cdot \frac{e^{\frac{x-1}{x+3}}}{(x+3)^4}$

Conclusione: $f''(x) = -8(x+1) \cdot \frac{e^{\frac{x-1}{x+3}}}{(x+3)^4}$

Osserviamo che $f''(x)$ è $\begin{cases} \text{nulla per} & x = -1 \\ \text{positiva per} & x \in (-\infty, -1) \setminus \{-3\} \\ \text{negativa per} & x \in (-1, +\infty) \end{cases}$

pertanto $f(x)$ ha un flesso in -1.

(g) Grafico a pag. 105

Esercizio 14.5: SOLUZIONE

$$f(x) = \ln(x^2 + x + 1)$$

(a) Dominio, segno e limiti agli estremi:

$x^2+x+1 > 0$ per ogni $x \in \mathbb{R}$ (perché x^2+x+1 ha discriminante negativo); quindi $f(x)$ è definita per ogni $x \in \mathbb{R}$

Segno:

$f(x) \geq 0$ quando $x^2 + x + 1 \geq 1$ quindi per $x \in (-\infty, -1] \cup [0, +\infty)$.

Limiti:

$\lim_{x \to -\infty} f(x) = \lim_{x \to +\infty} f(x) = +\infty$. Infatti in entrambi i casi l'argomento del logaritmo tende a $+\infty$.

Conclusione: Il dominio di f è $\mathbb{R}$.

$$f(x) \text{ è } \begin{cases} \text{positiva per} & x \in (-\infty,-1) \cup (0,+\infty) \\ \text{nulla per} & x \in \{-1,0\} \\ \text{negativa per} & x \in (-1,0) \end{cases}$$

$\lim_{x \to -\infty} f(x) = \lim_{x \to +\infty} f(x) = +\infty$

(b) Continuità e derivabilità:

$f(x)$ è continua e derivabile in $\mathbb{R}$ in quanto composta di funzioni continue e derivabili ($\ln y$ e x^2+x+1). La funzione è $\ln(g(x))$ con $g(x) = x^2+x+1$, quindi ha derivata $\frac{1}{g(x)} \cdot g'(x) = \frac{1}{x^2+x+1} \cdot (2x+1)$.
Conclusione: $f(x)$ è continua e derivabile in $\mathbb{R}$ e $f'(x) = \frac{2x+1}{x^2+x+1}$.

(c) Intervalli di crescenza, decrescenza; massimi e minimi:

Il denominatore di $f'(x)$ è positivo in $\mathbb{R}$, pertanto $f'(x)$ ha lo stesso segno del numeratore e quindi è $\begin{cases} \text{negativa per} & x \in (-\infty, -\frac{1}{2}) \\ \text{nulla per} & x \in \{-\frac{1}{2}\} \\ \text{positiva per} & x \in (-\frac{1}{2}, +\infty) \end{cases}$

Conclusione: La funzione è decrescente in $(-\infty, -\frac{1}{2})$, è crescente in $(-\frac{1}{2}, +\infty)$ e ha minimo assoluto in $x = -\frac{1}{2}$

(d) Derivata seconda e tipo di concavità:

$f''(x) = \frac{2\cdot(x^2+x+1)-(2x+1)^2}{(x^2+x+1)^2} = \frac{-2x^2-2x+1}{(x^2+x+1)^2}$
Dato che il denominatore di $f''(x)$ è strettamente positivo, il segno di $f''(x)$ coincide con quello del numeratore: $-2x^2 - 2x + 1$.
Questo polinomio ha radici $\alpha = -\frac{1}{2} - \frac{\sqrt{3}}{2}$ e $\beta = -\frac{1}{2} + \frac{\sqrt{3}}{2}$

Allora $f''(x)$ è $\begin{cases} \text{positiva per} & x \in (\alpha, \beta) \\ \text{nulla per} & x \in \{\alpha, \beta\} \\ \text{negativa per} & x \in (-\infty, \alpha) \cup (\beta, +\infty) \end{cases}$

Conclusione: $f(x)$ ha concavità verso l'alto nell'intervallo (α, β), concavità verso il basso in $(-\infty, \alpha)$ e in $(\beta, +\infty)$, ha flessi in $x = \alpha$ e $x = \beta$.

(e) Grafico a pag. 105

Esercizio 14.6: SOLUZIONE

$f(x) = \ln(4 - \frac{3}{x})$

(a) Dominio, segno e limiti agli estremi:

La funzione è definita per gli x tali che $4 - \frac{3}{x} = \frac{4x-3}{x} > 0$; questo avviene se $x < 0$ oppure $x > \frac{3}{4}$.

Segno:

$f(x) \geq 0$ se e solo se $\frac{4x-3}{x} \geq 1$ ossia se $\frac{3x-3}{x} \geq 0$ (con x nel dominio), quindi se $x \in (-\infty, 0) \cup [1, +\infty)$.

Limiti:

$\lim_{x\to-\infty} f(x) = \lim_{x\to+\infty} f(x) = \ln(4)$
$\lim_{x\to 0^-} f(x) = +\infty$
$\lim_{x\to \frac{3}{4}^+} f(x) = -\infty$ Infatti: se x tende a $-\infty$ oppure a $+\infty$, l'argomento del logaritmo tende a 4; se x tende a 0^- (rispettivamente: a $\frac{3}{4}^+$) l'argomento del logaritmo tende a $+\infty$ (rispettivamente: a 0).

Conclusione: Il dominio di f è $D = (-\infty, 0) \cup (\frac{3}{4}, +\infty)$.

$$f(x) \text{ è } \begin{cases} \text{positiva per} & x \in (-\infty, 0) \cup (1, +\infty) \\ \text{nulla per} & x = 1 \\ \text{negativa per} & x \in (\frac{3}{4}, 1) \end{cases}$$

$\lim_{x\to-\infty} f(x) = \ln(4)$; $\lim_{x\to+\infty} f(x) = \ln(4)$; $\lim_{x\to 0^-} f(x) = +\infty$; $\lim_{x\to \frac{3}{4}^+} f(x) = -\infty$

(b) $f(x) < \ln(4)$ quando $4 - \frac{3}{x} < 4$ con x nel dominio, ossia quando $-\frac{3}{x} < 0$ con $x \in (-\infty, 0) \cup (\frac{3}{4}, +\infty)$, quindi se $x \in (\frac{3}{4}, +\infty)$.

(c) Continuità e derivabilità:

$f(x)$ è continua e derivabile in $\mathbb{R}$ in quanto composta di funzioni continue e derivabili: $f(x) = \ln(g(x))$ con $g(x) = \frac{4x-3}{x}$, quindi ha derivata: $\frac{1}{g(x)} \cdot g'(x) = \frac{x}{4x-3} \cdot \frac{4x-(4x-3)}{x^2} = \frac{3}{x(4x-3)}$.

Conclusione: $f(x)$ è continua e derivabile in $(-\infty, 0) \cup (\frac{3}{4}, +\infty)$;
$f'(x) = \frac{x}{4x-3} \cdot \frac{4x-(4x-3)}{x^2} = \frac{3}{x(4x-3)}$.

(d) Intervalli di crescenza, decrescenza; massimi e minimi:

La derivata $f'(x)$ è sempre positiva nel dominio.
Conclusione: f è crescente in $(-\infty, 0)$ e in $(\frac{3}{4}, +\infty)$; non ha né massimi né minimi.

(e) Derivata seconda e tipo di concavità:

f' è derivabile per ogni $x \in D$ e $f''(x) = \frac{-3(8x-3)}{x^2(4x-3)^2}$
Dato che il denominatore di $f''(x)$ è strettamente positivo nel dominio D, il segno di $f''(x)$ coincide con quello del numeratore: $-3(8x-3)$.
Questo polinomio ha segno opposto a quello di $8x - 3$. Allora, nel dominio

$$f''(x) \text{ non è mai nulla e } f''(x) \text{ è } \begin{cases} \text{positiva per} & x \in (-\infty, 0) \\ \text{negativa per} & x \in (\frac{3}{4}, +\infty) \end{cases}$$

Conclusione: $f(x)$ non ha flessi, ha concavità verso l'alto in $(-\infty, 0)$ e verso il basso in $(\frac{3}{4}, +\infty)$.

(f) Grafico a pag. 106

Esercizio 14.7: SOLUZIONE

$$f(x) = x \cdot \ln(\tfrac{2x}{3})$$

(a) Dominio e $\lim_{x\to-\infty} f(x)$:

$f(x)$ è prodotto di: x (definita per ogni numero reale), $\ln(\frac{2x}{3})$ definita per gli x tali che $\frac{2x}{3} > 0$, ossia per $x > 0$.
Conclusione: il dominio di f è $D = (0, +\infty)$.

$\lim_{x\to+\infty} f(x) = +\infty$. Infatti, sia x che $\ln(\frac{2x}{3})$ tendono a $+\infty$.

(b) $\lim_{x\to 0^+} f(x)$:

Si tratta di una forma indeterminata del tipo "$0 \cdot \infty$". Se scriviamo $f(x)$ nella forma $\frac{\ln(\frac{2x}{3})}{\frac{1}{x}}$, abbiamo un rapporto in cui numeratore e denominatore tendono a ∞ e possiamo applicare il teorema di de l'Hôpital. Siccome $\lim_{x\to 0^+} \frac{\frac{3}{2x}\cdot\frac{2}{3}}{-\frac{1}{x^2}} = \lim_{x\to 0^+} \frac{1}{x} \cdot (-x^2) = 0$, deduciamo che $\lim_{x\to 0^+} f(x) = 0$.

(c) Intervalli di crescenza, decrescenza; massimi e minimi:

La funzione $f(x)$ è derivabile in D in quanto prodotto di funzioni derivabili; quindi lo studio del segno di $f'(x)$ consente di rispondere ai quesiti. Si ha: $f'(x) = (x)' \cdot \ln(\frac{2x}{3}) + x \cdot (\ln(\frac{2x}{3}))' = 1 \cdot \ln(\frac{2x}{3}) + x \cdot \frac{3}{2x} \cdot \frac{2}{3} = \ln(\frac{2x}{3}) + 1$. Dal momento che: $\ln(\frac{2x}{3}) + 1 \geq 0$ se $\ln(\frac{2x}{3}) \geq -1$, ossia se $\frac{2x}{3} \geq e^{-1}$, quindi se $x \geq \frac{3}{2e}$, si ha:

$$f'(x) \text{ è } \begin{cases} \text{positiva per} & x \in (\frac{3}{2e}, +\infty) \\ \text{negativa per} & x \in (0, \frac{3}{2e}) \\ \text{nulla per} & x = \frac{3}{2e} \end{cases}$$

Conclusione: In D, che è un intervallo, f è crescente in $(\frac{3}{2e}, +\infty)$, decrescente in $(0, \frac{3}{2e})$, ha minimo assoluto in $x = \frac{3}{2e}$.

(d) Tipo di concavità:

Il tipo di concavità si deduce dallo studio del segno di $f''(x) = \frac{3}{2x} \cdot \frac{2}{3} = \frac{1}{x}$, positivo in D.
Conclusione: concavità verso l'alto in tutto il dominio, nessun flesso.

(e) $f(\frac{3}{2}) = \frac{3}{2} \cdot \ln(\frac{2}{3} \cdot \frac{3}{2}) = \frac{3}{2} \cdot \ln(1) = 0$

$f(\frac{3}{2e}) = \frac{3}{2e} \cdot \ln(\frac{2}{3} \cdot \frac{3}{2e}) = \frac{3}{2e} \cdot \ln(\frac{1}{e}) = -\frac{3}{2e}$

(f) Facoltativo:

(1) La retta di equazione $y = -\frac{3}{2e}$ passa per $P(\frac{3}{2e}, -\frac{3}{2e})$ e ha coefficiente angolare $0 = f'(\frac{3}{2e})$; quindi è la retta tangente al grafico di $f(x)$ in P.

(2) $f(x) = x$ se e solo se $x \cdot (\ln(\frac{2x}{3}) - 1) = 0$. L'equazione ha le soluzioni reali: $x = 0$, $x = \frac{3e}{2}$ (soluzione di $\ln(\frac{2x}{3}) - 1 = 0$), quindi in $D = (0, +\infty)$ ha come unica soluzione $x = \frac{3e}{2}$. Pertanto il grafico di $f(x)$ e la retta di equazione $y = x$ hanno un unico punto di intersezione, precisamente $Q(\frac{3e}{2}, \frac{3e}{2})$.

Esercizio 14.8: SOLUZIONE

$$f(x) = -x^2 + 3x - \ln(2x)$$

(a) Dominio e $\lim_{x \to 0^+} f(x)$:

La funzione è somma del polinomio $-x^2 + 3x$ e di $-\ln(2x)$ che è definita per $x > 0$. Pertanto: il dominio di f è $D = (0, +\infty)$
$\lim_{x \to 0^+} f(x) = +\infty$: infatti, $-x^2 + 3x$ tende a zero e $\ln(2x)$ tende a $-\infty$, quindi $-\ln(2x)$ tende a $+\infty$.
$f(\frac{1}{2}) = -[(\frac{1}{2})^2] + 3 \cdot \frac{1}{2} - \ln(2 \cdot \frac{1}{2}) = -\frac{1}{4} + \frac{3}{2} - 0 = \frac{5}{4}$.
$f(1) = -1 + 3 - \ln(2) = 2 - \ln(2)$.

(b) Intervalli di crescenza, decrescenza; massimi e minimi:

La funzione $f(x)$ è derivabile in D in quanto somma di funzioni derivabili; quindi lo studio del segno di $f'(x)$ consente di rispondere ai quesiti. Si ha:
$f'(x) = -2x + 3 - \frac{1}{2x} \cdot 2 = -2x + 3 - \frac{1}{x} = \frac{-2x^2+3x-1}{x}$.
Il denominatore di $f'(x)$ è positivo in D.
Il numeratore di $f'(x)$ ha $\Delta = 9 - 8 = 1$,
e radici $x_1 = \frac{-3+1}{-4} = \frac{1}{2}$, $x_2 = \frac{-3-1}{-4} = 1$.
Quindi nel dominio $f'(x)$ ha lo stesso segno del numeratore:

$$f'(x) \text{ è } \begin{cases} \text{negativa per} & x \in (0, \frac{1}{2}) \cup (1, +\infty) \\ \text{positiva per} & x \in (\frac{1}{2}, 1) \\ \text{nulla per} & x \in \{\frac{1}{2}, 1\} \end{cases}$$

Conclusione: In D, che è un intervallo, $f(x)$ è decrescente in $(0, \frac{1}{2})$ e in $(1, +\infty)$, è crescente in $(\frac{1}{2}, 1)$, ha minimo relativo in $x = \frac{1}{2}$ e massimo relativo in $x = 1$.

(c) Tipo di concavità:

Il tipo di concavità si deduce dallo studio del segno della derivata seconda:
$f''(x) = (-2x + 3 - \frac{1}{x})' = -2 + \frac{1}{x^2} = \frac{-2x^2+1}{x^2}$.
Il denominatore di $f''(x)$ è positivo nel dominio;
il numeratore ha le radici reali $-\sqrt{\frac{1}{2}}$, $\sqrt{\frac{1}{2}}$ e quindi:

$$f''(x) \text{ è } \begin{cases} \text{positiva per} & x \in (0, \sqrt{\frac{1}{2}}) \\ \text{negativa per} & x \in (\sqrt{\frac{1}{2}}, +\infty) \\ \text{nulla per} & x = \sqrt{\frac{1}{2}} \end{cases}$$

Conclusione: si ha: concavità verso l'alto in $(0, \sqrt{\frac{1}{2}})$, concavità verso il basso in $(\sqrt{\frac{1}{2}}, +\infty)$, un flesso in $x = \sqrt{\frac{1}{2}}$.

Esercizio 14.9: SOLUZIONE

$$\boxed{f(x) = (2x+1)e^x}$$

(a) dominio e $\lim_{x\to+\infty} f(x)$

La funzione è prodotto del polinomio $2x+1$ e di e^x che è definita per ogni x reale. Pertanto: il dominio di f è $D = (-\infty, +\infty)$.

$\lim_{x\to+\infty} f(x) = +\infty$. Infatti: le due funzioni $2x+1$, e^x tendono entrambe a $+\infty$.

(b) Segno:

È noto che $e^x > 0$ per ogni x reale. Quindi $f(x)$ ha lo stesso segno del polinomio $2x+1$.

Conclusione: $f(x) \text{ è } \begin{cases} \text{positiva per} & x \in (-\frac{1}{2}, +\infty) \\ \text{negativa per} & x \in (-\infty, -\frac{1}{2}) \\ \text{nulla per} & x = -\frac{1}{2} \end{cases}$

(c) Intervalli di crescenza, decrescenza; massimi e minimi:

La funzione $f(x)$ è derivabile in D in quanto prodotto di funzioni derivabili; quindi dallo studio del segno di $f'(x)$ si ottengono le risposte ai quesiti. Si ha:
$f'(x) = (2x+1)'e^x + (2x+1)(e^x)' = 2e^x + (2x+1)e^x = (2x+3)e^x$. Il fattore e^x è positivo per ogni x reale, come detto sopra. Allora $f'(x)$ è

$$\begin{cases} \text{positiva per} & x \in (-\frac{3}{2}, +\infty) \\ \text{negativa per} & x \in (-\infty, -\frac{3}{2}) \\ \text{nulla per} & x = -\frac{3}{2} \end{cases}$$

Conclusione: La funzione $f(x)$ è crescente in $(-\frac{3}{2}, +\infty)$, è decrescente in $(-\infty, -\frac{3}{2})$ e ha un minimo in $x = -\frac{3}{2}$.

(d) Tipo di concavità:

Il tipo di concavità si deduce dallo studio del segno della derivata seconda $f''(x) = (2x+3)'e^x + (2x+3)(e^x)' = (2x+5)e^x$. Siccome e^x è positivo per ogni x, il segno di $f''(x)$ coincide con quello di $2x+5$.

Quindi $f''(x)$ è: $\begin{cases} \text{positiva per} & x \in (-\frac{5}{2}, +\infty) \\ \text{negativa per} & x \in (-\infty, -\frac{5}{2}) \\ \text{nulla per} & x = -\frac{5}{2} \end{cases}$

Conclusione: concavità verso l'alto nell'intervallo $(-\frac{5}{2}, +\infty)$, concavità verso il basso nell'intervallo $(-\infty, -\frac{5}{2})$, un flesso in $x = -\frac{5}{2}$.

(e) Intersezione del grafico con l'asse x (di equazione $y = 0$) è il punto $P(-\frac{1}{2}, 0)$ in quanto $f(x) = 0$ se e solo se $2x + 1 = 0$.

Intersezione del grafico con l'asse y (di equazione $x = 0$) è il punto $Q(0, e^0)$ ossia $Q(0, 1)$.
Intersezione del grafico con la retta di equazione $x = -1$ è il punto $R(-1, f(-1))$ ossia $R(-1, -\frac{1}{e})$.

Esercizio 14.10: SOLUZIONE

$$f(x) = e^{2x} - e^x + 1$$

(a) dominio, $\lim_{x \to -\infty} f(x)$, $f(0)$, $f(-\ln(2))$:

La funzione è somma di funzioni definite per ogni x reale. Inoltre, se x tende a $-\infty$, sia e^{2x} che e^x tendono a zero.
Conclusione: il dominio di f è $D = (-\infty, +\infty)$.
$\lim_{x \to -\infty} f(x) = 1$.
$f(0) = e^0 - e^0 + 1 = 1 - 1 + 1 = 1$;
$f(-\ln(2)) = e^{-2 \cdot \ln(2)} - e^{-\ln(2)} + 1 = (e^{-\ln(2)})^2 - \frac{1}{e^{\ln(2)}} + 1 = (\frac{1}{e^{\ln(2)}})^2 - \frac{1}{e^{\ln(2)}} + 1 = (\frac{1}{2})^2 - \frac{1}{2} + 1 = \frac{3}{4}$.

(b) Intervalli di crescenza, decrescenza; massimi e minimi:

La funzione $f(x)$ è derivabile in D in quanto somma di funzioni derivabili; quindi dallo studio del segno di $f'(x)$ si ottengono le risposte ai quesiti. Si ha:
$f'(x) = 2e^{2x} - e^x = 2(e^x)^2 - e^x = e^x(2e^x - 1)$. Il fattore e^x è positivo per ogni x reale; quindi $f'(x)$ ha lo stesso segno di $2e^x - 1$. Si ha: $2e^x - 1 \geq 0$ se e solo se $2e^x \geq 1$ ossia se $e^x \geq \frac{1}{2}$, vale a dire se $x \geq \ln(\frac{1}{2}) = -\ln(2)$. Allora $2e^x - 1$ e di conseguenza, come sopra detto,

$f'(x)$ è $\begin{cases} \text{positiva per} & x \in (-\ln(2), +\infty) \\ \text{negativa per} & x \in (-\infty, -\ln(2)) \\ \text{nulla per} & x = -\ln(2) \end{cases}$

Conclusione: $f(x)$ è crescente in $(-\ln(2), +\infty)$,
decrescente in $(-\infty, -\ln(2))$, e ha un minimo in $x = -\ln(2)$.

(c) Tipo di concavità:

Il tipo di concavità si deduce dallo studio del segno di $f''(x) = (2e^{2x} - e^x)' = 2 \cdot 2 \cdot e^{2x} - e^x = 4e^{2x} - e^x = e^x(4e^x - 1)$. Siccome e^x è positivo per ogni x, il segno di $f''(x)$ coincide con quello di $4e^x - 1$. Quindi $f''(x)$ è:
$$\begin{cases} \text{positiva per} & x \in (-\ln(4), +\infty) \\ \text{negativa per} & x \in (-\infty, -\ln(4)) \\ \text{nulla per} & x = -\ln(4) \end{cases}$$
(lo studio del segno di $f''(x)$ si effettua in modo completamente analogo a quello usato per $f'(x)$).
Conclusione: Si ha: concavità verso l'alto in $(-\ln(4), +\infty)$, concavità verso il basso in $(-\infty, -\ln(4))$, un flesso in $x = -\ln(4)$.

(d) Da (b) e (c) si deduce che $\lim_{x \to +\infty} f(x) = +\infty$

(e) Facoltativo:

Si ha: $e^{2x} - e^x = e^x(e^x - 1)$, dove $e^x > 0$ per ogni x, $e^x - 1 < 0$ se $x < 0$ (infatti, $e^x < 1$ se $x < 0$). Pertanto, se $x < 0$ si ha: $e^{2x} - e^x < 0$, quindi $f(x) < 1$.

Esercizio 14.11: SOLUZIONE

$$\boxed{f(x) = 2e^{-x} + x}$$

(a) dominio, $\lim_{x \to +\infty} f(x), f(0), f(-1)$:

La funzione è somma di funzioni definite per ogni x reale. Inoltre, se x tende a $+\infty$, si ha: e^{-x} tende a zero.
Conclusione: il dominio di f è $D = (-\infty, +\infty)$,
$\lim_{x \to +\infty} f(x) = +\infty$.
Inoltre: $f(0) = 2e^0 + 0 = 2 + 0 = 2$; $f(-1) = 2e^1 + (-1) = 2e - 1$.

(b) Intervalli di crescenza, decrescenza; massimi e minimi:

La funzione $f(x)$ è derivabile in D in quanto somma di funzioni derivabili; quindi dallo studio del segno di $f'(x)$ si ottengono le risposte ai quesiti. Si ha:
$f'(x) = 2e^{-x} \cdot (-1) + 1 = -2e^{-x} + 1$. Quindi: $f'(x) \geq 0$ se e solo se $-2e^{-x} \geq -1$ ossia se $2e^{-x} \leq 1$, vale a dire se $e^{-x} \leq \frac{1}{2}$ ossia $-x \leq \ln(\frac{1}{2}) = -\ln(2)$, quindi se $x \geq \ln(2)$.

Allora $f'(x)$ è: $\begin{cases} \text{positiva per} & x \in (\ln(2), +\infty) \\ \text{negativa per} & x \in (-\infty, \ln(2)) \\ \text{nulla per} & x = \ln(2) \end{cases}$

Conclusione: $f(x)$ è crescente in $(\ln(2), +\infty)$, decrescente in $(-\infty, \ln(2))$ e ha un minimo assoluto in $x = \ln(2)$

(c) Tipo di concavità:

Il tipo di concavità si deduce dallo studio del segno di $f''(x) = (-2e^{-x} + 1)' = -2 \cdot e^{-x} \cdot (-1) = 2e^{-x}$ che è positiva per ogni x.
Conclusione: concavità verso l'alto per ogni x in D, nessun flesso.

(d) Da (b) e (c) si deduce che $\lim_{x \to -\infty} f(x) = +\infty$

(e) Facoltativo:

$f(\ln(2)) = 2e^{-\ln(2)} + \ln(2) = 2 \cdot \frac{1}{e^{\ln(2)}} + \ln(2) = 2 \cdot \frac{1}{2} + \ln(2) = 1 + \ln(2)$.
Allora (v.(b)): $1 + \ln(2)$ è il minimo tra i valori $f(x)$ con x in D. Siccome $1 + \ln(2)$ è positivo, si deduce che è vero: $f(x) > 0$ per ogni x.

Esercizio 14.12: SOLUZIONE

$$f(x) = \frac{\ln(x)}{x}$$

(a) dominio, segno, $\lim_{x \to 0^+} f(x)$, $f(1)$, $f(e)$.

La funzione è rapporto di funzioni, con numeratore definito per $x > 0$, denominatore definito per ogni x reale e nullo per $x = 0$. Il denominatore è quindi positivo nel dominio, mentre il numeratore è positivo per $x > 1$, è uguale a zero per $x = 1$. Inoltre, se x tende a 0^+, la funzione tende a $-\infty$ in quanto il numeratore tende a $-\infty$ e il denominatore tende a 0^+.
Conclusione: il dominio di f è $D = (0, +\infty)$,
$\lim_{x \to 0^+} f(x) = -\infty$, $f(x) > 0$ in $(1, +\infty)$, $f(x) = 0$ in $x = 1$, $f(x) < 0$ in $(0, 1)$.
Inoltre: $f(1) = \frac{\ln(1)}{1} = 0$; $f(e) = \frac{\ln(e)}{e} = \frac{1}{e}$.

(b) indicare gli intervalli di crescenza, decrescenza e gli eventuali massimi e/o minimi.

La funzione $f(x)$ è derivabile in quanto rapporto di funzioni derivabili in D che è un intervallo; quindi dallo studio del segno di $f'(x)$ si ottengono le risposte ai quesiti. Si ha:
$f'(x) = \frac{\frac{1}{x} \cdot (x) - \ln(x) \cdot (1)}{x^2} = \frac{1 - \ln(x)}{x^2}$. Quindi $f'(x) \geq 0$ se e solo se $1 - \ln(x) \geq 0$ ossia se $\ln(x) \leq 1$, vale a dire se $x \leq e$.

$$\text{Allora } f'(x) \text{ è } \begin{cases} \text{positiva per} & x \in (0, e) \\ \text{negativa per} & x \in (e, +\infty) \\ \text{nulla per} & x = e \end{cases}$$

Conclusione: $f(x)$ è crescente in $(0, e)$, è decrescente in $(e, +\infty)$, ha un massimo assoluto in $x = e$.

(c) Studiare il tipo di concavità e individuare gli eventuali punti di flesso.

Il tipo di concavità si deduce dallo studio del segno della derivata seconda $f''(x) = \frac{\frac{-1}{x}\cdot(x^2)-(1-\ln(x))\cdot(2x)}{x^4} = \frac{-3+2\ln(x)}{x^3}$, che in D è positiva per $x>e^{\frac{3}{2}}$.

Quindi $f''(x)$ è: $\begin{cases} \text{positiva per} & x \in (e^{\frac{3}{2}}, +\infty) \\ \text{negativa per} & x \in (0, e^{\frac{3}{2}}) \\ \text{nulla per} & x = e^{\frac{3}{2}} \end{cases}$

<u>Conclusione</u>: Si ha: concavità verso il basso in $(0, e^{\frac{3}{2}})$, concavità verso l'alto in $(e^{\frac{3}{2}}, +\infty)$, un flesso in $x = e^{\frac{3}{2}}$

Esercizio 14.13: SOLUZIONE

$$f(x) = x + \frac{2}{x} + \ln(4x)$$

(a) Determinare il dominio D e $\lim_{x\to+\infty} f(x)$.

La funzione è somma di tre funzioni, definite rispettivamente: per ogni x reale, per $x \neq 0$, per $x > 0$. Se x tende a $+\infty$, si ha: $\frac{2}{x}$ tende a zero, $\ln(4x)$ tende a $+\infty$.
<u>Conclusione</u>: il dominio di $f(x)$ è $D = (0, +\infty)$;
$\lim_{x\to+\infty} f(x) = +\infty$.

(b) Indicare gli intervalli di crescenza, decrescenza e gli eventuali massimi e/o minimi.

La funzione $f(x)$ è derivabile in D in quanto somma di funzioni derivabili; quindi dallo studio del segno di $f'(x)$ si ottengono le risposte ai quesiti. Si ha: $f'(x) = 1 - \frac{2}{x^2} + \frac{4}{4x} = \frac{x^2-2+x}{x^2}$.
Il denominatore di $f'(x)$ è positivo in D, il numeratore ha radici -2 e 1, quindi in D

$f'(x)$ è $\begin{cases} \text{positiva per} & x \in (1, +\infty) \\ \text{negativa per} & x \in (0, 1) \\ \text{nulla per} & x = 1 \end{cases}$

<u>Conclusione</u>: $f(x)$ è crescente in $(1, +\infty)$, è decrescente in $(0, 1)$ e ha un minimo assoluto in $x = 1$

(c) Studiare il tipo di concavità e individuare gli eventuali flessi.

Il tipo di concavità si deduce dallo studio del segno della derivata seconda $f''(x) = (1 - \frac{2}{x^2} + \frac{1}{x})' = \frac{2\cdot 2x}{x^4} - \frac{1}{x^2} = \frac{4-x}{x^3}$; il denominatore di $f''(x)$ è positivo in D, il numeratore è positivo in $(0, 4)$.

Quindi $f''(x)$ è: $\begin{cases} \text{positiva per} & x \in (0, 4) \\ \text{negativa per} & x \in (4, +\infty) \\ \text{nulla per} & x = 4 \end{cases}$

Conclusione: concavità verso l'alto in $(0,4)$, concavità verso il basso in $(4,+\infty)$, flesso in $x=4$.

(d) Calcolare $f(1)$ e dire se da (b) è corretto dedurre: $f(x)>0$ per ogni $x \in D$.

$f(1)=1+2+\ln(4)>0$. Siccome in $x=1$ c' è minimo assoluto, è corretto dedurre che $f(x)>0$ per ogni $x \in D$.

Esercizio 14.14: SOLUZIONE

$$f(x)=\ln(x^2+3x+3) \text{ in } D=[-3,1]$$

(a) Limiti:

La funzione è definita per tutti i numeri reali, in quanto $x^2+3x+3>0$, dato che $\Delta(x^2+3x+3)<0$; a fortiori quindi $f(x)$ è definita in $D=[-3,1]$. Di conseguenza i limiti agli estremi di D sono rispettivamente uguali a: $f(-3)=\ln(3); f(1)=\ln(7)$.
Conclusione: $\lim_{x\to-3^-} f(x)=f(-3)=\ln(3)$; $\lim_{x\to 1^+} f(x)=f(1)=\ln(7)$

(b) Segno:

$f(x)\geq 0$ (rispettivamente: $f(x)<0$) se e solo se $x^2+3x+3\geq 1$ (rispettivamente: $x^2+3x+3<1$) ossia se e solo se $x^2+3x+2\geq 0$ (rispettivamente: $x^2+3x+2<0$). In $\mathbb{R}$ Il polinomio x^2+3x+2 ha le radici $-2,-1$, è positivo in $(-\infty,-2)\cup(-1,+\infty)$, negativo in $(-2,-1)$ e si annulla in $x=-2$, $x=-1$. Pertanto in $D=[-3,1]$ $f(x)$ è:

$$\begin{cases} \text{positiva per} & x\in(-3,-2)\cup(-1,1) \\ \text{negativa per} & x\in(-2,-1) \\ \text{nulla per} & x=-2, x=-1 \end{cases}$$

(c) Intervalli di crescenza, decrescenza; massimi e minimi:

La funzione $f(x)$ è derivabile in $(-3,1)$ in quanto composta di funzioni derivabili. Si ha:
$f'(x)=\frac{1}{x^2+3x+3}\cdot(x^2+3x+3)'=\frac{2x+3}{x^2+3x+3}$. Il denominatore di $f'(x)$ è positivo per ogni x reale, come visto sopra. Allora in $(-3,1)$ $f'(x)$ è:

$$\begin{cases} \text{positiva per} & x\in(-\frac{3}{2},1) \\ \text{negativa per} & x\in(-3,-\frac{3}{2}) \\ \text{nulla per} & x=-\frac{3}{2} \end{cases}$$

Per quanto riguarda gli estremi di D, f ha massimo in $x=-3$ d in $x=1$: relativo in $x=-3$, assoluto in $x=1$ ($f(1)>f(-3)$).
Conclusione: $f(x)$ è crescente in $(-\frac{3}{2},1)$ e decrescente in $(-3,-\frac{3}{2})$; ha minimo assoluto in $x=-\frac{3}{2}$, massimo relativo in $x=-3$, massimo assoluto in $x=1$.

(d) Tipo di concavità:

Il tipo di concavità in $(-3,1)$ si deduce dallo studio del segno di $f''(x) = \frac{2\cdot(x^2+3x+3)-(2x+3)(2x+3)}{(x^2+3x+3)^2} = \frac{-2x^2-6x-3}{(x^2+3x+3)^2}$. Il denominatore di $f''(x)$ è positivo. Il numeratore di $f''(x)$ ha $\Delta = 36-24 = 12$ e in $\mathbb{R}$ ha le radici $x_1 = \frac{6+\sqrt{12}}{-4} = \frac{6+2\sqrt{3}}{-4} = \frac{-3-\sqrt{3}}{2} = -\frac{3}{2}-\frac{\sqrt{3}}{2}$, $x_2 = \frac{6-\sqrt{12}}{-4} = \frac{6-2\sqrt{3}}{-4} = \frac{-3+\sqrt{3}}{2} = -\frac{3}{2}+\frac{\sqrt{3}}{2}$; quindi in $\mathbb{R}$ è negativo in $(-\infty,x_1)\cup(x_2,+\infty)$, è positivo in (x_1,x_2) e si annulla in x_1 e x_2. Notiamo che x_1 e x_2 sono entrambi in D.

Quindi in D $f''(x)$ è: $\begin{cases} \text{negativa per} & x\in(-3,x_1)\cup(x_2,1) \\ \text{positiva per} & x\in(x_1,x_2) \\ \text{nulla per} & x=x_1, x=x_2 \end{cases}$

<u>Conclusione</u>: Si ha concavità verso il basso in $(-3,\frac{-3-\sqrt{3}}{2})$ e in $(\frac{-3+\sqrt{3}}{2},1)$, concavità verso l'alto in $(\frac{-3-\sqrt{3}}{2},\frac{-3+\sqrt{3}}{2})$, flessi in $x=\frac{-3-\sqrt{3}}{2}$ e in $x=\frac{-3+\sqrt{3}}{2}$

(e) Grafico a pag. 107

(f) Facoltativo:

I numeri reali k richiesti devono verificare le tre condizioni: $k>0$, $\ln(x^2+3x+3)=\ln(k)$, $\ln(k)\le\ln(7)$ (valore massimo assunto da $f(x)$). Qundi: $0<k\le 7$ e $x^2+3x+3=k$, ossia $0<k\le 7$ e $x^2+3x+3-k=0$. Il polinomio $x^2+3x+3-k$ ha $\Delta = 9-4(3-k) = 9-12+4k = -3+4k$ quindi ha soluzioni reali se e solo se $k\ge\frac{3}{4}$. Pertanto il grafico ha intersezione non vuota con le rette $y=\ln(k)$ per $\frac{3}{4}\le k\le 7$. Se $k=\frac{3}{4}$, l'equazione $x^2+3x+3-k=0$ ha due soluzioni reali coincidenti: $-\frac{3}{2}$. Il grafico di $f(x)$ e la retta $y=\ln(\frac{3}{4})$ hanno allora in comune il punto $P(-\frac{3}{2},\ln(\frac{3}{4}))$ (che corrisponde al "minimo assoluto"); la retta $y=\ln(\frac{3}{4})$ è la tangente al grafico in P.

Esercizio 14.15: SOLUZIONE

$$f(x)=\sqrt{\frac{x-2}{x-5}}$$

Dominio: $f(x)=\sqrt{g(x)}$ con $g(x)=\frac{x-2}{x-5}$; $g(x)$ è definita per $x\neq 5$. $f(x)$ è definita se $g(x)$ è definita e $g(x)\ge 0$, quindi $D=(-\infty,2]\cup(5,+\infty)$.

Limiti:

$$\lim_{x\to-\infty}\sqrt{\frac{x-2}{x-5}} = \lim_{x\to-\infty}\sqrt{\frac{\cancel{x}(1-\frac{2}{x})}{\cancel{x}(1-\frac{5}{x})}} = 1$$

$$\lim_{x\to+\infty}\sqrt{\frac{x-2}{x-5}} = \lim_{x\to+\infty}\sqrt{\frac{\cancel{x}(1-\frac{2}{x})}{\cancel{x}(1-\frac{5}{x})}} = 1$$

$\lim_{x\to 2^-} \sqrt{\frac{x-2}{x-5}} = \sqrt{\frac{2-2}{2-5}} = 0$ (perché f è continua in 2)

$\lim_{x\to 5^+} \sqrt{\frac{x-2 \ \to 3}{x-5 \ \to 0^+}} = +\infty$

Segno $f(x)$ è una radice quadrata $\sqrt{g(x)}$, quindi
$f(x) = 0$ se e solo se $g(x) = 0$, cioè in $x = 2$,
$f(x) > 0$ altrimenti, cioè $D \backslash \{2\}$.

Derivata $f(x) = \sqrt{g(x)} = (g(x))^{\frac{1}{2}}$, allora $f'(x) = \frac{1}{2} \cdot (g(x))^{-\frac{1}{2}} \cdot g'(x)$:
$f'(x) = \frac{1}{2}\sqrt{\frac{x-5}{x-2}} \cdot \frac{x-5-(x-2)}{(x-5)^2} = -\frac{3}{2}\sqrt{\frac{x-5}{x-2}} \cdot \frac{1}{(x-5)^2}$
f è derivabile per $x \in D \backslash \{2\}$.

Crescenza e decrescenza $f'(x) < 0$ per ogni $x \in D\backslash\{2\}$: infatti è prodotto di una costante $(-\frac{3}{2}) < 0$, di una radice non nulla (quindi > 0), e dell'inverso di un quadrato (quindi > 0).

Allora $f(x)$ è decrescente sugli intervalli $(-\infty, 2)$ e $(5, +\infty)$. A un estremo del dominio, $x = 2$ c'è allora un minimo locale, che è anche minimo globale perché $f(2) = 0$, e non ci sono altri minimi o massimi.

Grafico a pag. 107.

Esercizio 14.16: SOLUZIONE

$$f(x) = \begin{cases} \frac{x^2}{2} + x & \text{se } x \le 0 \\ -\cos(x) + 1 & \text{altrimenti} \end{cases}$$

Siano $g(x) = \frac{x^2}{2} + x$ (per $x \in (-\infty, 0]$) e $h(x) = -\cos(x) + 1$ (per $x \in (0, +\infty)$)

(a) **dire dove è nulla e studiarne il segno**:

$g(x) = 0$ per $x \in \{-2, 0\}$, ed è negativa in $(-2, 0)$;
$h(x) = 0$ quando $\cos(x) = 1$, quindi per $x = 2k\pi,\ k \in \mathbb{Z}$, altrimenti è > 0.

Conclusione: $$f(x) = \begin{cases} \text{negativa per} & x \in (-2, 0) \\ \text{nulla per} & x \in \{-2\} \cup \{2k\pi \mid k \in \mathbb{N}\} \\ \text{positiva} & \text{altrimenti} \end{cases}$$

(b) **calcolare i limiti agli estremi del dominio**:

$$\lim_{x\to-\infty} f(x) = \lim_{x\to-\infty} (\frac{x^2}{2} + x) = \lim_{x\to-\infty} (x^2 \cdot (\frac{1}{2} + \frac{1}{x})) = +\infty;$$

$$\lim_{x\to+\infty} f(x) = \lim_{x\to+\infty} (-\cos(x) + 1) \text{ non esiste.}$$

(c) **dire dove è continua**:

g e h sono continue su tutto $\mathbb{R}$ perché somme di funzioni continue; quindi f è continua almeno su $\mathbb{R}\setminus\{0\}$.
È continua anche in 0: infatti i limiti destro e sinistro esistono, sono uguali tra loro e a $f(0)=0$:
$\lim_{x\to 0^-} f(x) = \lim_{x\to 0^-} g(x) = g(0) = 0 \qquad \lim_{x\to 0^+} f(x) = \lim_{x\to 0^+} h(x) = h(0) = 0$.
<u>Conclusione</u>: f è continua su tutto $\mathbb{R}$.

(d) **dire dove è derivabile e determinare la derivata dove esiste**:

g e h sono derivabili (e con derivata continua) su tutto $\mathbb{R}$ perché somme di funzioni derivabili; quindi f è derivabile almeno in $\mathbb{R}\setminus\{0\}$ e la derivata è $g'(x) = x+1$ in $(-\infty, 0)$ e $h'(x) = \sin(x)$ in $(0, +\infty)$.
Osserviamo che $\lim_{x\to 0^-} f'(x) = \lim_{x\to 0^-} g'(x) = 1 \qquad \lim_{x\to 0^+} f'(x) = \lim_{x\to 0^+} h'(x) = 0$.
I limiti destro e sinistro esistono, ma sono diversi, quindi f non è derivabile in 0.
<u>Conclusione</u>: f è derivabile in $\mathbb{R}\setminus\{0\}$ e $f'(x) = \begin{cases} x+1 & \text{per } x<0 \\ \sin(x) & \text{per } x>0 \end{cases}$

(e) **determinare massimi e minimi assoluti e relativi**.

La derivata si annulla per $x \in \{-1\} \cup \{k\pi \mid k \in \mathbb{N}\setminus\{0\}\}$ e si ha:
$\boxed{x=-1}$: a sinistra $f'<0$, a destra $f'>0$ $\longrightarrow$ minimo relativo
$\boxed{x = 2k\pi \text{ con } k \in \mathbb{N}\setminus\{0\}}$: a sinistra $f'<0$, a destra $f'>0$ $\longrightarrow$ minimi relativi
$\boxed{x = \pi + 2k\pi \text{ con } k \in \mathbb{N}}$: a sinistra $f'>0$, a destra $f'<0$ $\longrightarrow$ massimi relativi

Siccome f non è derivabile in 0 devo controllare il segno della derivata intorno a 0:
$\boxed{x=0}$: f è continua in 0 e $f'(x)>0$ sia a sinistra che a destra di 0, quindi 0 non è né massimo né minimo relativo.

Minimi relativi: $f(-1) = -\frac{1}{2}$, $f(2k\pi) = 0$ ($k \in \mathbb{N}\setminus\{0\}$)
Massimi relativi: $f(\pi+2k\pi) = +1+1 = 2$ ($k \in \mathbb{N}$).

Dato che $\lim_{x\to -\infty} f(x) = +\infty$ non c'è massimo assoluto.
Il più piccolo dei minimi relativi, cioè $-\frac{1}{2}$, è il minimo assoluto.
<u>Conclusione</u>: $f(x)$ assume
minimi relativi in $\{-1\} \cup \{2k\pi \mid k \in \mathbb{N}\}$
massimi relativi in $\{\pi + 2k\pi \mid k \in \mathbb{N}\}$
Il minimo assoluto è $-\frac{1}{2}$ (per $x=-1$)
e non c'è massimo assoluto.

(f) **Grafico** a pag. 107

Capitolo 15

Funzioni: integrali indefiniti

Una funzione $g(x)$ derivabile su un intervallo (a,b) si dice **primitiva della funzione $f(x)$** se $f(x) = g'(x)$ per ogni $x \in (a,b)$.

L'**integrale indefinito di $f(x)$, che si denota $\int f(x)\,dx$**, è l'insieme di tutte le primitive di $f(x)$.

Se $f(x)$ è definita su un intervallo le sue primitive sono della forma $g(x) + c$ dove $g(x)$ è una primitiva di $f(x)$ e $c \in \mathbb{R}$.

Se $f(x)$ è definita su un'unione di intervalli separati le costanti c sono indipendenti sui diversi intervalli. Per esempio una primitiva di $f(x) = \frac{1}{x}$, definita su $\mathbb{R}\setminus\{0\}$, cioè $(-\infty, 0) \cup (0, +\infty)$, è $g(x) = \begin{cases} \ln(x) + 4 & x > 0 \\ \ln(-x) + 7 & x < 0 \end{cases}$ infatti $g'(x) = \frac{1}{x}$.

In generale scriveremo, impropriamente, $\int f(x)\,dx = g(x) + c$, dove $g(x)$ è una qualunque primitiva di $f(x)$.

funzioni base	sostituzioni "semplici"
per $k \neq -1$ $\int x^k\,dx = \frac{x^{k+1}}{k+1} + c$	$\int (f(x))^k \cdot f'(x)\,dx = \frac{(f(x))^{k+1}}{k+1} + c$
$\int x^{-1}\,dx = \int \frac{1}{x}\,dx = \ln(\|x\|) + c$	$\int \frac{f'(x)}{f(x)}\,dx = \ln(\|f(x)\|) + c$
$\int \exp(x)\,dx = \int e^x\,dx = e^x + c$	$\int e^{f(x)} \cdot f'(x)\,dx = e^{f(x)} + c$
$\int \sin(x)\,dx = -\cos(x) + c$	$\int \sin(f(x)) \cdot f'(x)\,dx = -\cos(f(x)) + c$
$\int \cos(x)\,dx = \sin(x) + c$	$\int \cos(f(x)) \cdot f'(x)\,dx = \sin(f(x)) + c$

Integrale di somma e di prodotto per costante

$$\int \boldsymbol{f(x)} + \boldsymbol{g(x)}\, dx = \int f(x)\, dx + \int g(x)\, dx$$

$$a \in \mathbb{R} : \quad \int \boldsymbol{a} \cdot \boldsymbol{f(x)}\, dx = a \cdot \int f(x)\, dx$$

Integrazione per parti (da derivata di prodotto)

$$\int \boldsymbol{g(x)h'(x)}\, dx = g(x)h(x) - \int g'(x)h(x)\, dx$$

Integrazione per sostituzione (da derivata di funzione composta)

$$\int f(x)\, dx = \int f(h(t)) \cdot h'(t)\, dt \qquad x = h(t) \text{ (e } t = h^{-1}(x))$$

Integrazione di funzioni razionali

$\int \frac{1}{x-a}\, dx = \ln(\lvert x-a \rvert) + c$	$\int \frac{1}{x^2+1}\, dx = \arctan(x) + c$
$\int \frac{1}{(x-a)^2}\, dx = -\frac{1}{x-a} + c$	$\int \frac{x}{x^2+1}\, dx = \frac{1}{2} \ln(x^2+1) + c$

Esercizi

Integrale di somma e di prodotto per costante

Esercizio 15.1. **(base)** Determinare $\int x^2+5x-3\, dx$ e verificare il risultato.

Esercizio 15.2. **(base)** Determinare le primitive e verificare:

(a) $(3x-2)^2$ (b) $\frac{6}{x^2}$

Esercizio 15.3. **(base)** Determinare e verificare $\int 7x^4+2\cos(x)+3e^x+\frac{4}{x}\, dx$.

Integrazione per sostituzione "semplice"

Esercizio 15.4. **(base)** Determinare le primitive e verificare:

(a) $(x-2)^2$ (c) $\sqrt{x+1}$ (e) $\sin(x-2)$
(b) $\frac{1}{(x-3)^2}$ (d) $\frac{2x}{x^2-1}$ (f) $3x^2\sin(x^3+4)$

Esercizio 15.5. (base) Determinare le primitive delle seguenti funzioni e verificare i risultati ottenuti:

(a) $\sin(x\pi-2)$ (c) $\frac{x}{x^2+1}$
(b) $\frac{5}{6x-7}$ (d) 10^x

Esercizio 15.6. Determinare $\int \frac{x}{1+x}\,dx$ e verificare il risultato.

Esercizio 15.7. Determinare $\int \frac{1}{1+e^x}\,dx$ e verificare il risultato.

Integrazione per parti

Esercizio 15.8. Determinare $\int x\,e^x\,dx$ e verificare il risultato.

Esercizio 15.9. Determinare $\int x\sin(x)\,dx$ e verificare il risultato.

Esercizio 15.10. Determinare $\int x\ln(x)\,dx$ e verificare il risultato.

Esercizio 15.11. Determinare $\int \ln(x)\,dx$ e verificare il risultato.

Esercizio 15.12. Determinare $\int \ln(x+3)\,dx$ e verificare il risultato.

Esercizio 15.13. Determinare $\int (\cos(x))^2\,dx$ e verificare il risultato.

Esercizio 15.14. Determinare $\int e^x\sin(x)\,dx$ e verificare il risultato.

Esercizio 15.15. (esame) Determinare e verificare $\int x^2\ln(x^2-3x+2)\,dx$.

Integrazione per sostituzione

Esercizio 15.16. (esame) Determinare e verificare una primitiva di $\sin(\sqrt{x})$.

Esercizio 15.17. (esame) Determinare $\int e^{\sqrt{x}}\,dx$ e verificare il risultato.

Esercizio 15.18. **(esame)** Determinare $\int x \ln(\sqrt{x})\, dx$ e verificare il risultato.

Esercizio 15.19. **(extra)** Determinare $\int \frac{1}{x^2+1}\, dx$ e verificare il risultato.

Integrazione di funzioni razionali

Esercizio 15.20. Determinare $\int \frac{1}{(x+5)(x-2)}\, dx$ e verificare il risultato.

Esercizio 15.21. **(esame)** Determinare e verificare le primitive:

(a) $\frac{1}{x-x^2}$ (b) $\frac{1}{x^2-3x+2}$.

Esercizio 15.22. Determinare $\int \frac{x}{x^3-x^2+x-1}\, dx$ e verificare il risultato.

Esercizio 15.23. Determinare e verificare le primitive:

(a) $\frac{1}{(x-1)^2}$ (b) $\frac{x}{(x-1)^2}$ (c) $\frac{7x-5}{(x-1)^2}$

Esercizio 15.24. **(esame)** Determinare e verificare $\int \frac{x^4+x^3-3x^2+2}{x^2-x}\, dx$.

Esercizio 15.25. **(extra)** Determinare e verificare le primitive:

(a) $\frac{x^3+2}{x^3-x}$ (b) $\frac{x^5+2x}{x^4-1}$

Esercizio 15.26. **(extra)** Determinare $\int \frac{1}{x(x^2+1)^2}\, dx$ e verificare il risultato.

Risultati

Risultati Risultati

Esercizio 15.1: $\frac{1}{3}x^3 + \frac{5}{2}x^2 - 3x + c$.
Esercizio 15.2: **(a)** $\frac{1}{9}(3x-2)^3 + c = 3x^3 - 6x^2 + 4x + c$; **(b)** $\frac{-6}{x} + c$;
Esercizio 15.3: $\frac{7}{5}x^5 + 2\sin(x) + 3e^x + 4\ln(|x|) + c$
Esercizio 15.4: **(a)** $\frac{1}{3}(x-2)^3 + c$; **(b)** $\frac{-1}{x-3} + c$; **(c)** $\frac{2}{3}(x+1)\sqrt{x+1} + c$; **(d)** $\ln(|x^2-1|) + c$; **(e)** $-\cos(x-2) + c$; **(f)** $-\cos(x^3+4) + c$
Esercizio 15.5: **(a)** $\frac{-1}{\pi}\cos(x\pi - 2) + c$; **(b)** $\frac{5}{6}\ln(|6x-7|) + c$; **(c)** $\frac{1}{2}\ln(x^2+1) + c$; **(d)** $\frac{1}{\ln(10)}10^x + c$
Esercizio 15.6: $x - \ln(|1+x|) + c$
Esercizio 15.7: $x - \ln(1+e^x) + c$
Esercizio 15.8: $x\, e^x - e^x + c$
Esercizio 15.9: $-x\cos(x) + \sin(x) + c$

Esercizio 15.10: $\frac{1}{2}x^2\ln(x) - \frac{1}{4}x^2 + c$
Esercizio 15.11: $= x\ln(x) - x + c$
Esercizio 15.12: $(x+3)\ln(x+3) - x + c$
Esercizio 15.13: $\frac{\sin(x)\cos(x)+x}{2} + c$
Esercizio 15.14: $\frac{1}{2}e^x(\sin(x) - \cos(x)) + c$
Esercizio 15.15:
$\frac{1}{3}x^3\ln(x^2-3x+2) - \frac{2}{9}x^3 - \frac{1}{2}x^2 - \frac{5}{3}x - \frac{1}{3}\ln(|x-1|) - \frac{8}{3}\ln(|x-2|) + c$
Esercizio 15.16: Una primitiva di $\sin(\sqrt{x})$ è $-2\sqrt{x}\cos(\sqrt{x}) + 2\sin(\sqrt{x})$
Esercizio 15.17: $2e^{\sqrt{x}}(\sqrt{x} - 1) + c$
Esercizio 15.18: $\frac{1}{2}x^2\ln(\sqrt{x}) - \frac{1}{8}x^2 + c$
Esercizio 15.19: $\arctan(x) + c$
Esercizio 15.20: $\frac{1}{7}\ln(|\frac{x-2}{x+5}|) + c$
Esercizio 15.21: $\ln(|\frac{x}{x-1}|) + c; \quad \ln(|\frac{x-2}{x-1}|) + c$
Esercizio 15.22: $\frac{1}{2}\left(\ln(|x-1|) - \frac{1}{2}\ln(x^2+1) + \arctan(x)\right) + c$
Esercizio 15.23: **(a)** $\frac{-1}{x-1} + c$; **(b)** $\ln(|x-1|) - \frac{1}{x-1} + c$; **(c)** $7\ln(|x-1|) - \frac{2}{x-1} + c$
Esercizio 15.24: $\frac{1}{3}x^3 + x^2 - x - 2\ln(|x|) + \ln(|x-1|) + c.$
Esercizio 15.25: **(a)** $x + \frac{1}{2}\ln(|x+1|) + \frac{3}{2}\ln(|x-1|) - 2\ln(|x|) + c;$
(b) $\frac{1}{2}x^2 + \frac{3}{4}\ln(|\frac{x^2-1}{x^2+1}|) + c.$
Esercizio 15.26: $\ln(|x|) - \frac{1}{2}\ln(x^2+1) + \frac{1}{2}\frac{1}{x^2+1} + c$

Soluzioni

Esercizio 15.1: SOLUZIONE

$$\begin{aligned}\int x^2 + 5x - 3\,dx &= \int x^2\,dx + 5\int x\,dx - 3\int 1\,dx = \\ &= \frac{x^3}{3} + 5\frac{x^2}{2} - 3x + c = \frac{1}{3}x^3 + \frac{5}{2}x^2 - 3x + c\end{aligned}$$

Verifica: La derivata di $\frac{1}{3}x^3 + \frac{5}{2}x^2 - 3x$ è $\frac{1}{3}3x^2 + \frac{5}{2}2x - 3 = x^2 + 5x - 3$

Esercizio 15.2: SOLUZIONE

(a)
$$\begin{aligned}\int (3x-2)^2\,dx &= \frac{1}{3}\int 3(3x-2)^2\,dx = \\ &= \frac{1}{3}\frac{(3x-2)^3}{3} + c = \frac{1}{9}(3x-2)^3 + c\end{aligned}$$

Verifica: La derivata di $\frac{1}{9}(3x-2)^3$ è
$$(\tfrac{1}{9})3\cdot(3x-2)^2\cdot(3x-2)' = (\tfrac{1}{9})9\cdot(3x-2)^2 = (3x-2)^2.$$

(b) $\int \frac{6}{x^2}\,dx = 6\int \frac{1}{x^2}\,dx = -\frac{6}{x} + c.$

Verifica: $(-\frac{6}{x}+c)' = -6\cdot(\frac{1}{x})' = -6\cdot(-\frac{1}{x^2}) = \frac{6}{x^2}$.

Esercizio 15.3: SOLUZIONE

$$\int 7x^4 + 2\cos(x) + 3e^x + \tfrac{4}{x}\,dx =$$
$$= 7\int x^4\,dx + 2\int \cos(x)\,dx + 3\int e^x\,dx + \int \tfrac{4}{x}\,dx$$
$$= \tfrac{7}{5}x^5 + 2\sin(x) + 3e^x + 4\ln(|x|) + c$$

Verifica: La derivata di $\frac{7}{5}x^5 + 2\sin(x) + 3e^x + 4\ln(|x|) + c$ è $\frac{7}{5}5x^4 + 2\cos(x) + 3e^x + \frac{4}{x} = 7x^4 + 2\cos(x) + 3e^x + \frac{4}{x}$.

Esercizio 15.4: SOLUZIONE

(a) $(x-2)^2 = f(x)^2 f'(x)$ con $f(x) = x-2$

quindi una primitiva è $\frac{1}{3}(f(x))^3 = \frac{1}{3}(x-2)^3$.

Verifica: $(\frac{1}{3}(x-2)^3)' = \frac{1}{3}3(x-2)^2 = (x-2)^2$

(b) $\frac{1}{(x-3)^2} = f(x)^{-2} f'(x)$ con $f(x) = x-3$

quindi una primitiva è $-1(f(x))^{-1} = \frac{-1}{(x-3)}$.

Verifica: $(\frac{-1}{(x-3)} + c)' = \frac{1}{(x-3)^2}$

(c) $\sqrt{x+1} = f(x)^{\frac{1}{2}} f'(x)$ con $f(x) = x+1$

quindi una primitiva è $(1+\frac{1}{2})^{-1} f(x)^{1+\frac{1}{2}} = \frac{2}{3}(x+1)\sqrt{x+1} = \frac{2}{3}(x+1)^{\frac{3}{2}}$.

Verifica: $(\frac{2}{3}(x+1)^{\frac{3}{2}})' = \frac{2}{3}\frac{3}{2}(x+1)^{\frac{1}{2}} = \sqrt{x+1}$

(d) $\frac{2x}{x^2-1} = \frac{f'(x)}{f(x)}$ con $f(x) = x^2-1$

quindi una primitiva è $\ln(|f(x)|) = \ln(|x^2-1|)$.

Verifica: $(\ln(|x^2-1|))' = \frac{2x}{x^2-1}$

(e) $\sin(x-2) = \sin(f(x))f'(x)$ con $f(x) = x-2$

quindi una primitiva è $-\cos(f(x)) = -\cos(x-2)$.

Verifica: $(-\cos(x-2))' = \sin(x-2)(x-2)' = \sin(x-2)$

(f) $3x^2\sin(x^3+4) = \sin(f(x))f'(x)$ con $f(x) = x^3+4$

quindi una primitiva è $-\cos(f(x)) = -\cos(x^3+4)$.

Verifica: $(-\cos(x^3+4))' = \sin(x^3+4)(x^3+4)' = 3x^2\sin(x^3+4)$

Esercizio 15.5: SOLUZIONE

(a) $\int \sin(x\pi - 2)\, dx \;=\; \frac{1}{\pi}\int \pi\sin(x\pi - 2)\, dx \;=\; -\frac{1}{\pi}\cos(x\pi - 2) + c$

Verifica: Derivando $-\frac{1}{\pi}\cos(x\pi - 2) + c$ si ottiene $(-\frac{1}{\pi})(-\sin(x\pi - 2))(x\pi - 2)' \;=\; (-\frac{1}{\pi})(-\sin(x\pi - 2))\pi \;=\; \sin(x\pi - 2)$.

(b) $\int \frac{5}{6x-7}\, dx \;=\; \frac{5}{6}\int \frac{6}{6x-7}\, dx \;=\; \frac{5}{6}\ln(|6x - 7|) + c$.

Verifica: La derivata di $\frac{5}{6}\ln(|6x - 7|) + c$ è $\frac{5}{6}\frac{6}{6x-7} \;=\; \frac{5}{6x-7}$.

(c) $\int \frac{x}{x^2+1}\, dx \;=\; \frac{1}{2}\int \frac{2x}{x^2+1}\, dx \;=\; \frac{1}{2}\ln(x^2 + 1) + c$.

Verifica: $(\frac{1}{2}\ln(x^2 + 1) + c)' \;=\; \frac{1}{2}\frac{2x}{x^2+1} \;=\; \frac{x}{x^2+1}$.

(d) $\int 10^x\, dx \;=\; \frac{1}{\ln(10)}\int \ln(10)10^x\, dx \;=\; \frac{1}{\ln(10)}10^x + c$.

Verifica: La derivata di $\frac{1}{\ln(10)}10^x + c$ è $\frac{1}{\ln(10)}(\ln(10))10^x \;=\; 10^x$.

Esercizio 15.6: SOLUZIONE

$$\int \frac{x}{1+x}\, dx \;=\; \int \frac{x+1-1}{1+x}\, dx \;=\; \int 1 - \frac{1}{1+x}\, dx \;=\; \int 1\, dx - \int \frac{1}{1+x}\, dx \;=\; x - \ln(|1+x|) + c$$

Conclusione: $\boxed{\int \frac{x}{1+x}\, dx \;=\; x - \ln(|1+x|) + c}$

Verifica: Notiamo che l'integranda è definita per $x \in (-\infty, -1) \cup (-1, +\infty)$ e la derivata di $x - \ln(|1 + x|) + c$ è:

$$(x - \ln(1 + x) + c)' = 1 - \frac{1}{1+x} = \frac{x}{1+x} \quad \text{per } x \in (-1, +\infty)$$
$$(x - \ln(-1 - x) + c)' = 1 - \frac{-1}{-1-x} = \frac{x}{1+x} \quad \text{per } x \in (-\infty, -1)$$

Esercizio 15.7: SOLUZIONE

$$\int \frac{1}{1+e^x}\, dx \;=\; \int \frac{1+e^x-e^x}{1+e^x}\, dx \;=\; \int 1\, dx - \int \frac{e^x}{1+e^x}\, dx \;=\; x - \int \frac{e^x}{1+e^x}\, dx.$$

Osserviamo che in $\int \frac{e^x}{1+e^x}\, dx$ il numeratore è la derivata del denominatore, quindi applichiamo la formula $\int \frac{f'(x)}{f(x)}\, dx \;=\; \ln(|f(x)|) + c$.

Conclusione: $\boxed{\int \frac{1}{1+e^x}\, dx \;=\; x - \ln(1 + e^x) + c}$

Verifica: La derivata di $x - \ln(1 + e^x) + c$ è $1 - \frac{e^x}{1+e^x} \;=\; \frac{1}{1+e^x}$

Esercizio 15.8: SOLUZIONE

$\int x\, e^x\, dx\,.$

Metodo per parti: $x\, e^x = g(x)h'(x)$ con $g(x)=x$, $h'(x)=e^x$ e quindi $h(x)=e^x$.

Ottteniamo: $x\, e^x - \int e^x\, dx = x\, e^x - e^x + c$

Conclusione: $\boxed{\int x\, e^x\, dx = x\, e^x - e^x + c}$

Verifica: La derivata di $x\, e^x - e^x + c$ è $e^x + x\, e^x - e^x = x\, e^x$.

Esercizio 15.9: SOLUZIONE

$\int x \sin(x)\, dx\,.$

Metodo per parti: $x\sin(x)=g(x)h'(x)$ con $g(x)=x$, $h'(x)=\sin(x)$ e quindi $h(x)=-\cos(x)$.

Otteniamo: $x(-\cos(x)) - \int -\cos(x)\, dx = -x\cos(x) + \sin(x) + c$

Conclusione: $\boxed{\int x\sin(x)\, dx = -x\cos(x) + \sin(x) + c}$

Verifica: La derivata di $-x\cos(x) + \sin(x) + c$ è
$-\cos(x) - x(-\sin(x)) + \cos(x) = x\sin(x)$.

Esercizio 15.10: SOLUZIONE

$\int x\ln(x)\, dx \qquad$ per $x \in (0, +\infty)$.

Metodo per parti: $x\ln(x)=g(x)h'(x)$ con $g(x)=\ln(x)$, $h'(x)=x$ e quindi $h(x)=\frac{x^2}{2}$.

Otteniamo: $\ln(x)\frac{x^2}{2} - \int \frac{1}{x}\frac{x^2}{2}\, dx = \frac{1}{2}x^2\ln(x) - \int \frac{1}{2}x\, dx = \frac{1}{2}x^2\ln(x) - \frac{1}{4}x^2 + c$

Conclusione: $\boxed{\int x\ln(x)\, dx = \frac{1}{2}x^2\ln(x) - \frac{1}{4}x^2 + c}$

Verifica: La derivata di $\frac{1}{2}x^2\ln(x) - \frac{1}{4}x^2 + c$ è
$(\frac{1}{2})2x\ln(x) + (\frac{1}{2})x^2(\frac{1}{x}) - (\frac{1}{4})2x = x\ln(x)$.

Esercizio 15.11: SOLUZIONE

$\int \ln(x)\, dx \qquad$ per $x \in (0, +\infty)$.

Applichiamo il metodo dell'integrazione per parti: $\ln(x)=g(x)h'(x)$ con $g(x)=\ln(x)$ e $h'(x)=1$, quindi $h(x)=x$:

$$\begin{aligned}\int \ln(x)\,dx &= g(x)h(x) - \int g'(x)h(x)\,dx = \\ &= \ln(x)x - \int \tfrac{1}{x}x\,dx = \\ &= x\ln(x) - \int 1\,dx \;=\; x\ln(x) - x + c\end{aligned}$$

Conclusione: $\boxed{\int \ln(x)\,dx = x\ln(x) - x + c}$

Verifica: $(x\ln(x) - x + c)' = \ln(x) + x(\frac{1}{x}) - 1 = \ln(x)\,.$

Esercizio 15.12: SOLUZIONE

$\int \ln(x+3)\,dx \qquad$ per $x \in (-3, +\infty)\,.$

Applichiamo il metodo dell'integrazione per parti: $\ln(x+3){=}g(x)h'(x)$ con $g(x){=}\ln(x+3)$ e $h'(x){=}1\,,\ h(x){=}x{+}3$:

$$\begin{aligned}\int \ln(x)\,dx &= g(x)h(x) - \int g'(x)h(x)\,dx = \\ &= \ln(x+3)(x+3) - \int \tfrac{1}{x+3}(x+3)\,dx = \\ &= (x+3)\ln(x+3) - \int 1\,dx \;=\; (x+3)\ln(x+3) - x + c\end{aligned}$$

Conclusione: $\boxed{\int \ln(x+3)\,dx = (x+3)\ln(x+3) - x + c}$

Verifica: La derivata di $(x{+}3)\ln(x{+}3) - x + c$ è
$(x{+}3)'\ln(x{+}3) + (x{+}3)(\ln(x{+}3))' - 1 = \ln(x{+}3) + (x{+}3)\frac{1}{x+3} - 1 = \ln(x{+}3)\,.$

Esercizio 15.13: SOLUZIONE

$\int (\cos(x))^2\,dx \qquad$ per $x \in \mathbb{R}\,.$

Applichiamo il metodo dell'integrazione per parti: $(\cos(x))^2 = g(x)h'(x)$ con $g(x) = \cos(x)\,,\ h'(x) = \cos(x)$ e $h(x) = \sin(x)$:

$$\begin{aligned}\int (\cos(x))^2\,dx &= \sin(x)\cos(x) + \int (\sin(x))^2\,dx = \\ &= \sin(x)\cos(x) + \int 1 - (\cos(x))^2\,dx = \\ &= \sin(x)\cos(x) + x - \int (\cos(x))^2\,dx\end{aligned}$$

Ci sembrerebbe di essere "tornati al punto di partenza", invece il segno dell'integrale è cambiato e quindi ricaviamo $2\int (\cos(x))^2\,dx = \sin(x)\cos(x){+}x\,.$

Conclusione: $\boxed{\int (\cos(x))^2\, dx = \frac{\sin(x)\cos(x)+x}{2} + c}$

Verifica: Derivando $\frac{\sin(x)\cos(x)+x}{2}+c$ otteniamo: $\frac{\cos(x)\cos(x)+\sin(x)(-\sin(x))+1}{2} = \frac{(\cos(x))^2-(\sin(x))^2+1}{2} = \frac{(\cos(x))^2-(\sin(x))^2+(\sin(x))^2+(\cos(x))^2}{2} = (\cos(x))^2$.

Esercizio 15.14: SOLUZIONE

$\int e^x \sin(x)\, dx$.

Metodo per parti: $e^x\sin(x)=g(x)h'(x)$ con $g(x)=\sin(x)$, $h'(x)=e^x$ e quindi $h(x)=e^x$.

Applicando in modo analogo una seconda volta il metodo per parti si ottiene l'opposto dell'integrale di partenza, quindi si conclude come nell'Es. 15.13.

Conclusione: $\boxed{\int e^x \sin(x)\, dx = \frac{1}{2}e^x(\sin(x) - \cos(x)) + c}$

Verifica: Derivando $\frac{1}{2}e^x(\sin(x) - \cos(x)) + c$ otteniamo:

$$\frac{1}{2}[e^x(\sin(x) - \cos(x)) + e^x(\cos(x) + \sin(x))] = \frac{1}{2}e^x\sin(x).$$

Esercizio 15.15: SOLUZIONE

$\int x^2 \ln(x^2 - 3x + 2)\, dx$ per $x \in (-\infty, 1) \cup (2, +\infty)$.

Integrazione per parti: $x^2\ln(x^2-3x+2) = g(x)h'(x)$ con $g(x) = \ln(x^2-3x+2)$ e $h'(x) = x^2$, quindi $h(x) = \frac{1}{3}x^3$:

$$\begin{aligned}\int x^2 \ln(x^2 - 3x + 2)\, dx &= \frac{1}{3}x^3\ln(x^2 - 3x + 2) - \int \frac{1}{3}x^3 \frac{2x-3}{x^2-3x+2}\, dx = \\ &= \frac{1}{3}x^3\ln(x^2 - 3x + 2) - \frac{1}{3}\int \frac{2x^4-3x^3}{x^2-3x+2}\, dx\end{aligned}$$

Per determinare $\int \frac{2x^4-3x^3}{x^2-3x+2}\, dx$, anzitutto eseguiamo la divisione tra $2x^4-3x^3$ e x^2-3x+2, da cui otteniamo: $\int \frac{2x^4-3x^3}{x^2-3x+2}\, dx = \int 2x^2+3x+5 + \frac{9x-10}{x^2-3x+2}\, dx$.

Ora, per ottenere $\int \frac{9x-10}{x^2-3x+2}\, dx = \int \frac{9x-10}{(x-1)(x-2)}\, dx$ scriviamo la funzione integranda come somma di funzioni razionali $\frac{A}{x-1} + \frac{B}{x-2}$: per determinare A e B sommiamo le frazioni:

$$\frac{A}{x-1} + \frac{B}{x-2} = \frac{A(x-2) + B(x-1)}{(x-1)((x-2)} = \frac{(A+B)x + (-2A-B)}{(x-1)(x-2)}$$

e imponiamo l'uguaglianza dei numeratori di $\frac{(A+B)x+(-2A-B)}{(x-1)(x-2)}$ e di $\frac{9x-10}{(x-1)(x-2)}$ che equivale, per il principio di identità di polinomi, a risolvere il sistema lineare $\begin{cases} A+B=9 \\ -2A-B=-10 \end{cases}$ la cui soluzione è: $\begin{cases} A=1 \\ B=8 \end{cases}$ (*verifica...*). Allora

$\int \frac{9x-10}{(x-1)(x-2)}\,dx = \int \frac{1}{x-1} + \frac{8}{x-2}\,dx = \ln(|x-1|) + 8\ln(|x-2|) + c$.

Conclusione: $\boxed{\int x^2 \ln(x^2-3x+2)\,dx =}$

$\boxed{= \frac{x^3}{3}\ln(x^2-3x+2) - \frac{2x^3}{9} - \frac{x^2}{2} - \frac{5x}{3} - \frac{1}{3}\ln(|x-1|) - \frac{8}{3}\ln(|x-2|) + c}$

Verifica: La derivata è

$x^2\ln(x^2-3x+2) + \frac{1}{3}x^3\frac{2x-3}{x^2-3x+2} - \frac{2}{9}(3x^2) - \frac{1}{2}(2x) - \frac{5}{3} - \frac{1}{3(x-1)} - \frac{8}{3(x-2)} =$

$= x^2\ln(x^2-3x+2) + \frac{(x^2-3x+2)(-2x^2-3x-5)-(x-2)-8(x-1)+x^3(2x-3)}{3(x-1)(x-2)} =$

$= x^2\ln(x^2-3x+2)$.

Esercizio 15.16: SOLUZIONE

$\int \sin(\sqrt{x})\,dx \qquad$ per $x \in [0,+\infty)$

Applichiamo il metodo dell'integrazione per sostituzione: $x = h(t) = t^2$ per $t \in [0,+\infty)$. Allora $\int f(h(t)) \cdot h'(t)\,dt = \int 2t \cdot \sin(t)\,dt$.

Ora applichiamo il metodo di integrazione per parti scrivendo $2t\sin(t) = g(t)h'(t)$ con $g(t) = 2t$ e $h'(t) = \sin(t)$, da cui $h(t) = -\cos(t)$

$$\int 2t\sin(t)\,dt = -2t\cos(t) + \int 2\cos(t)\,dt = -2t\cos(t) + 2\sin(t) + c$$

Sostituiamo $t = h^{-1}(x) = \sqrt{x} \qquad$ per $x \in [0,+\infty)$

Conclusione: $\boxed{\text{Una primitiva di } \sin(\sqrt{x}) \text{ è } -2\sqrt{x}\cos(\sqrt{x}) + 2\sin(\sqrt{x})}$

Verifica: La derivata di $-2\sqrt{x}\cos(\sqrt{x}) + 2\sin(\sqrt{x})$ è

$-2\frac{1}{2\sqrt{x}}\cos(\sqrt{x}) + 2\sqrt{x}\sin(\sqrt{x})\frac{1}{2\sqrt{x}} + 2\cos(\sqrt{x})\frac{1}{2\sqrt{x}} = \sin(\sqrt{x})$.

Esercizio 15.17: SOLUZIONE

$\int e^{\sqrt{x}}\,dx$.

Applichiamo il metodo di integrazione per sostituzione: $x{=}h(t){=}t^2$ con $t{\geq}0$.

$\int e^{\sqrt{x}}\,dx = \int e^t 2t\,dt = 2\int t\,e^t\,dt$. Ora integriamo per parti come in Es. 15.8.

Conclusione: $\boxed{\int e^{\sqrt{x}}\,dx = 2e^{\sqrt{x}}(\sqrt{x}-1) + c}$

Verifica: Derivando $2e^{\sqrt{x}}(\sqrt{x}-1) + c$ si ottiene:

$2e^{\sqrt{x}}\frac{1}{2\sqrt{x}}(\sqrt{x}-1) + 2e^{\sqrt{x}}\frac{1}{2\sqrt{x}} = 2e^{\sqrt{x}}\frac{1}{2\sqrt{x}}(\sqrt{x}-1+1) = 2e^{\sqrt{x}}\frac{1}{2\sqrt{x}}\sqrt{x} = e^{\sqrt{x}}$.

Esercizio 15.18: SOLUZIONE

$$\int x \ln(\sqrt{x})\, dx\,.$$

Applichiamo il metodo di integrazione per sostituzione: $x{=}h(t){=}t^2$ con $t{\geq}\,0$.

$\displaystyle\int x\ln(\sqrt{x})\,dx \;=\; \int t^2\ln(t)2t\,dt \;=\; 2\int t^3\ln(t)\,dt$. Ora integriamo per parti scrivendo $t^3\ln(t) = g(t)h'(t)$ con $g(t) = \ln(t)$ e $h'(t) = t^3$, $h(t) = \frac{1}{4}t^4$.
Otteniamo:
$2\displaystyle\int t^3\ln(t)\,dt \;=\; 2[\tfrac{1}{4}t^4\ln(t) - \int \tfrac{1}{4}t^4\tfrac{1}{t}\,dt] \;=\; \tfrac{1}{2}t^4\ln(t) - \tfrac{1}{2}\int t^3\,dx \;=\; \tfrac{1}{2}t^4\ln(t) - \tfrac{1}{2}(\tfrac{1}{4}t^4) + c$

Conclusione: $\boxed{\displaystyle\int x\ln(\sqrt{x})\,dx = \tfrac{1}{2}x^2\ln(\sqrt{x}) - \tfrac{1}{8}x^2 + c}$

Verifica: Derivando $\frac{1}{2}x^2\ln(\sqrt{x}) - \frac{1}{8}x^2 + c$ otteniamo:
$$\tfrac{1}{2}(2x\ln(\sqrt{x})) + \tfrac{1}{2}x^2\tfrac{1}{\sqrt{x}}\tfrac{1}{2\sqrt{x}} - \tfrac{1}{8}(2x) = x\ln(\sqrt{x}) + \tfrac{1}{4}x - \tfrac{1}{4}x = x\ln(\sqrt{x})\,.$$

Esercizio 15.19: SOLUZIONE

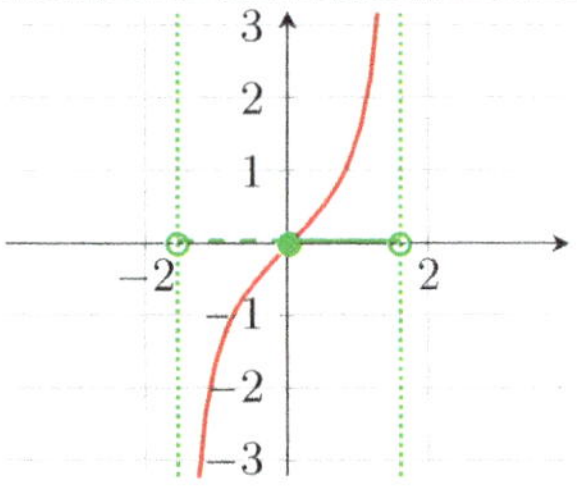

$$\int \tfrac{1}{x^2+1}\,dx\,.$$

Sostituzione: $x = \tan(t)$ dove $t \in (-\frac{\pi}{2}, \frac{\pi}{2})$.

$$\begin{aligned}\int \frac{1}{x^2+1}\,dx \;&=\; \int \frac{1}{(\tan(t))^2+1}\tan'(t)\,dt \;=\; \int \frac{1}{\frac{(\sin(t))^2}{(\cos(t))^2}+1}\,\frac{1}{(\cos(t))^2}\,dt = \\ &=\; \int \frac{1}{\frac{(\sin(t))^2+(\cos(t))^2}{(\cos(t))^2}}\,\frac{1}{(\cos(t))^2}\,dt \;=\; \int \frac{1}{\frac{1}{(\cos(t))^2}}\,\frac{1}{(\cos(t))^2}\,dt = \\ &=\; \int (\cos(t))^2\,\frac{1}{(\cos(t))^2}\,dt \;=\; \int 1\,dt \;=\; t + c\end{aligned}$$

L'inversa di $\tan : (-\frac{\pi}{2}, \frac{\pi}{2}) \to \mathbb{R}$
è $\arctan : \mathbb{R} \to (-\frac{\pi}{2}, \frac{\pi}{2})$
(arctan significa *l'arco la cui tangente è* x).
Quindi $x = \tan(t)$, per $t \in (-\frac{\pi}{2}, \frac{\pi}{2})$,
significa $t = \arctan(x)$, per $x \in \mathbb{R}$.

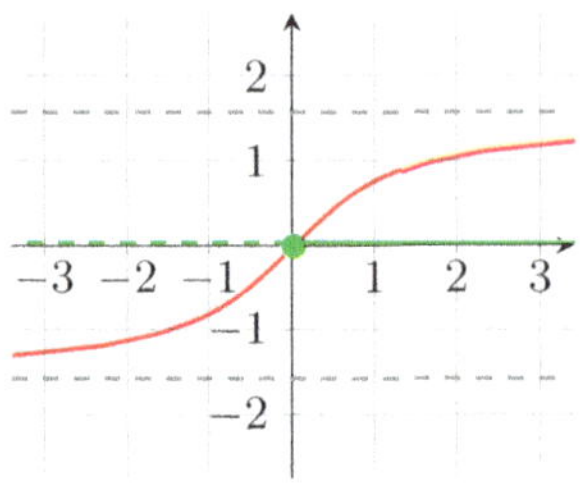

Conclusione: $\boxed{\displaystyle\int \tfrac{1}{x^2+1}\,dx \;=\; \arctan(x) + c}$

Esercizio 15.20: SOLUZIONE

$\int \frac{1}{(x+5)(x-2)}\,dx$

Scriviamo la funzione integranda come somma di funzioni razionali $\frac{A}{x+5}+\frac{B}{x-2}$: per determinare A e B sommiamo le frazioni:

$$\frac{A}{x+5}+\frac{B}{x-2}=\frac{A(x-2)+B(x+5)}{(x+5)(x-2)}=\frac{(A+B)x+(-2A+5B)}{(x+5)(x-2)}$$

e imponiamo l'uguaglianza dei numeratori di $\frac{(A+B)x+(-2A+5B)}{(x+5)(x-2)}$ e di $\frac{1}{(x+5)(x-2)}$ che equivale, per il principio di identità di polinomi, a risolvere il sistema lineare $\begin{cases} A+B=0 \\ -2A+5B=1 \end{cases}$ che ha soluzione $\begin{cases} A=-\frac{1}{7} \\ B=\frac{1}{7} \end{cases}$ (*verifica...*). Allora

$\int \frac{1}{(x+5)(x-2)}\,dx = \int -\frac{1}{7}\frac{1}{x+5}+\frac{1}{7}\frac{1}{x-2}\,dx = -\frac{1}{7}\ln(|x+5|)+\frac{1}{7}\ln(|x-2|)+c$

Conclusione: $\boxed{\int \frac{1}{(x+5)(x-2)}\,dx = \frac{1}{7}\ln(|\frac{x-2}{x+5}|)+c}$

Verifica: La derivata di $\frac{1}{7}\ln(|\frac{x-2}{x+5}|)+c$ è
$\frac{1}{7}(\frac{x+5}{x-2})(\frac{x+5-x+2}{(x+5)^2})=\frac{1}{7}\frac{7}{(x+5)(x-2)}=\frac{1}{(x+5)(x-2)}$.

Esercizio 15.21: SOLUZIONE

(a) $\int \frac{1}{x-x^2}\,dx = \int \frac{-1}{x(x-1)}\,dx$

Scriviamo la funzione integranda come somma di funzioni razionali $\frac{A}{x}+\frac{B}{x-1}$: per determinare A e B sommiamo le frazioni:

$$\frac{A}{x}+\frac{B}{x-1}=\frac{A(x-1)+Bx}{x(x-1)}=\frac{(A+B)x-A}{x(x-1)}$$

e imponiamo l'uguaglianza dei numeratori di $\frac{(A+B)x-A}{x(x-1)}$ e di $\frac{-1}{x(x-1)}$ che equivale, per il principio di identità di polinomi, a risolvere il sistema lineare $\begin{cases} A+B=0 \\ -A=-1 \end{cases}$ che ha soluzione $\begin{cases} A=1 \\ B=-1 \end{cases}$ (*verifica...*). Allora

$\int \frac{-1}{x(x-1)}\,dx = \int \frac{1}{x}+\frac{-1}{x-1}\,dx = \ln(|x|)-\ln(|x-1|)+c$

Conclusione: $\boxed{\int \frac{1}{x-x^2}\,dx = \ln(|\frac{x}{x-1}|)+c}$

Verifica: La derivata di $\ln(|\frac{x}{x-1}|)+c$ è
$(\frac{x-1}{x})(\frac{x-1-x}{(x-1)^2})=\frac{-1}{x(x-1)}=\frac{1}{x-x^2}$.

(b) $\int \frac{1}{x^2-3x+2}\,dx = \int \frac{1}{(x-1)(x-2)}\,dx$

Scriviamo $\frac{1}{x^2-3x+2}$ come somma di funzioni razionali $\frac{A}{x-1}+\frac{B}{x-2}$ e per determinare A e B sommiamo le frazioni:

$$\frac{A}{x-1}+\frac{B}{x-2} = \frac{A(x-2)+B(x-1)}{(x-1)(x-2)} = \frac{(A+B)x+(-2A-B)}{(x-1)(x-2)}$$

e imponiamo l'uguaglianza dei numeratori $1 = (A+B)x + (-2A-B)$ che equivale, per il principio di identità di polinomi, a risolvere il sistema lineare $\begin{cases} A+B=0 \\ -2A-B=1 \end{cases}$ che ha soluzione $\begin{cases} A=-1 \\ B=1 \end{cases}$ (*verifica...*). Allora

$\int \frac{1}{(x-1)(x-2)}\,dx = \int -\frac{1}{x-1}+\frac{1}{x-2}\,dx = -\ln(|x-1|)+\ln(|x-2|)+c$

<u>Conclusione</u>: $\boxed{\int \frac{1}{x^2-3x+2}\,dx = \ln(|\frac{x-2}{x-1}|)+c}$

<u>Verifica</u>: La derivata di $\ln(|\frac{x-2}{x-1}|)+c$ è
$(\frac{x-1}{x-2})(\frac{x-1-x+2}{(x-1)^2}) = \frac{1}{(x-1)(x-2)} = \frac{1}{x^2-3x+2}$.

Esercizio 15.22: Soluzione

$\int \frac{x}{x^3-x^2+x-1}\,dx$

Scomponiamo in fattori il denominatore: $x^3-x^2+x-1 = (x-1)(x^2+1)$ e scriviamo $\frac{x}{x^3-x^2+x-1}$ come somma $\frac{A}{x-1}+\frac{Bx+C}{x^2+1}$.

Per determinare A, B, C sommiamo queste due frazioni $\frac{A(x^2+1)+(Bx+C)(x-1)}{(x^2+1)(x-1)}$ e imponiamo l'uguaglianza dei numeratori: $x = A(x^2+1)+(Bx+C)(x-1)$, cioè

$$x = (A+B)x^2+(C-B)x+A-C$$

quindi risolviamo il sistema lineare $\begin{cases} A+B=0 \\ C-B=1 \\ A-C=0 \end{cases}$ e otteniamo $\begin{cases} A=C=\frac{1}{2} \\ B=-\frac{1}{2} \end{cases}$

Allora $\frac{x}{x^3-x^2+x-1} = \frac{\frac{1}{2}}{x-1}+\frac{-\frac{1}{2}x+\frac{1}{2}}{x^2+1} = \frac{1}{2}\cdot\frac{1}{x-1}+\frac{1}{2}\cdot\frac{-x+1}{x^2+1}$ e quindi

$$\begin{aligned} \int \frac{x}{x^3-x^2+x-1}\,dx &= \frac{1}{2}\int\frac{1}{x-1}\,dx - \frac{1}{2}\int\frac{x-1}{x^2+1}\,dx = \\ &= \frac{1}{2}\left(\int\frac{1}{x-1}\,dx - \frac{1}{2}\int\frac{2x}{x^2+1}\,dx + \int\frac{1}{x^2+1}\,dx\right) \end{aligned}$$

<u>Conclusione</u>:

$$\boxed{\int \frac{x}{x^3-x^2+x-1}\,dx = \frac{1}{2}\left(\ln(|x-1|)-\frac{1}{2}\ln(|x^2+1|)+\arctan(x)\right)+c}$$

Verifica: Derivando $\frac{1}{2}\left(\ln(|x-1|)-\frac{1}{2}\ln(|x^2+1|)+\arctan(x)\right)+c$ otteniamo:

$$\frac{1}{2}\left(\frac{1}{x-1}-\frac{1}{2}\frac{2x}{x^2+1}+\frac{1}{x^2+1}\right)=\frac{1}{2}\frac{x^2+1-x(x-1)+x-1}{(x-1)(x^2+1)}=\frac{1}{2}\frac{2x}{(x_1)(x^2+1)}=\frac{x}{x^3-x^2+x-1}.$$

Esercizio 15.23: SOLUZIONE

(a) $\int \frac{1}{(x-1)^2}\,dx=\int (-\frac{1}{x-1})'\,dx=-\frac{1}{x-1}+c$. La verifica è immediata.

(b) $\int \frac{x}{(x-1)^2}\,dx$

Se osserviamo che $\frac{x}{(x-1)^2}=\frac{(x-1)+1}{(x-1)^2}=\frac{1}{x-1}+\frac{1}{(x-1)^2}$ possiamo direttamente concludere che una primitiva è $\ln(|x-1|)-\frac{1}{x-1}+c$.

Ma se non siamo così fortunati possiamo comunque adottare una tecnica simile a quella vista negli esercizi precedenti: scriviamo $\frac{x}{(x-1)^2}$ come somma di funzioni razionali $\frac{A}{x-1}+\frac{B}{(x-1)^2}=\frac{A(x-1)+B}{(x-1)^2}=\frac{Ax+(-A+B)}{(x-1)^2}$ e imponiamo l'uguaglianza dei numeratori di $\frac{Ax+(-A+B)}{(x-1)^2}$ e di $\frac{x}{(x-1)^2}$: il sistema lineare $\begin{cases}A=1\\-A+B=0\end{cases}$ ha soluzione $\begin{cases}A=1\\B=1\end{cases}$ (*verifica...*). Allora, vista la risposta al punto (a)

$$\int \frac{x}{(x-1)^2}\,dx=\int \frac{1}{x-1}+\frac{1}{(x-1)^2}\,dx=\ln(|x-1|)-\frac{1}{x-1}+c$$

Conclusione: $\boxed{\int \frac{x}{(x-1)^2}\,dx=\ln(|x-1|)-\frac{1}{x-1}+c}$

Verifica: La derivata di $\ln(|x-1|)-\frac{1}{x-1}+c$ è

$$\frac{1}{x-1}+\frac{1}{(x-1)^2}=\frac{x-1+1}{(x-1)^2}=\frac{x}{(x-1)^2}.$$

(c) $\int \frac{7x-5}{(x-1)^2}\,dx$.

Analogamente a quanto fatto al punto (b), scriviamo la funzione integranda come somma di funzioni razionali $\frac{A}{x-1}+\frac{B}{(x-1)^2}$ e imponiamo l'uguaglianza dei numeratori di $\frac{Ax+(-A+B)}{(x-1)^2}$ e di $\frac{7x-5}{(x-1)^2}$: il sistema lineare $\begin{cases}A=7\\-A+B=-5\end{cases}$ ha soluzione $\begin{cases}A=7\\B=2\end{cases}$ (*verifica...*). Allora

$$\int \frac{7x-5}{(x-1)^2}\,dx=\int \frac{7}{x-1}+\frac{2}{(x-1)^2}\,dx=7\ln(|x-1|)-2\frac{1}{x-1}+c$$

Conclusione: $\boxed{\int \frac{7x-5}{(x-1)^2}\,dx=7\ln(|x-1|)-2\frac{1}{x-1}+c}$

Verifica: La derivata di $7\ln(|x-1|) - 2\frac{1}{x-1} + c$ è
$7\frac{1}{x-1} + 2\frac{1}{(x-1)^2} = \frac{7(x-1)+2}{(x-1)^2} = \frac{7x-5}{(x-1)^2}$.

Esercizio 15.24: SOLUZIONE

$\int \frac{x^4+x^3-3x^2+2}{x^2-x}\,dx$.

Traccia: Dividendo il numeratore per il denominatore si ottiene

$$\frac{x^4+x^3-3x^2+2}{x^2-x} = x^2+2x-1 + \frac{-x+2}{x^2-x}$$

Imponendo $\frac{-x+2}{x^2-x} = \frac{A}{x} + \frac{B}{x-1}$ si ottiene $A=-2,\ B=1$.
Conclusione:

$$\boxed{\int \frac{x^4+x^3-3x^2+2}{x^2-x}\,dx = \frac{1}{3}x^3 + x^2 - x - 2\ln(|x|) + \ln(|x-1|) + c}$$

Verifica: La derivata di $\frac{1}{3}x^3 + x^2 - x - 2\ln(|x|) + \ln(|x-1|) + c$ è
$\frac{1}{3}3x^2 + 2x - 1 - \frac{2}{x} + \frac{1}{x-1} = \frac{(x^2+2x-1)x(x-1)-2(x-1)+x}{x(x-1)} = \frac{x^4+x^3-3x^2+2}{x^2-x}$.

Esercizio 15.25: SOLUZIONE

(a) $\int \frac{x^3+2}{x^3-x}\,dx$:

Traccia: Dividendo il numeratore per il denominatore si ottiene

$$x^3+2 = (x^3-x)\cdot 1 + x+2$$

da cui $\frac{x^3+2}{x^3-x} = 1 + \frac{x+2}{x^3-x}$.

Imponendo $\frac{x+2}{x^3-x} = \frac{A}{x+1} + \frac{B}{x-1} + \frac{C}{x}$ si ottiene $A=\frac{1}{2},\ B=\frac{3}{2},\ C=-2$.

Conclusione: $\boxed{\int \frac{x^3+2}{x^3-x}\,dx = x + \frac{1}{2}\ln(|x+1|) + \frac{3}{2}\ln(|x-1|) - 2\ln(|x|) + c}$

(b) $\int \frac{x^5+2x}{x^4-1}\,dx$:

Traccia: Dividendo il numeratore per il denominatore si ottiene

$$\frac{x^5+2x}{x^4-1} = x + \frac{3x}{x^4-1}$$

Imponendo $\frac{3x}{x^4-1} = \frac{Ax+B}{x^2+1} + \frac{C}{x+1} + \frac{D}{x-1}$ si ottiene $A=-\frac{3}{2},\ B=0,\ C=D=\frac{3}{4}$.

Conclusione: $\boxed{\int \frac{x^5+2x}{x^4-1}\,dx = \frac{1}{2}x^2 + \frac{3}{4}\ln(|\frac{x^2-1}{x^2+1}|) + c}$

Esercizio 15.26: SOLUZIONE

$\int \frac{1}{x(x^2+1)^2}\,dx$

$$\frac{A}{x} + \frac{Bx+C}{x^2+1} + \frac{Dx+E}{(x^2+1)^2} = \frac{1}{x(x^2+1)^2}$$

Fissato il denominatore comune $x(x^2+1)^2$ imponiamo l'uguaglianza dei numeratori

$$A(x^2+1)^2 + (Bx+C)(x(x^2+1)) + Dx^2 + Ex = 1$$

svolgiamo i conti e otteniamo il sistema:

$$\begin{cases} A+B=0 \\ C=0 \\ 2A+B+D=0 \\ C+E=0 \\ A=1 \end{cases} \iff \begin{cases} B=-1 \\ C=0 \\ D=-1 \\ E=0 \\ A=1 \end{cases} \longrightarrow \quad \frac{1}{x(x^2+1)^2} = \frac{1}{x} + \frac{-x}{x^2+1} + \frac{-x}{(x^2+1)^2}$$

Quindi

$$\int \frac{1}{x(x^2+1)^2}\,dx = \int \frac{1}{x}\,dx + \int \frac{-x}{x^2+1}\,dx + \int \frac{-x}{(x^2+1)^2}\,dx$$

Conclusione: $\boxed{\int \frac{1}{x(x^2+1)^2}\,dx = \ln(|x|) - \frac{1}{2}\ln(x^2+1) + \frac{1}{2}\,\frac{1}{x^2+1} + c}$

Verifica: La derivata di $\ln(|x|) - \frac{1}{2}\ln(x^2+1) + \frac{1}{2}\,\frac{1}{x^2+1} + c$ è
$\frac{1}{x} - \frac{1}{2}\frac{2x}{x^2+1} - \frac{1}{2}\frac{2x}{(x^2+1)^2} = \frac{(x^2+1)^2 - x^2(x^2+1) - x^2}{x(x^2+1)^2} = \frac{1}{x(x^2+1)^2}$.

Capitolo 16

Funzioni: integrali definiti

Teorema fondamentale del calcolo integrale: Sia $f(x)$ continua su $[a, b]$. Se g è una primitiva di f su $[a, b]$, allora $\displaystyle\int_a^b f(x)\, dx = g(x)\Big|_a^b = g(b) - g(a)$

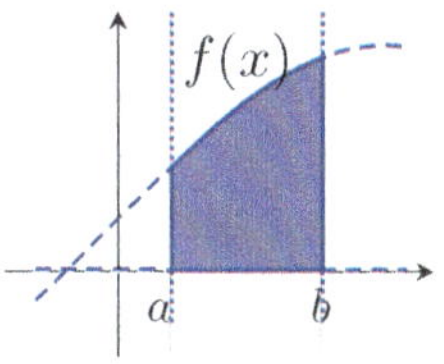

è l'area "con segno" della regione delimitata da

$$x = a \text{ e } x = b \qquad y = 0 \text{ e } y = f(x)$$

dove "con segno" significa moltiplicare l'area per -1 se $f(x) < 0$ e $a < b$, oppure se $f(x) > 0$ e $b < a$.

Esercizi

Esercizi Esercizi

Per apprezzare la potenza del teorema vediamo nei primi due esercizi il calcolo dell'area come limite della somma delle aree di "rettangolini".

Esercizio 16.1. Calcolare l'area A della regione del primo quadrante compresa tra il grafico della funzione $f(x) = x$, l'asse x, e la retta parallela all'asse y di equazione $x = a$ con $a > 0$.

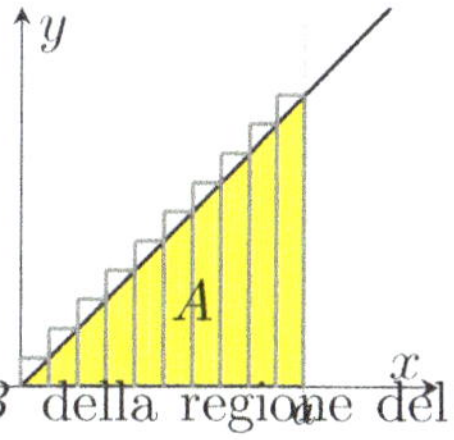

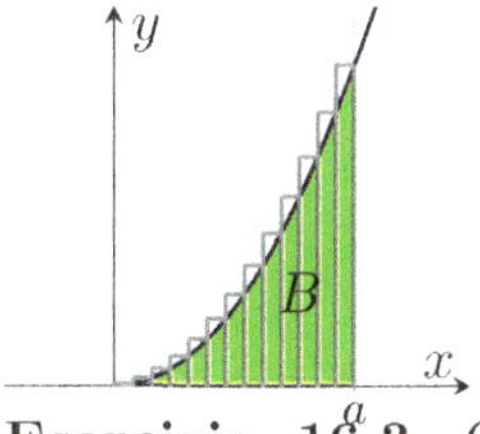

Esercizio 16.2. Calcolare l'area B della regione del primo quadrante compresa tra il grafico della funzione $f(x) = x^2$, l'asse x, e la retta di equazione $x = a$ con $a > 0$.

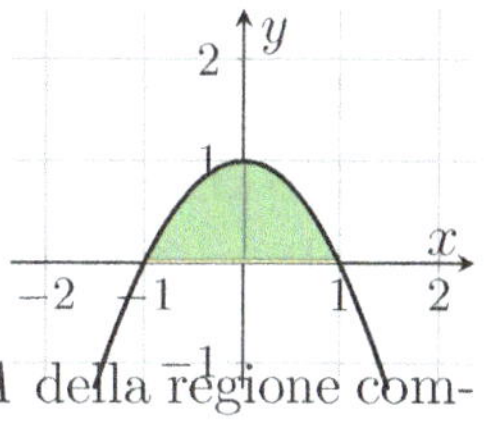

Esercizio 16.3. Calcolare l'area della porzione di piano $S = \{(x, y) \in \mathbb{R}^2 \mid x \in [-1, 1],\ y \in [0, 1 - x^2]\}$

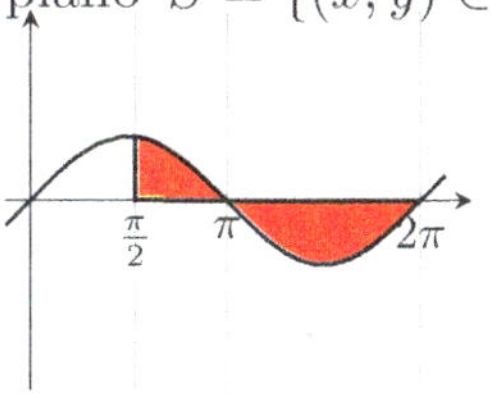

Esercizio 16.4. Calcolare l'area A della regione compresa tra il grafico di $\sin(x)$, l'asse x, e le rette $x = \frac{\pi}{2}$ e $x = 2\pi$.

Esercizio 16.5. Calcolare l'area compresa tra le rette $x = 0$, $x = 2$ e i grafici delle funzioni $\alpha(x) = x^3$, $\beta(x) = -x + 2$.

Esercizio 16.6. (extra) Si consideri la funzione $f(x) = 2 - x^2$ e sia Q il punto di intersezione del grafico di f con il semiasse positivo delle x.

(a) Calcolare l'area A della regione delimitata dal semiasse positivo delle x, dal semiasse positivo delle y e dal grafico di f.

(b) Determinare un'equazione della retta r passante per Q tale che le aree A e B siano uguali.

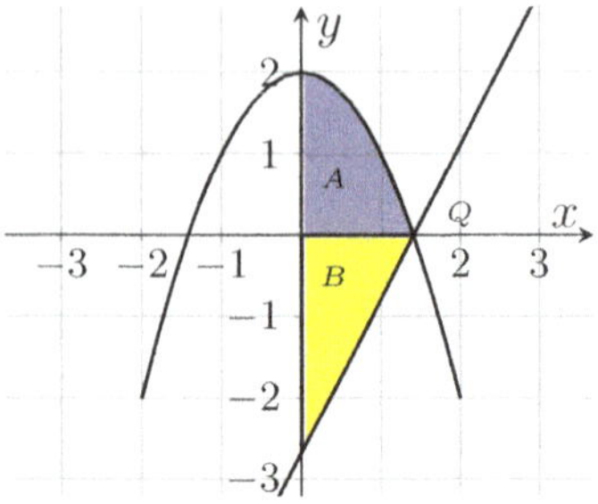

Esercizio 16.7. Con riferimento alla figura:

(a) Calcolare l'area di B per $a = \frac{1}{3}$

(b) Determinare $a \in (0, 1)$ tale che le aree A e B siano uguali.

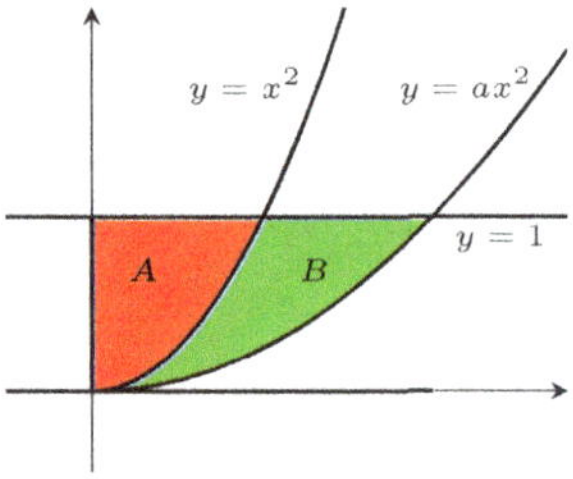

Esercizio 16.8. Calcolare $\int_0^1 \frac{1}{1+e^x}\, dx$

Esercizio 16.9. Calcolare $\int_0^2 \sqrt{4 - x^2}\, dx$ con la sostituzione $x = 2\sin(t)$.

Esercizio 16.10. Calcolare gli integrali definiti

(a) $\int_0^{\frac{\pi^2}{4}} \cos(\sqrt{x})\, dx$ (b) $\int_1^4 e^{-\sqrt{x}}\, dx$ (c) $\int_1^4 \frac{\ln(x)}{\sqrt{x}}\, dx$

Esercizio 16.11. Calcolare $\int_0^4 \frac{x-7\sqrt{x}+12}{x\sqrt{x}-6x+9\sqrt{x}}\, dx$.

Esercizio 16.12. (extra)

Calcolare l'area dell'ellisse di equazione $\frac{x^2}{a^2}+\frac{y^2}{b^2}=1$, con $a>0$ e $b>0$.

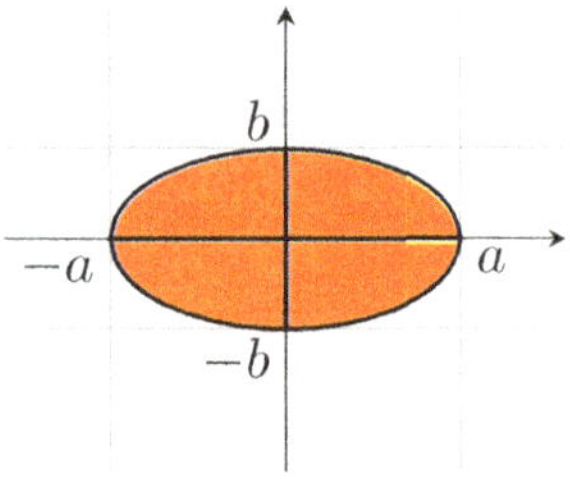

Risultati

Esercizio 16.1: $\frac{a^2}{2}$

Esercizio 16.2: $\frac{a^3}{3}$

Esercizio 16.3: L'area di S è $\frac{4}{3}$

Esercizio 16.4: L'area A è 3

Esercizio 16.5: L'area della regione è $\frac{9}{2}$

Esercizio 16.6: **(a)** L'area A è $\frac{4\sqrt{2}}{3}$ **(b)** $r: \frac{3}{4}y - \sqrt{2}x + 2 = 0$

Esercizio 16.7: Le aree sono uguali per $a = \frac{1}{4}$

Esercizio 16.8: $\displaystyle\int_0^1 \frac{1}{1+e^x}\,dx = -\ln(e+1) + \ln(2) + 1$

Esercizio 16.9: $\displaystyle\int_0^2 \sqrt{4-x^2}\,dx = \pi\,.$

Esercizio 16.10: **(a)** $\displaystyle\int_0^{\frac{\pi^2}{4}} \cos(\sqrt{x})\,dx = \pi - 2\,;$ **(b)** $\displaystyle\int_1^4 e^{-\sqrt{x}}\,dx = -\frac{6}{e^2} + \frac{4}{e}\,;$
(c) $\displaystyle\int_1^4 \frac{\ln(x)}{\sqrt{x}}\,dx = 4\ln(4) - 4\,.$

Esercizio 16.11: $\displaystyle\int_0^4 \frac{x-7\sqrt{x}+12}{x\sqrt{x}-6x+9\sqrt{x}}\,dx = 4 + 2\ln(3)$

Esercizio 16.12: L'area dell'ellisse è $ab\pi$

Soluzioni

Esercizio 16.1: SOLUZIONE

L'area si calcola facilmente perché è l'area di un triangolo rettangolo che ha sia base che altezza uguale ad a e quindi è $\frac{a^2}{2}$.

È utile però, per capire meglio il concetto di integrale definito, calcolarla in questo modo: dividiamo il segmento dell'asse x di estremi 0 e a in n segmenti uguali e su ognuno costruiamo un rettangolino alto quanto il massimo della funzione in quell'intervallo.

Precisamente abbiamo che l'i-esimo degli n rettangolini misura $\frac{a}{n}$ alla base e $\frac{ia}{n}$ in altezza, quindi la sua area è $\frac{a}{n} \cdot \frac{ia}{n} = i\frac{a^2}{n^2}$. Allora la somma delle aree è

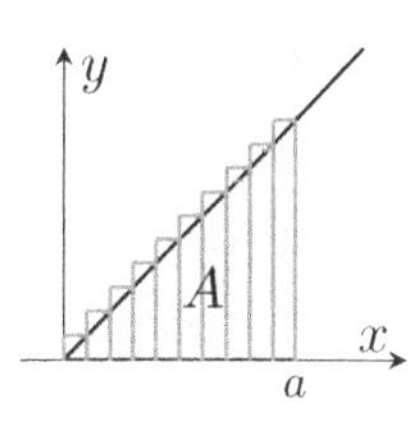

$$\sum_{i=1}^{n} i \cdot \frac{a^2}{n^2} = \frac{a^2}{n^2} \cdot \sum_{i=1}^{n} i$$

Tenendo conto che (come si può dimostrare facilmente) $\sum_{i=1}^{n} i = \frac{n(n+1)}{2}$ risulta che la somma delle aree è

$$\frac{a^2}{n^2} \cdot \frac{n(n+1)}{2} = \frac{a^2}{2} \cdot \frac{n(n+1)}{n^2} = \frac{a^2}{2} \cdot (1 + \frac{1}{n})$$

Al crescere di n abbiamo l'approssimazione per eccesso di A

$$A \leq \lim_{n\to\infty} \left(\frac{a^2}{2} \cdot (1 + \frac{1}{n}) \right) = \frac{a^2}{2} \cdot \lim_{n\to\infty} (1 + \frac{1}{n}) = \frac{a^2}{2}$$

Analogamente, approssimando per difetto con rettangolini "sotto il grafico", otteniamo lo stesso limite $\frac{a^2}{2}$.

Conclusione: $\boxed{A = \frac{a^2}{2}}$.

Esercizio 16.2: SOLUZIONE

Come nell'esercizio precedente dividiamo il segmento dell'asse x tra 0 e a in n parti uguali. Consideriamo il j-esimo rettangolino: le misure di base e altezza sono $\frac{a}{n}$ e $f(\frac{ja}{n}) = (\frac{ja}{n})^2$ (valore massimo della funzione nell'intervallo $[\frac{(j-1)a}{n}, \frac{ja}{n}]$). La somma di queste aree è dunque

$$\sum_{j=1}^{n} \frac{a}{n} \cdot \left(\frac{ja}{n}\right)^2 = \frac{a^3}{n^3} \cdot \sum_{j=1}^{n} j^2$$

Si dimostra facilmente che $\sum_{j=1}^{n} j^2 = \frac{n(n+1)(2n+1)}{6} = \frac{2n^3+3n^2+n}{6}$, e quindi l'area della regione a scalini è

$$\left(\frac{a}{n}\right)^3 \cdot \frac{2n^3 + 3n^2 + n}{6} = \frac{a^3}{3} \cdot \left(1 + \frac{3}{2n} + \frac{1}{2n^2}\right)$$

Al crescere di n abbiamo l'approssimazione per eccesso di A

$$B \leq \frac{a^3}{3} \cdot \lim_{n\to\infty} \left(1 + \frac{3}{2n} + \frac{1}{2n^2}\right) = \frac{a^3}{3}$$

Se calcoliamo l'approssimazione per difetto con analoghi rettangolini "sotto la parabola", otteniamo ancora il limite $\frac{a^3}{3}$.

Conclusione: $\boxed{B = \frac{a^3}{3}}$.

Esercizio 16.3: SOLUZIONE

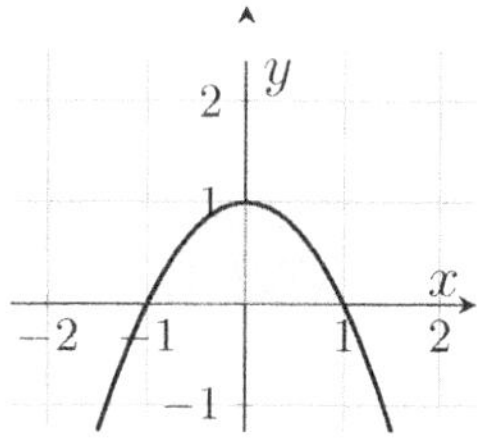

Area di $S = \{x, y \in \mathbb{R}^2 \mid x \in [-1, 1],\ y \in [0, 1 - x^2]\}$:
L'area di S è $\int_{-1}^{1} 1 - x^2\, dx = (x - \frac{x^3}{3})\Big|_{-1}^{1} = 1 - \frac{1}{3} - (-1 + \frac{1}{3}) = \frac{4}{3}$.

Conclusione: L'area di S è $\frac{4}{3}$

Esercizio 16.4: SOLUZIONE

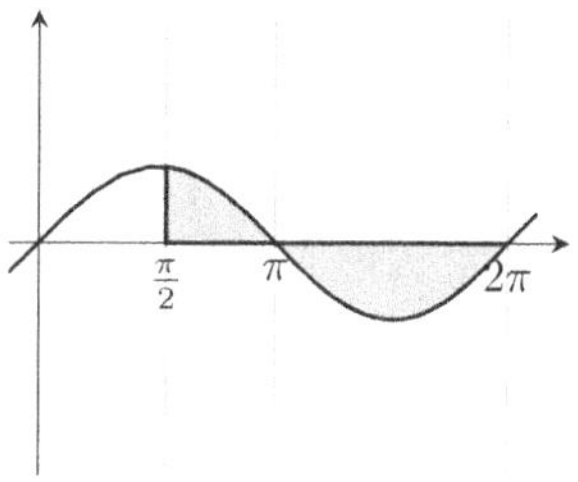

$\int_{\frac{\pi}{2}}^{2\pi} |\sin(x)|\, dx$:

$$\int_{\frac{\pi}{2}}^{\pi} \sin(x)\, dx - \int_{\pi}^{2\pi} \sin(x)\, dx =$$
$$= -\cos(x)\Big|_{\frac{\pi}{2}}^{\pi} - \left(-\cos(x)\Big|_{\pi}^{2\pi}\right) =$$
$$= -\cos(\pi) + \cos(\tfrac{\pi}{2}) + \cos(2\pi) - \cos(\pi) =$$
$$= 1 + 0 + 1 + 1 = 3.$$

Conclusione: L'area A è 3

Esercizio 16.5: SOLUZIONE

Area compresa tra le rette $x = 0$, $x = 2$ e i grafici delle funzioni $\alpha(x) = x^3$, $\beta(x) = -x + 2$:
I due grafici si intersecano quando $x^3 = -x + 2$ quindi $x^3 + x - 2 = 0$.

Siccome $x^3 + x - 2 = (x - 1)(x^2 + x + 2)$ l'unica soluzione reale è $x = 1$, e appartiene al nostro intervallo $[0, 2]$.
Nell'intervallo $[0, 1]$ si ha $\beta(x) \geq \alpha(x)$ e nell'intervallo $[1, 2]$ $\beta(x) \leq \alpha(x)$, e quindi l'area è

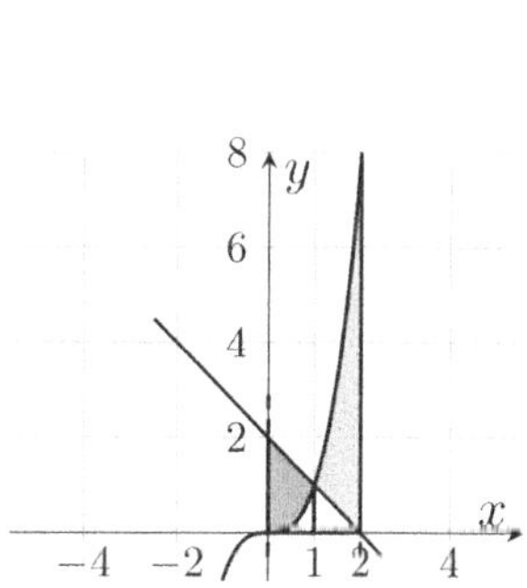

$$\int_0^1 -x + 2 - x^3\, dx \quad + \quad \int_1^2 x^3 + x - 2\, dx =$$
$$= (-\tfrac{x^2}{2} + 2x - \tfrac{x^4}{4})\Big|_0^1 \quad + \quad (\tfrac{x^4}{4} + \tfrac{x^2}{2} - 2x)\Big|_1^2 =$$
$$= (-\tfrac{1}{2} + 2 - \tfrac{1}{4}) - (0) + (\tfrac{16}{4} + \tfrac{4}{2} - 4) - (\tfrac{1}{4} + \tfrac{1}{2} - 2) = \tfrac{9}{2}$$

Conclusione: L'area della regione è $\frac{9}{2}$

Esercizio 16.6: SOLUZIONE

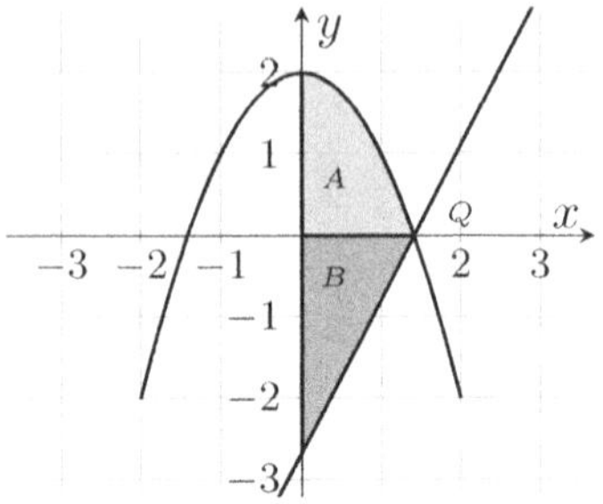

$f(x) = 2 - x^2$ e Q il punto di intersezione del grafico di f con il semiasse positivo delle x.

(a) Calcolare l'area A

(b) Determinare r passante per Q tale che le aree A e B siano uguali.

(a) Determiniamo l'ascissa del punto Q:
$f(x) = 0$ quindi $x^2 = 2$ con $x > 0$ da cui $x = \sqrt{2}$. Allora $Q = (\sqrt{2}, 0)$.

Nell'intervallo $[0, \sqrt{2}]$ si ha $f(x) \geq 0$.
Quindi $A = \displaystyle\int_0^{\sqrt{2}} (2 - x^2)\, dx = (2x - \frac{x^3}{3})\Big|_0^{\sqrt{2}} = 2\sqrt{2} - \frac{(\sqrt{2})^3}{3} = \frac{6\sqrt{2} - 2\sqrt{2}}{3} = \frac{4\sqrt{2}}{3}$.

Conclusione: L'area A è $\frac{4\sqrt{2}}{3}$

(b) *L'area B si può determinare in due modi:*

(1) Determiniamo il punto $P(0, p)$ con $p < 0$ tale che l'area B del triangolo OPQ sia uguale ad A, quindi $\frac{\sqrt{2}(-p)}{2} = A = \frac{4\sqrt{2}}{3}$ da cui $p = \frac{-8}{3}$. Allora r è la retta per i due punti $P(0, -\frac{8}{3})$ e $Q(\sqrt{2}, 0)$: $(x - 0, y + \frac{8}{3}) = (Q - P)t$ $t \in \mathbb{R}$.

Conclusione: Un'equazione di r, in forma parametrica, è $\begin{cases} x = \sqrt{2}t \\ y = \frac{8}{3}t - \frac{8}{3} \end{cases}$

(2) La retta generica (non verticale) passante per Q ha equazione $(y - 0) = m(x - \sqrt{2})$.

Calcoliamo l'area come integrale della funzione $g(x) = m(x - \sqrt{2})$: dalla figura vediamo che $m > 0$ e quindi $g(x) \leq 0$ in $[0, \sqrt{2}]$, allora

$$B = -\int_0^{\sqrt{2}} m(x - \sqrt{2})dx = -m(\frac{x^2}{2} - \sqrt{2}x)\Big|_0^{\sqrt{2}} = -m(1 - 2) = m$$

quindi le due aree sono uguali se $m = \frac{4\sqrt{2}}{3}$, da cui $y = \frac{4\sqrt{2}}{3}(x - \sqrt{2})$.

Conclusione: Un'equazione di r, in forma cartesiana, è $\frac{3}{4}y - \sqrt{2}x + 2 = 0$

(è la stessa retta di (1)!)

Esercizio 16.7: SOLUZIONE

Con riferimento alla figura:

(a) Calcolare l'area B per $a = \frac{1}{3}$

(b) Determinare $a \in (0,1)$ tale che le aree A e B siano uguali.

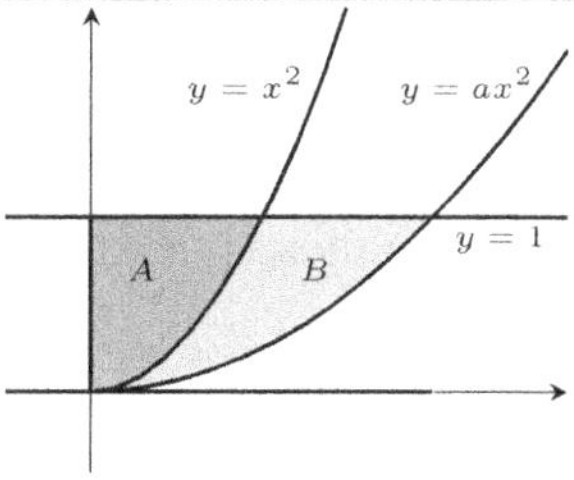

(a) Chiamiamo C l'area delle due regioni, allora $B = C - A$.

La retta $y = 1$ e la parabola $y = \frac{1}{3}x^2$ si intersecano dove $\frac{1}{3}x^2 = 1$ e quindi, con $x > 0$, per $x = \sqrt{3}$.

L'area A è $\displaystyle\int_0^1 1 - x^2\,dx = 1 - \frac{1}{3} = \frac{2}{3}$.

Allora $B = \displaystyle\int_0^{\sqrt{3}} 1 - \frac{1}{3}x^2\,dx - A = (x - \frac{1}{9}x^3)\Big|_0^{\sqrt{3}} - \frac{2}{3} = \sqrt{3} - \frac{3\sqrt{3}}{9} - 0 - \frac{2}{3}$.

Conclusione: L'area B per $a = \frac{1}{3}$ è $\frac{2}{3}(\sqrt{3} - 1)$

(b) Dobbiamo imporre che l'area B sia $\frac{2}{3}$, ossia

$$\frac{2}{3} = \int_0^{\frac{1}{\sqrt{a}}} 1 - ax^2\,dx - \frac{2}{3} = (x - \frac{a}{3}x^3)\Big|_0^{\frac{1}{\sqrt{a}}} - \frac{2}{3}$$

che equivale a $\frac{1}{\sqrt{a}}(1 - \frac{1}{3}) = \frac{4}{3}$ da cui $\frac{1}{\sqrt{a}} = 2$ e quindi:

Conclusione: Le aree sono uguali per $a = \frac{1}{4}$

Esercizio 16.8: SOLUZIONE

IMPORTANTE: Quando si usa la sostituzione in un integrale definito bisogna **sostituire** anche gli **estremi di integrazione**.

Sostituzione $x = h(t) = \ln(t)$ per $t > 0$, allora $h'(t) = \frac{1}{t}$ e $t = e^x$: per x che varia tra 0 e 1 abbiamo che t varia tra e^0 e e^1. Si ottiene

$$\int_0^1 \frac{1}{1+e^x}\,dx = \int_{e^0}^{e^1} \frac{1}{1+e^{h(t)}} h'(t)\,dt = \int_1^e \frac{1}{t+1} \cdot \frac{1}{t}\,dt$$

Ora ricaviamo A e B tali che $\frac{1}{(t+1)t} = \frac{A}{t+1} + \frac{B}{t} = \frac{At+(t+1)B}{(t+1)t}$: risolviamo l'identità $1 = (A+B)t + B$ e otteniamo $B = 1, A = -1$. Quindi

$$\int_1^e \frac{-1}{t+1} + \frac{1}{t}\,dt = \left(-\ln(t+1) + \ln(t)\right)\Big|_1^e = -\ln(e+1) + \ln(e) + \ln(2) - \cancel{\ln(1)}$$

Conclusione: $\boxed{\int_0^1 \frac{1}{1+e^x}\,dx \;=\; -\ln(e+1)+\ln(2)+1}$

Osservazione: Alternativamente possiamo calcolare una primitiva con la stessa tecnica di sostituzione:

$$\int \frac{1}{1+e^x}\,dx \;=\; -\ln(t+1)+\ln(t)+c \;=\; -\ln(e^x+1)+x+c$$

e poi valutare negli originari estremi di integrazione 0 e 1:

$$\big(-\ln(e^x+1)+x\big)\Big|_0^1 \;=\; \big(-\ln(e^1+1)+1\big) \;+\; \big(\ln(e^0+1)-0\big)$$

e ugualmente otteniamo $-\ln(e+1)+1+\ln(2)$

Esercizio 16.9: SOLUZIONE

$\int_0^2 \sqrt{4-x^2}\,dx$. Sostituiamo $x = h(t) = 2\sin(t)$. Allora $h'(t) = 2\cos(t)$; $x=0$ per $t\in\{k\pi \mid k\in\mathbb{Z}\}$ e $x=2$ per $t\in\{\frac{\pi}{2}+2k\pi \mid k\in\mathbb{Z}\}$.
Scegliamo $t\in[0,\frac{\pi}{2}]$ (scelta naturale e, come vedremo tra poco, anche utile!) e otteniamo

$$\begin{aligned}
\int_0^2 \sqrt{4-x^2}\,dx &= \int_0^{\frac{\pi}{2}} 2\sqrt{(\cos(t))^2}\cdot 2\cos(t)\,dt\\
&= 4\int_0^{\frac{\pi}{2}} |\cos(t)|\cdot\cos(t)\,dt\\
\Big(\cos(t)\geq 0 \text{ per } t\in[0,\tfrac{\pi}{2}] \;\Rightarrow\Big) &= 4\cdot\int_0^{\frac{\pi}{2}} (\cos(t))^2\,dt\\
\Big(\text{esercizio 15.13, pag. 129} \Rightarrow\Big) &= 4\cdot\frac{\sin(t)\cos(t)+t}{2}\Big|_0^{\frac{\pi}{2}} \;=\; \pi
\end{aligned}$$

Conclusione: $\boxed{\int_0^2 \sqrt{4-x^2}\,dx = \pi}$ In generale, per qualunque numero reale $a>0$, sostituiamo $x=h(t)=a\sin(t)$, e otteniamo $\int_0^a \sqrt{a^2-x^2}\,dx = a^2\frac{\pi}{4}$.

Esercizio 16.10: SOLUZIONE

In tutti i casi sostituiamo $x=h(t)=t^2$ dove $t\in[0,+\infty)$; allora $h'(t)=2t$.

(a) $x=0$ per $t=0$ e $x=\frac{\pi^2}{4}$ per $t=\frac{\pi}{2}$. Quindi $\int_0^{\frac{\pi^2}{4}} \cos(\sqrt{x})\,dx =$

$$\int_0^{\frac{\pi}{2}} \cos(t)\cdot 2t\,dt = (\text{per parti...}) = 2(t\sin(t)+cos(t))\Big|_0^{\frac{\pi}{2}} = (\ldots) = \pi-2\,.$$

(b) $x=1$ per $t=1$ e $x=4$ per $t=2$. Quindi $\int_1^4 e^{-\sqrt{x}}\,dx =$
$\int_1^2 e^{-t}\cdot 2t\,dt =$ (per parti...) $= 2(-te^{-t}-e^{-t})\Big|_1^2 = (...) = -\frac{6}{e^2}+\frac{4}{e}$.

(c) $x=1$ per $t=1$ e $x=4$ per $t=2$.
Quindi $\int_1^4 \frac{\ln(x)}{\sqrt{x}}\,dx = \int_1^2 \frac{\ln(t^2)}{t}\cdot 2t\,dt = 2\int_1^2 \ln(t^2)\,dt$.
Con procedimento analogo a quello usato nell'esercizio 15.11 (pag. 129) si ottiene $\int \ln(t^2)\,dt = t\ln(t^2) - \int t\cdot\frac{2t}{t^2}\,dt = t\ln(t^2)-2t+c$.

Allora $\int_1^2 \ln(t^2)\,dt = (t\ln(t^2)-2t)\Big|_1^2 = (...) = 2\ln(4)-2$.

Conclusione: $\boxed{\int_1^4 \frac{\ln(x)}{\sqrt{x}}\,dx = 4\ln(4)-4}$

Procedimento alternativo: Poiché per $t\in[1,2]$ vale $\ln(t^2)=2\ln(t)$, si ha $\int_1^2 \ln(t^2)\,dt = 2\int_1^2 \ln(t)\,dt$ e si può applicare direttamente il risultato dell'esercizio 15.11.

Esercizio 16.11: SOLUZIONE

$\int_0^4 \frac{x-7\sqrt{x}+12}{x\sqrt{x}-6x+9\sqrt{x}}\,dx$.
Sostituiamo $x=h(t)=t^2$ dove $t\in[0,+\infty)$;
allora $h'(t)=2t$ e $x=0$ per $t=0$ e $x=4$ per $t=2$.
Quindi $\int_0^4 \frac{x-7\sqrt{x}+12}{x\sqrt{x}-6x+9\sqrt{x}}\,dx =$

$$= \int_0^2 \frac{t^2-7t+12}{t^3-6t^2+9t}\cdot 2t\,dt = 2\int_0^2 \frac{t^2-7t+12}{t^2-6t+9}\,dt = (...)$$

$$= 2\int_0^2 1+\frac{-t+3}{t^2-6t+9}\,dt = 2\int_0^2 1-\frac{t-3}{(t-3)^2}\,dt = 2\int_0^2 1-\frac{1}{(t-3)}\,dt$$

$$= 2t\Big|_0^2 - 2(\ln(|t-3|)\Big|_0^2 = 4+2\ln(3).$$

Conclusione: $\boxed{\int_0^4 \frac{x-7\sqrt{x}+12}{x\sqrt{x}-6x+9\sqrt{x}}\,dx = 4+2\ln(3)}$

Esercizio 16.12: SOLUZIONE

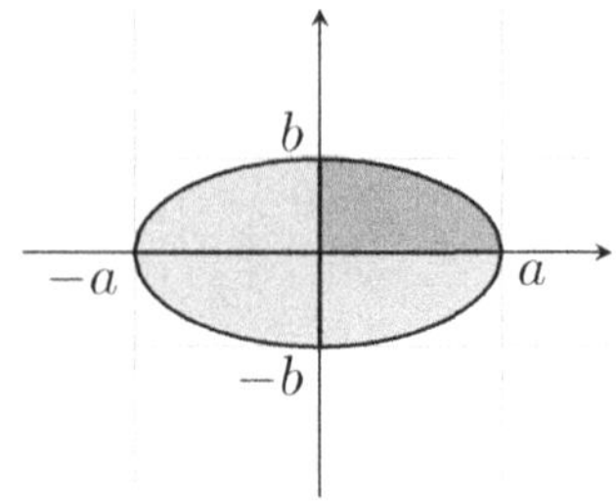

$\frac{x^2}{a^2} + \frac{y^2}{b^2} = 1$ (con $a > 0$ e $b > 0$):
per $y \geq 0$ si ha $y = \sqrt{\frac{b^2}{a^2}(a^2 - x^2)} = \frac{b}{a}\sqrt{a^2 - x^2}$.

Per la simmetria rispetto agli assi coordinati, l'area dell'ellisse si può ottenere come "4 volte l'area scura":

$$4\int_0^a \frac{b}{a}\sqrt{a^2 - x^2}\,dx \quad = \quad 4\,\frac{b}{a}\int_0^a \sqrt{a^2 - x^2}\,dx$$

Come indicato alla fine dell'esercizio 16.9, con la sostituzione $x = a\sin(t)$ e procedimento analogo, si ottiene

$$\int_0^a \sqrt{a^2 - x^2}\,dx \quad = \quad a^2 \cdot \frac{\sin(t)\cos(t) + t}{2}\Big|_0^{\frac{\pi}{2}} \quad = \quad a^2\frac{\pi}{4}$$

Conclusione: L'area dell'ellisse è $4\,\frac{b}{a} \cdot a^2\,\frac{\pi}{4}$, quindi è $ab\pi$

Capitolo 17

Geometria: vettori

Fissiamo nel piano reale un **sistema di coordinate ortogonali monometrico** e vediamo le operazioni sui vettori, sia dal punto di vista geometrico che analitico.

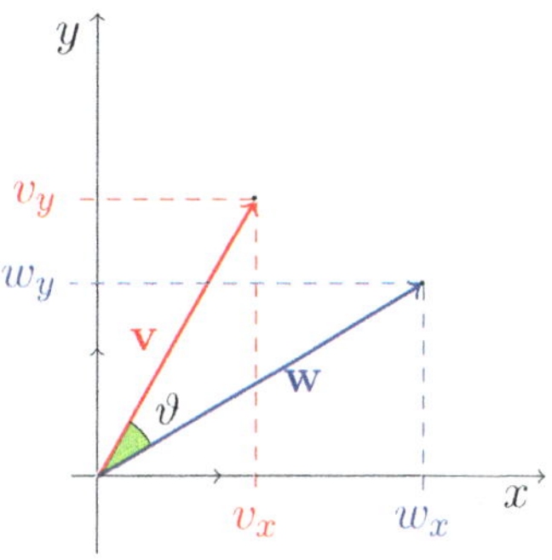

Siano dati i vettori $\mathbf{v} = (v_x, v_y)$ e $\mathbf{w} = (w_x, w_y)$, e uno scalare (cioè un numero) $\alpha \in \mathbb{R}$.

ATTENZIONE: lo stesso simbolo "$\cdot$" viene usato per diverse operazioni: *prodotto (di numeri), prodotto di vettore per scalare, prodotto scalare (di vettori).*

somma di vettori $\mathbf{v}+\mathbf{w}$	vettore	regola del parallelogrammo	(v_x+w_x, v_y+w_y)
prodotto per scalare $\alpha \cdot \mathbf{v}$	vettore	"allungamento" di fattore α	$(\alpha v_x, \alpha v_y)$
prodotto scalare $\mathbf{v} \cdot \mathbf{w}$	scalare	$\lvert\mathbf{v}\rvert \cdot \lvert\mathbf{w}\rvert \cdot \cos(\vartheta)$	$v_x \cdot w_x + v_y \cdot w_y$
area del parallelogrammo	scalare	"base $\cdot$ altezza"	$\left\lvert \det \begin{pmatrix} v_x & w_x \\ v_y & w_y \end{pmatrix} \right\rvert = = \lvert v_x w_y - w_x v_y \rvert$
modulo (o lunghezza) $\lvert\mathbf{v}\rvert$	scalare	lunghezza	$\sqrt{\mathbf{v}\cdot\mathbf{v}}$
versore vers($\mathbf{v}$)	vettore	vettore lungh.1 stessa direz. e verso	$\frac{1}{\lvert\mathbf{v}\rvert} \cdot \mathbf{v}$

Dalla definizione di prodotto scalare segue che

(a) $\mathbf{v}$ e $\mathbf{w}$ sono **perpendicolari** (scriviamo $\mathbf{v} \perp \mathbf{w}$) se e solo se $\mathbf{v} \cdot \mathbf{w} = 0$

(b) La **lunghezza** di $\mathbf{v}$ è $\sqrt{\mathbf{v}\cdot\mathbf{v}} = \sqrt{v_x^2 + v_y^2}$ (teorema di Pitagora!)

Esercizi

Esercizi Esercizi

Esercizio 17.1. (base) Nel piano reale sono dati i vettori $\mathbf{u}=(2,3)$, $\mathbf{v}=(0,-2)$, $\mathbf{w}=(-\frac{3}{2},1)$, $w' = \mathbf{u} + \frac{4}{3}\cdot\mathbf{w}$. Risolvere analiticamente, e verificare geometricamente i risultati:

(a) Determinare le lunghezze dei vettori;

(b) Determinare quali coppie di vettori sono paralleli;

(c) Determinare quali coppie di vettori sono perpendicolari.

Esercizio 17.2. (base) Risolvere analiticamente e verificare geometricamente i risultati ottenuti:
(a) trovare un vettore perpendicolare al vettore $\mathbf{v} = (3,4)$;
(b) trovare un vettore perpendicolare sia a $\mathbf{u} = (2,2)$ che a $\mathbf{w} = (0,1)$;
(c) calcolare la lunghezza dei 3 lati del triangolo con vertici nei punti $A(1,2)$, $B(3,1)$, $C(-1,-1)$ e calcolarne l'area;

Esercizio 17.3. (extra) Sia dato nel piano il vettore $\mathbf{v} = (-2,3)$.
(a) trovare un vettore parallelo a $\mathbf{v}$ e di lunghezza 2;
(b) trovare i vettori perpendicolari a $\mathbf{v}$ e di lunghezza 2;
(c) trovare i vettori perpendicolari a $(2,1)$ tali che l'area del parallelogramma formato con $\mathbf{v}$ sia 10 (i vettori si intendono tutti applicati in O);

Esercizio 17.4. (extra) Calcolare il prodotto scalare di due vettori di lunghezza rispettivamente 1 e 2, che formano un angolo di $\pi/6$ (30 gradi). Dare un esempio di due vettori con queste proprietà e applicati in O e calcolare la distanza tra i due estremi.

Risultati

Risultati Risultati

Esercizio 17.1: **(a)** $|\mathbf{u}| = \sqrt{13}$; $|\mathbf{v}| = 2$; $|\mathbf{w}| = \frac{\sqrt{13}}{2}$; $|\mathbf{w}'| = \frac{13}{3}$; **(b)** Una sola coppia di vettori paralleli: $\mathbf{v} \parallel \mathbf{w}'$; **(c)** Una sola coppia di vettori perpendicolari: $\mathbf{u} \perp \mathbf{w}$
Esercizio 17.2: **(a)** Un esempio $(4,-3)$; **(b)** soltanto il vettore nullo; **(c)** $\sqrt{5}, \sqrt{13}, 2\sqrt{5}$; 4.
Esercizio 17.3: **(a)** $(-\frac{4\sqrt{13}}{13}, \frac{6\sqrt{13}}{13})$ (oppure $(\frac{4\sqrt{13}}{13}, -\frac{6\sqrt{13}}{13})$); **(b)** $\{(\frac{6\sqrt{13}}{13}, \frac{4\sqrt{13}}{13}), (-\frac{6\sqrt{13}}{13}, -\frac{4\sqrt{13}}{13})\}$; **(c)** $\{(10,-20), (-10,20)\}$.
Esercizio 17.4: $\sqrt{3}$; $\mathbf{v} = (1,0)$ e $\mathbf{w} = (\sqrt{3},1)$; la distanza tra gli estremi è $\sqrt{5-2\sqrt{3}}$.

Soluzioni

Soluzioni Soluzioni

Esercizio 17.1: SOLUZIONE
$\mathbf{u} = (2,3)$, $\mathbf{v} = (0,-2)$, $\mathbf{w} = (-\frac{3}{2},1)$, $\mathbf{w}' = \mathbf{u} + \frac{4}{3}\cdot\mathbf{w}$. Determiniamo le coordinate di $\mathbf{w}'$: $\mathbf{u} + 2\cdot\mathbf{w} = (2,3) + \frac{4}{3}(-\frac{3}{2},1) = (2,3) + (-2,\frac{4}{3}) = (0,\frac{13}{3})$

(a) Determinare le lunghezze dei vettori:

$|\mathbf{u}| = \sqrt{2^2 + 3^2} = \sqrt{13}$

$|\mathbf{v}| = \sqrt{(-2)^2} = 2$

$|\mathbf{w}| = \sqrt{(\frac{3}{2})^2 + 1^2} = \sqrt{\frac{9}{4} + 1} = \sqrt{\frac{13}{4}} = \frac{\sqrt{13}}{2}$

$|\mathbf{w}'| = \sqrt{0 + (\frac{13}{3})^2} = \frac{13}{3}$

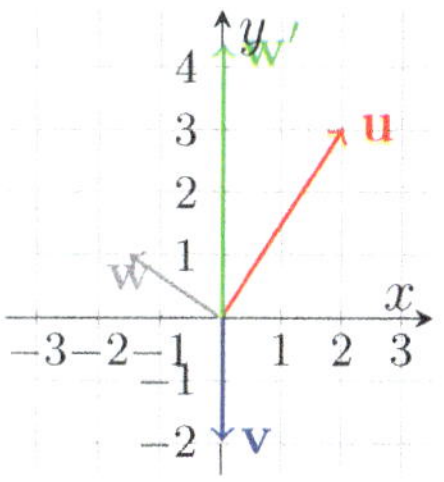

Conclusione:

$|\mathbf{u}| = \sqrt{13}$; $|\mathbf{v}| = 2$; $|\mathbf{w}| = \frac{\sqrt{13}}{2}$; $|\mathbf{w}'| = \frac{13}{3}$.

Verifica: misurare con un righello.

(b) Determinare quali coppie di vettori sono paralleli:

$\mathbf{u} \parallel \mathbf{w}$? NO, perché non è suo multiplo: infatti l'equazione vettoriale $\mathbf{u} = \alpha\mathbf{w}$, equivalente al sistema $\begin{cases} u_x = \alpha w_x \\ u_y = \alpha w_y \end{cases} \longrightarrow \begin{cases} 2 = \alpha\,(-\frac{3}{2}) \\ 3 = \alpha\,1 \end{cases}$ non ammette soluzione.

$\mathbf{v} \parallel \mathbf{w}'$? SÌ, perché sono uno multiplo dell'altro: infatti l'equazione vettoriale $\mathbf{v} = \alpha\mathbf{w}'$, equivalente al sistema $\begin{cases} v_x = \alpha w'_x \\ v_y = \alpha w'_y \end{cases} \longrightarrow \begin{cases} 0 = \alpha\,0 \\ -2 = \alpha\,\frac{13}{3} \end{cases}$ ha soluzione $\alpha = -\frac{6}{13}$, quindi $\mathbf{v} = -\frac{6}{13} \cdot \mathbf{w}'$.

Inoltre tutti i multipli di $\mathbf{v}$ (e di $\mathbf{w}'$) hanno prima coordinata nulla, quindi $\mathbf{v}$ e $\mathbf{w}'$ non sono paralleli né a $\mathbf{u}$ né a $\mathbf{w}$.

Conclusione: Una sola coppia di vettori paralleli: $\mathbf{v} \parallel \mathbf{w}'$

(c) Determinare quali coppie di vettori sono perpendicolari:

$\mathbf{u} \cdot \mathbf{w} = (2,3) \cdot (-\frac{3}{2}, 1) = -3 + 3 = 0$, quindi $\mathbf{u} \perp \mathbf{w}$.

$\mathbf{v} \cdot \mathbf{u} = (0,-2) \cdot (2,3) = 0 - 6 \neq 0$, quindi $\mathbf{v} \not\perp \mathbf{u}$.

$\mathbf{v} \cdot \mathbf{w} = (0,-2) \cdot (-\frac{3}{2}, 1) = 0 - 2 \neq 0$, quindi $\mathbf{v} \not\perp \mathbf{w}$.

$\mathbf{w}' \parallel \mathbf{v}$ quindi anche $\mathbf{w}'$ non è perpendicolare né a $\mathbf{u}$ né a $\mathbf{w}$, e naturalmente $\mathbf{w}' \not\perp \mathbf{v}$.

Conclusione: Una sola coppia di vettori perpendicolari: $\mathbf{u} \perp \mathbf{w}$

Esercizio 17.2: SOLUZIONE

(a) Risolviamo il problema analiticamente:

sia $\mathbf{u}$ il vettore generico $\mathbf{u} = (x, y)$, $\mathbf{u}$ è perpendicolare a $\mathbf{v}$ se e solo se $\mathbf{v} \cdot \mathbf{u} = 0$, quindi se è soluzione di $3x + 4y = 0$.

Ci sono infinite soluzioni: fissiamo un valore $y = 1$, allora $x = -\frac{4}{3}$.

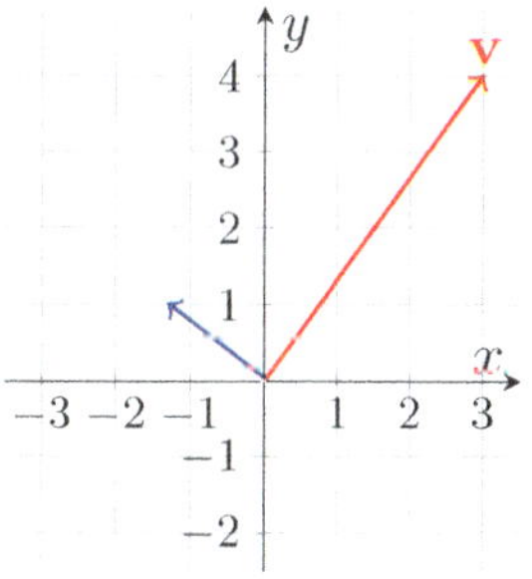

Conclusione: Il vettore $(-\frac{4}{3}, 1)$ è un vettore perpendicolare a $\mathbf{v}$.

Verifica: $(-\frac{4}{3}, 1) \cdot (3, 4) = -\frac{4}{3} \cdot 3 + 1 \cdot 4 = -4 + 4 = 0$

(b) L'intuizione geometrica ci dice che nel piano non esiste nessun vettore (non nullo) perpendicolare sia a $\mathbf{v}$ che a $\mathbf{w}$.

Risolviamo il problema analiticamente: sia $\mathbf{u}$ il vettore generico $\mathbf{u} = (x, y)$,

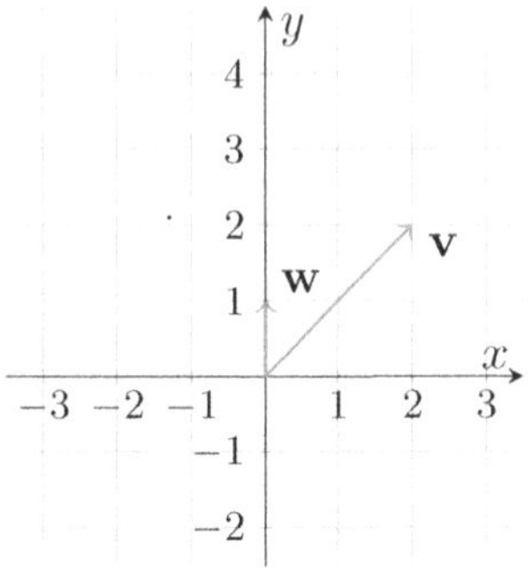

$\mathbf{u}$ è perpendicolare a $\mathbf{v}$ e a $\mathbf{w}$ se e solo se $\mathbf{v} \cdot \mathbf{u} = 0$ e $\mathbf{w} \cdot \mathbf{u} = 0$, quindi se è soluzione del sistema lineare (2 equazioni, 2 incognite): $\begin{cases} 2x + 2y = 0 \\ y = 0 \end{cases}$

Il sistema ha un'unica soluzione: $(0, 0)$.
(*si dice che* $(0,0)$ *è perpendicolare a tutti i vettori del piano*)
Conclusione: Il vettore nullo è l'unico vettore perpendicolare a $\mathbf{v}$ e $\mathbf{w}$.

(c) Siano $\mathbf{v} = (B - A) = (2, -1)$, $\mathbf{u} = (C - A) = (-2, -3)$, $\mathbf{w} = (B - C) = (4, 2)$.
Le lunghezze dei lati del triangolo sono le lunghezze dei tre vettori, quindi
$|\mathbf{v}| = \sqrt{4+1} = \sqrt{5}$
$|\mathbf{u}| = \sqrt{4+9} = \sqrt{13}$
$|\mathbf{w}| = \sqrt{16+4} = 2\sqrt{5}$
Conclusione: Le lunghezze dei lati sono $\sqrt{5}, \sqrt{13}, 2\sqrt{5}$.

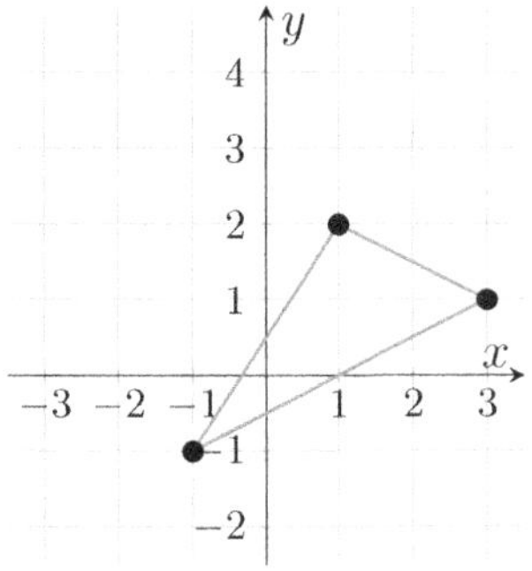

L'area del triangolo è metà dell'area del parallelogramma descritto da due (qualsiasi) dei tre vettori, quindi: $\frac{1}{2}\left|\det\begin{pmatrix} 2 & -1 \\ 4 & 2 \end{pmatrix}\right| = \frac{1}{2}|4 + 4| = 4$
Conclusione: L'area del triangolo è 4.

Verifica: calcoliamo l'area usando altri due vettori

$$\frac{1}{2}\left|\det\begin{pmatrix} 2 & -1 \\ -2 & -3 \end{pmatrix}\right| = \frac{1}{2}|-6 - 2| = 4$$

Esercizio 17.3: SOLUZIONE

(a) Calcoliamo il versore di $\mathbf{v}$ (è parallelo a $\mathbf{v}$, stesso verso, lunghezza 1):
$\text{vers}(\mathbf{v}) = \frac{1}{|\mathbf{v}|} \cdot \mathbf{v} = \frac{1}{\sqrt{(-2)^2 + 3^2}} \cdot \mathbf{v} = \frac{\sqrt{13}}{13} \cdot (-2, 3) = (-\frac{2\sqrt{13}}{13}, \frac{3\sqrt{13}}{13})$.
Conclusione: $\mathbf{w} = 2 \cdot \text{vers}(\mathbf{v}) = (-\frac{4\sqrt{13}}{13}, \frac{6\sqrt{13}}{13})$ è un vettore parallelo a $\mathbf{v}$ e ha lunghezza 2. (anche $-\mathbf{w}$)

Verifica: $\mathbf{w} = \frac{2\sqrt{13}}{13}\cdot\mathbf{v}$, quindi è parallelo a $\mathbf{v}$

e $|\mathbf{w}| = \sqrt{(-\frac{4\sqrt{13}}{13})^2 + (\frac{6\sqrt{13}}{13})^2} = \sqrt{\frac{16}{13} + \frac{36}{13}} = \sqrt{\frac{52}{13}} = \sqrt{4} = 2$

(b) *Disegnare il vettore* $\mathbf{v}=(-2,3)$ *applicato nell'origine e i vettori di lunghezza 2 perpendicolari a* $\mathbf{v}$

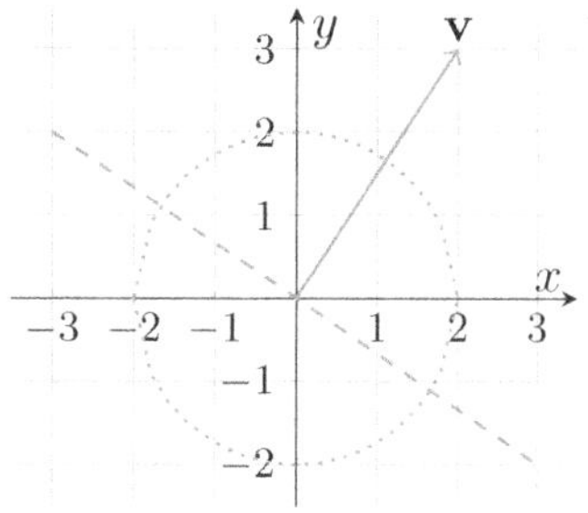

Impostiamo il problema analiticamente: dato un vettore generico $\mathbf{u} = (x, y)$, imponiamo $|\mathbf{u}| = 2$ e $\mathbf{u} \perp \mathbf{v}$:

$$\begin{cases} |\mathbf{u}| = 2 \\ \mathbf{u} \perp \mathbf{v} \end{cases} \rightarrow \begin{cases} \mathbf{u}\cdot\mathbf{u} = 4 \\ \mathbf{u}\cdot\mathbf{v} = 0 \end{cases} \rightarrow \begin{cases} x^2 + y^2 = 4 \\ -2x + 3y = 0 \end{cases}$$

troviamo un sistema di secondo grado (ma non troppo difficile!).

Tecnica: risolviamo **prima la parte lineare**: $\{ -2x + 3y = 0$

Le soluzioni sono i vettori in $\{(3t, 2t) \mid t \in \mathbb{R}\}$.

Tra le soluzioni cerchiamo quelli di lunghezza 2:

$|(3t, 2t)| = 2 \iff 13\cdot t^2 = 4 \iff t \in \{-2\frac{\sqrt{13}}{13}, 2\frac{\sqrt{13}}{13}\}$.

Conclusione: $\mathbf{u} \in \{(6\frac{\sqrt{13}}{13}, 4\frac{\sqrt{13}}{13}), (-6\frac{\sqrt{13}}{13}, -4\frac{\sqrt{13}}{13})\}$.

Verifica: *Verificare anche sul disegno*

$|(6\frac{\sqrt{13}}{13}, 4\frac{\sqrt{13}}{13})| = \sqrt{\frac{36}{13} + \frac{16}{13}} = 2$ e $(6\frac{\sqrt{13}}{13}, 4\frac{\sqrt{13}}{13})\cdot(-2,3) = 0$

$|(-6\frac{\sqrt{13}}{13}, -4\frac{\sqrt{13}}{13})| = \sqrt{\frac{36}{13} + \frac{16}{13}} = 2$ e $(-6\frac{\sqrt{13}}{13}, -4\frac{\sqrt{13}}{13})\cdot(-2,3) = 0$

(c) *Disegnare i vettori*

Impostiamo il problema algebricamente: vettore generico $\mathbf{u} = (x, y)$ tale che

$$\begin{cases} \mathbf{u} \perp \mathbf{v} \\ \text{area} = 10 \end{cases} \longrightarrow \begin{cases} \mathbf{u}\cdot\mathbf{v} = 0 \\ \left|\det\begin{pmatrix} x & y \\ -2 & 3 \end{pmatrix}\right| = 10 \end{cases} \longrightarrow \begin{cases} 2x + y = 0 \\ |3x + 2y| = 10 \end{cases}$$

Risolviamo **prima la parte lineare**: $\{2x + y = 0$

Le soluzioni sono i vettori in $\{(-\frac{1}{2}t, t) \mid t \in \mathbb{R}\}$.

Tra le soluzioni imponiamo che l'area sia 10:

$$\left|\det\begin{pmatrix} -\frac{1}{2}t & t \\ -2 & 3 \end{pmatrix}\right| = 10 \Leftrightarrow |-\tfrac{3}{2}t + 2t| = 10 \Leftrightarrow \tfrac{1}{2}t \in \{-10, 10\} \Leftrightarrow t \in \{-20, 20\}$$

Conclusione: $\mathbf{u} \in \{(10, -20), (-10, 20)\}$.

Verifica:

$(10, -20) \perp (2, 1)$: infatti $(10, -20)\cdot(2, 1) = 20 - 20 = 0$

e l'area è 10: infatti $\left|\det\begin{pmatrix} 10 & -20 \\ -2 & 3 \end{pmatrix}\right| = |30 - 40| = 10$

$(-10,20) \perp (2,1)$: infatti $(-10,20)\cdot(2,1) = -20+20 = 0$

e l'area è 10: infatti $\left|\det\begin{pmatrix}-10 & 20\\ -2 & 3\end{pmatrix}\right| = |-30+40| = 10$

Esercizio 17.4: SOLUZIONE

(a) Usiamo la definizione $\mathbf{u}\cdot\mathbf{v} = |\mathbf{u}|\cdot|\mathbf{v}|\cdot\cos(\vartheta) = 1\cdot 2\cdot\cos(\frac{\pi}{6}) = 2\cdot\frac{\sqrt{3}}{2} = \sqrt{3}$.

Scegliamo come primo vettore $\mathbf{v} = (1,0)$. Allora il vettore $\mathbf{u} = (\sin(\frac{\pi}{6}), \cos(\frac{\pi}{6})) = (\frac{\sqrt{3}}{2}, \frac{1}{2})$ forma un angolo di $\frac{\pi}{6}$ con $\mathbf{v}$ e la sua lunghezza è $|\mathbf{u}| = \sqrt{\frac{3}{4}+\frac{1}{4}} = 1$.

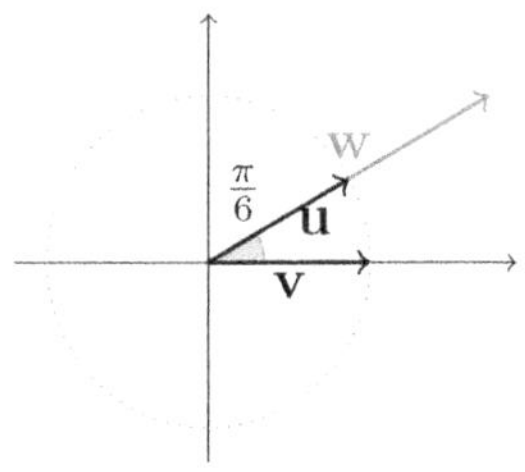

Conclusione: i vettori $\mathbf{v} = (1,0)$ e $\mathbf{w} = 2\mathbf{u} = (\sqrt{3},1)$ hanno lunghezza rispettivamente 1 e 2, e formano un angolo di $\pi/6$. La distanza tra gli estremi è $\sqrt{(\sqrt{3}-1)^2+1^2} = \sqrt{5-2\sqrt{3}} \approx 1.24$

Capitolo 18

Geometria: rette nel piano

Riassumiamo in una tabella le proprietà espresse dalle equazioni di una retta nel piano in forma cartesiana e in forma parametrica. Il punto chiave dell'interpretazione è che la prima evidenzia la **perpendicolarità**, e la seconda il **parallelismo**, a un **vettore** $\boldsymbol{(a, b)}$ immediatamente riconoscibile nell'equazione.

Nota: nella scuola superiore si usa la scrittura funzionale $y = mx+q$, ad esclusione delle rette verticali. Usando il linguaggio dei vettori possiamo rappresentare qualsiasi retta; inoltre questo linguaggio, a differenza di quello funzionale, si applica anche alla geometria nello spazio.

in $\mathbb{R}^2$	**Forma cartesiana**	**Forma parametrica**
retta passante per $\boldsymbol{P_0(x_0, y_0)}$	$r : ax + by + c = 0$	$s : \begin{cases} x = at + x_0 \\ y = bt + y_0 \end{cases} \quad t \in \mathbb{R}$ $s : (at+x_0,\ bt+y_0) \quad t \in \mathbb{R}$
	$r \perp \mathbf{v} = (a, b)$	$s \parallel \mathbf{v} = (a, b)$
	$r : (P - P_0) \cdot (a, b) = 0$	$s : P - P_0 = t(a, b) \quad t \in \mathbb{R}$
	$r : a(x - x_0) + b(y - y_0) = 0$	$s : \begin{cases} x - x_0 = at \\ y - y_0 = bt \end{cases} \quad t \in \mathbb{R}$
	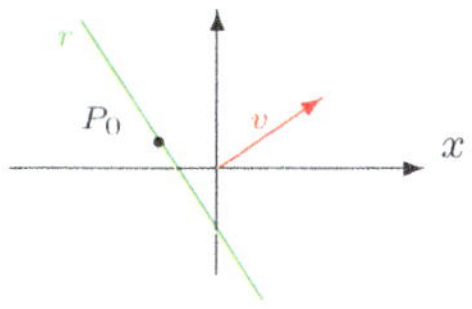	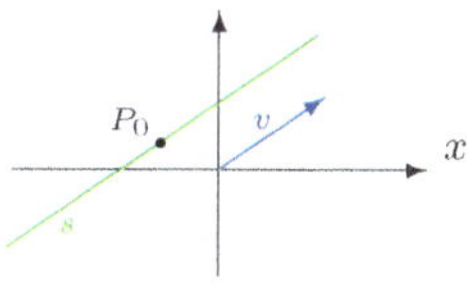

Esercizi

Esercizi Esercizi

Esercizio 18.1. (base) Sia r la retta nel piano reale di equazione $y = 2x-3$.
(a) Determinare un vettore ortogonale a r;
(b) determinare un vettore parallelo a r (**vettore direzionale**);
(c) determinare tre punti su r;
(d) scrivere r in forma parametrica;
(e) disegnare r e verificare i risultati precedenti.

Esercizio 18.2. (base) Nel piano reale sia s la retta $\begin{cases} x = 2t+1 \\ y = -3t+2 \end{cases} \quad t \in \mathbb{R}$.
(a) Determinare un vettore parallelo a s;
(b) determinare un vettore ortogonale a s;
(c) determinare tre punti su s;
(d) scrivere s in forma cartesiana;
(e) disegnare s e verificare i risultati precedenti.

Esercizio 18.3. (base) Siano dati il punto $P(-1,3)$ e la retta $r : x+2y+5=0$. Determinare
(a) un vettore perpendicolare a r;
(b) un vettore direzionale di r;
(c) la retta passante per P e parallela a r;
(d) la retta passante per P e perpendicolare a r.

Esercizio 18.4. (base) Siano date le rette nel piano

$$r : x+2y-2=0 \quad s : -\tfrac{1}{2}x-y+1=0 \quad r' : \begin{cases} x=t+1 \\ y=2-t \end{cases} t \in \mathbb{R} \quad s' : \begin{cases} x=2+t \\ y=2t \end{cases} t \in \mathbb{R}$$

(a) per ogni coppia dire se le rette sono perpendicolari o parallele.
(b) Trovare l'intersezione di r e s, di r e r', di r e s', di r' e s'.

Esercizio 18.5. (base) Scrivere una rappresentazione in forma cartesiana oppure in forma parametrica, e verificare la risposta,
(a) della retta passante per $A(-2,3)$ e $B(0,2)$.
(b) della retta passante per $A(-2,3)$ e parallela a $r : x + 2y - 2 = 0$.
(c) della retta passante per $A(-2,3)$ e parallela a $r : (7t, -5t-2)\ t \in \mathbb{R}$.

Esercizio 18.6. (a) I punti $A(1,3)$, $B(-1,2)$, $C(4,5)$ sono allineati? Se sì, determinare la retta che li contiene.
(b) I punti $A(1,3)$, $B(-1,1)$, $C(4,6)$ sono allineati? Se sì, determinare la retta che li contiene.

Risultati

Esercizio 18.1: **(a)** $(2,-1) \perp r$; **(b)** $(1,2) \parallel r$;
(c) $(0,-3)$, $(1,-1)$, $(2,1)$; **(d)** $r : \begin{cases} x = t \\ y = 2t-3 \end{cases} \quad t \in \mathbb{R}$

Esercizio 18.2: **(a)** $(2,-3) \parallel s$; **(b)** $(3,2) \perp s$
(c) $(-1,5)$, $(1,2)$, $(3,-1)$; **(d)** $3x+2y-7=0$

Esercizio 18.3: **(a)** $(1,2)$; **(b)** $(2,-1)$; **(c)** $s : x+2y-5=0$;
(d) $s' : \begin{cases} x = t-1 \\ y = 2t+3 \end{cases} \quad t \in \mathbb{R}$

Esercizio 18.4: **(a)** $r \parallel s$; r e $s \perp s'$;
(b) $r = s$; $r \cap r' = (4,-1)$; $r \cap s' = (2,0)$;
$r' \cap s' = (\frac{7}{3}, \frac{2}{3})$

Esercizio 18.5: **(a)** $(x,y) - A = (B-A)t \quad \Rightarrow (2t-2,\ -t+3)\ t \in \mathbb{R}$;
(b) $((x,y) - A) \cdot (1,2) = 0 \quad \Rightarrow x+2y-4=0$;
(c) $(x,y) - A = (7,-5)t \quad \Rightarrow (7t-2,\ -5t+3)\ t \in \mathbb{R}$.

Esercizio 18.6: **(a)** $B-A = (C-A)t$? No
(b) $B-A = (C-A)t$? Sì. $(t+1, t+3)\ t \in \mathbb{R}$ (equiv. $x-y+2=0$)

Soluzioni

Esercizio 18.1: SOLUZIONE

(a) Sia r la retta di equazione $y = 2x-3$. Allora in forma cartesiana abbiamo $r : 2x-y-3=0$, da cui si legge che il vettore $\mathbf{v} = (2,-1)$, le cui coordinate sono i coefficienti di x e y, è ortogonale a r.
Conclusione: $\mathbf{v} = (2,-1) \perp r$

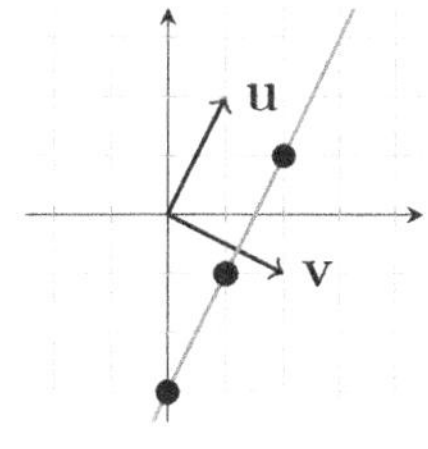

(b) Il vettore $\mathbf{u} = (1,2)$ è ortogonale a $\mathbf{v}$:
infatti $\mathbf{u} \cdot \mathbf{v} = (1,2) \cdot (2,-1) = 2-2 = 0$.
Nel piano, $\mathbf{u} \perp \mathbf{v}$ con $\mathbf{v} \perp r$ implica che $\mathbf{u} \parallel r$.
(*Nello spazio non è vero*)
Conclusione: $\mathbf{u}=(1,2)$ è un vettore direzionale di r.

(c) Risolvendo l'equazione per i valori $x = 0,1,2$ otteniamo rispettivamente i valori di y: $-3,-1$ e 1.
Conclusione: I punti $(0,-3)$, $(1,-1)$, $(2,1)$ appartengono alla retta r.

(d) Per trovare una forma parametrica di r poniamo $x = t$ (con t parametro libero), da cui segue $y = 2t-3$.

Conclusione: Una rappresentazione parametrica di r è $\begin{cases} x = t \\ y = 2t-3 \end{cases}$ $t \in \mathbb{R}$.

Verifica: $(1,2) \parallel r$ e per $t = 0$ otteniamo il punto $(0,-3)$

Esercizio 18.2: Soluzione

(a) Dalla scrittura in forma parametrica $s : (2t+1, -3t+2)$ $t \in \mathbb{R}$ abbiamo le informazioni immediate: $s \parallel \mathbf{v} = (2,-3)$ e $P(1,2) \in s$.
Conclusione: $\mathbf{v} = (2,-3)$ è un vettore parallelo a s.

(b) Il vettore $\mathbf{u}=(3,2)$ è ortogonale a $\mathbf{v}$:
infatti $\mathbf{u} \cdot \mathbf{v} = (3,2) \cdot (2,-3) = 6 - 6 = 0$.
Conclusione: $\mathbf{u}$ è un vettore perpendicolare a s.

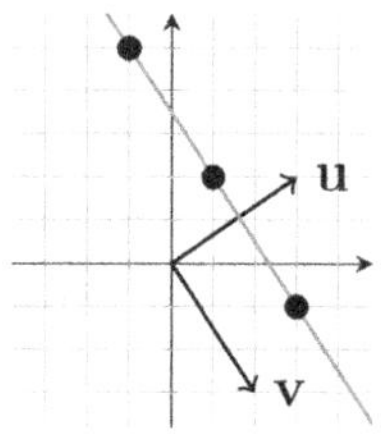

(c) Per tre valori di $t = -1, 0, 1$ otteniamo rispettivamente tre punti sulla retta r.
Conclusione: Tre punti su s: $(-1,5)$, $(1,2)$, $(3,-1)$

(d) Per trovare una forma cartesiana di s ricaviamo t da una equazione, per esempio $t = \frac{1}{2}(x-1)$ dalla prima equazione, e sostituiamo nell'altra: $y = -\frac{3}{2}(x-1) + 2 = \frac{-3x+3+4}{2}$.
Conclusione: $3x + 2y - 7 = 0$ è una forma cartesiana di s.

Verifica: $3(2t+1) + 2(-3t+2) - 7 = \cancel{6t} + 3 - \cancel{6t} + 4 - 7 = 0$ indipendentemente dal parametro $t \in \mathbb{R}$.

Esercizio 18.3: Soluzione

Siano dati il punto $P(-1,3)$ e la retta $r : x+2y+5=0$.

(a) Un vettore perpendicolare a r si legge dalla rappresentazione cartesiana: $\mathbf{v} = (1,2)$, le cui coordinate sono i coefficienti di x e y.
Conclusione: $(1,2) \perp r$.

(b) Un vettore $\mathbf{u} = (a,b) \perp \mathbf{v}$ è parallelo a r: $\mathbf{u} \cdot \mathbf{v} = (a,b) \cdot (1,2) = a+2b$, quindi $\mathbf{u} \perp \mathbf{v}$ se, per esempio $a = 2$ e $b = -1$.
Conclusione: $(2,-1) \parallel r$.

(c) La retta per P e parallela a r in forma cartesiana è $s : (x+1, y-3)\mathbf{v} = 0$: calcoliamo $(x+1, y-3)\mathbf{v} = (x+1, y-3) \cdot (1,2) = x+1+2y-6 = x+2y-5$.
Conclusione: $s : x + 2y - 5 = 0$.

Metodo alternativo: Sappiamo che $\mathbf{u} \parallel r$ allora troviamo facilmente anche la forma parametrica di s: $(x+1, y-3) = t\mathbf{u}$ $t \in \mathbb{R}$.

(d) La retta per P e $\perp r$ in forma parametrica è $(x+1, y-3) = t\mathbf{v}$ $t \in \mathbb{R}$
Conclusione: $s' : \begin{cases} x = t - 1 \\ y = 2t + 3 \end{cases}$ $t \in \mathbb{R}$

Esercizio 18.4: SOLUZIONE

$r : x + 2y = 2$ $\quad s : -1/2x - y = -1$ $\quad r' : \begin{cases} x = t + 1 \\ y = 2 - t \end{cases}$ $\quad s' : \begin{cases} x = 2 + t \\ y = 2t \end{cases}$

(a) Scriviamo i vettori direzionali delle rette:

$\mathbf{v}_r=(2,-1)$, $\mathbf{v}_s=(-1,\frac{1}{2})$, $\mathbf{v}_{r'}=(1,-1)$, $\mathbf{v}_{s'}=(1,2)$.

$\mathbf{v}_r \parallel \mathbf{v}_s$ perché $\mathbf{v}_r= -2\mathbf{v}_s$ (equivalentemente: perché il parallelogramma descritto da $\mathbf{v}_r$ e $\mathbf{v}_s$ ha area nulla)

$\mathbf{v}_r \perp \mathbf{v}_{s'}$ perché $\mathbf{v}_r \cdot \mathbf{v}_{s'}=0$, e quindi anche $\mathbf{v}_s \perp \mathbf{v}_{s'}$

$\mathbf{v}_{r'}$ non è né perpendicolare né parallelo a $\mathbf{v}_r, \mathbf{v}_s, \mathbf{v}_{s'}$.

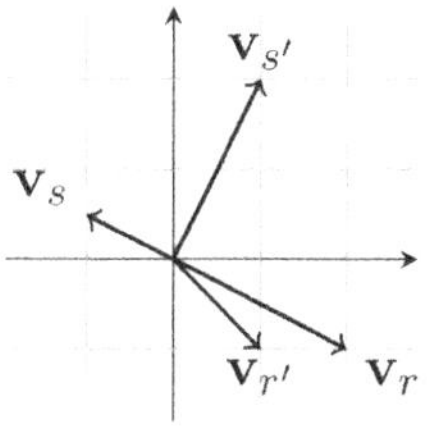

Conclusione: $r \parallel s$; r e $s \perp s'$.

(b) $r \cap s$: per l'intersezione *cart*$\cap$ *cart* si risolve il sistema dato dalle due equazioni: $\begin{cases} x + 2y = 2 \\ -1/2x - y = -1 \end{cases} \Rightarrow \ldots \Rightarrow \begin{cases} x + 2y = 2 \\ 0 = 0 \end{cases}$ $\Rightarrow$ quindi le due rette sono coincidenti.

$r \cap r'$: per l'intersezione *cart*$\cap$*param* si cerca per quale valore del parametro t il punto generico di r' soddisfa l'equazione di r, quindi si sostituiscono le coordinate del punto generico nell'equazione e si risolve:

$(t + 1) + 2(2 - t) = 2 \Rightarrow \ldots \Rightarrow t = 3 \Rightarrow \begin{cases} x = 3+1 = 4 \\ y = 2-3 = -1 \end{cases}$

$r \cap s'$: (*cart*$\cap$*param*) come sopra ... $\Rightarrow (2, 0)$

$r' \cap s'$: per l'intersezione *param*$\cap$*param* si uguagliano le coordinate dei punti generici di r' e s', ma prima bisogna cambiare nome al parametro di una retta (altrimenti imporremmo l'uguaglianza per lo stesso valore di t):

$\begin{cases} t + 1 = 2 + a \\ 2 - t = 2a \end{cases} \Rightarrow \ldots \Rightarrow t = \frac{4}{3} \Rightarrow \begin{cases} x = 7/3 \\ y = 2/3 \end{cases}$

Conclusione: $r = s$; $r \cap r' = (4, -1)$; $r \cap s' = (2, 0)$; $r' \cap s' = (\frac{7}{3}, \frac{2}{3})$

Verifica:

$r = s$: $\mathbf{v}_r \parallel \mathbf{v}_s$ e il punto $(0, 1)$ sta su r e su s.

$r \cap r' = (4, -1)$: sta su $r : (4) + 2(-1) = 2$; sta su r' per $t = 3$

$r \cap s' = (2, 0)$; sta su $r : (2) + 2(0) = 2$; sta su s' per $t = 0$

$r' \cap s' = (\frac{7}{3}, \frac{2}{3})$ sta su r' per $t = \frac{4}{3}$; sta su s' per $t = \frac{1}{3}$

Esercizio 18.5: SOLUZIONE

Scrivere una rappresentazione in forma cartesiana oppure parametrica:

(a) della retta passante per $A(-2, 3)$ e $B(0, 2)$.

La retta è quindi **parallela** al vettore $B-A = (0, 2) - (-2, 3) = (2, -1)$ e passa per A, quindi usiamo la forma **parametrica** $(x, y) - A = (B-A)t$.

Conclusione: $(2t-2,\ -t+3)\ t\in\mathbb{R}$

Verifica: Per $t=0$ si ottiene A; per $t=1$ si ottiene B.

Nota: Imponendo il passaggio per B e/o il parallelismo a $A-B$ si ottengono diverse rappresentazioni della stessa retta.

(b) della retta passante per $A(-2,3)$ e parallela a $r: x+2y-2=0$.

La retta è quindi **perpendicolare** al vettore $(1,2)$ e passa per A, quindi usiamo la forma **cartesiana** $((x,y)-A)\cdot(1,2)=0$: $(x+2,y-3)\cdot(1,2)=0$.
Conclusione: $x+2y-4=0$.

Verifica: Le retta è perpendicolare a un vettore perpendicolare a r e passa per A: $(-2)+2(3)-4 = -2+6-4 = 0$.

(c) della retta passante per $A(-2,3)$ e parallela a $r: (7t,-5t-2)\ t\in\mathbb{R}$.

La retta è quindi **parallela** al vettore direzionale di r $(7,-5)$ e passa per A, quindi usiamo la forma **parametrica** $(x,y)-A=(7,-5)t\ t\in\mathbb{R}$.
Conclusione: $(7t-2,\ -5t+3)\ t\in\mathbb{R}$.

Verifica: La retta è parallela al vettore direzionale di r e per $t=0$ si ottiene A.

Esercizio 18.6: SOLUZIONE

(a) I punti $A(1,3)$, $B(-1,2)$, $C(4,5)$ sono allineati?

Se i punti sono allineati allora i vettori $B-A$ e $C-A$ sono paralleli:
$B-A=(-1,2)-(1,3)=(-2,-1)$ e $C-A=(4,5)-(1,3)=(3,2)$ non sono uno multiplo dell'altro, quindi non sono paralleli.
Conclusione: I punti non sono allineati.

(b) I punti $A(1,3)$, $B(-1,1)$, $C(4,6)$ sono allineati?

$B-A=(-1,1)-(1,3)=(-2,-2)$ e $C-A=(4,6)-(1,3)=(3,3)$ sono entrambi multiplo del vettore $\mathbf{v}=(1,1)$, quindi sono tutti paralleli fra loro.

Quindi scriviamo la forma **parametrica** $(x,y)-A=\mathbf{v}\,t\ t\in\mathbb{R}$.
Conclusione: Sì. $(t+1,t+3)\ t\in\mathbb{R}$

Capitolo 19

Geometria: rette e piani nello spazio

I sistemi lineari in x, y, z ci descrivono punti, rette, o piani nello spazio. Analogamente a quanto visto nel capitolo "Geometria: rette nel piano" (pag.161) la forma cartesiana evidenzia la **perpendicolarità**, e la forma parametrica il **parallelismo** rispetto a uno o due vettori.

in $\mathbb{R}^3$	**Forma cartesiana**	**Forma parametrica**
piano per $P_0(x_0, y_0, z_0)$	$\pi : ax+by+cz+d = 0$	$\pi' : \begin{cases} x = a_1s+a_2t+x_0 \\ y = b_1s+b_2t+y_0 \\ z = c_1s+c_2t+z_0 \end{cases} \quad t, s \in \mathbb{R}$
	$\pi \perp \mathbf{v} = (a, b, c)$	$\pi' \parallel \mathbf{u}_1 = (a_1, b_1, c_1)$ $\pi' \parallel \mathbf{u}_2 = (a_2, b_2, c_2)$
	$\pi : \mathbf{v} \cdot (P - P_0) = 0$	$\pi' : P - P_0 = s\,\mathbf{u}_1 + t\,\mathbf{u}_2$
	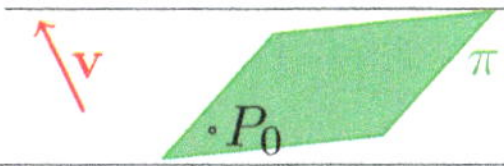	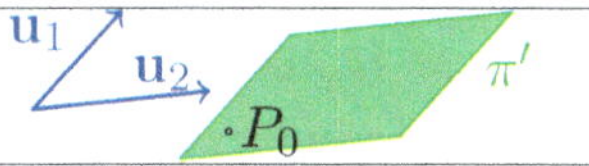
retta per $P_0(x_0, y_0, z_0)$	$r : \begin{cases} a_1x+b_1y+c_1z+d_1 = 0 \\ a_2x+b_2y+c_2z+d_2 = 0 \end{cases}$	$s : \begin{cases} x = at+x_0 \\ y = bt+y_0 \\ z = ct+z_0 \end{cases}$
	$r \perp \mathbf{v}_1 = (a_1, b_1, c_1)$ $r \perp \mathbf{v}_2 = (a_2, b_2, c_2)$	$s \parallel \mathbf{u} = (a, b, c)$
	$r : \begin{cases} \mathbf{v}_1 \cdot (P - P_0) = 0 \\ \mathbf{v}_2 \cdot (P - P_0) = 0 \end{cases}$	$s : P - P_0 = t\,\mathbf{u}$
	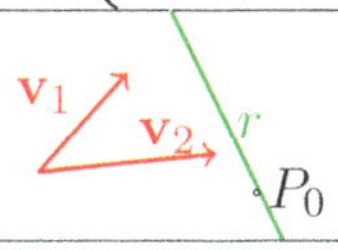	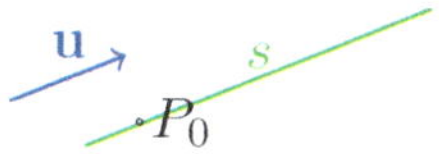

Dati due vettori $\mathbf{v}$ e $\mathbf{w}$ in $\mathbb{R}^3$, oltre al prodotto scalare, si definisce il **prodotto vettoriale** di $\mathbf{v}$ e $\mathbf{w}$ (scritto $\mathbf{v}\times\mathbf{w}$ o $\mathbf{v}\wedge\mathbf{w}$) che fornisce un **vettore** che

- è ortogonale sia a $\mathbf{v}$ che a $\mathbf{w}$ (← *è la proprietà che useremo*)
- ha lunghezza $|\mathbf{v}| \cdot |\mathbf{w}| \cdot \sin(\vartheta)$ dove ϑ è l'angolo compreso tra $\mathbf{v}$ e $\mathbf{w}$

- ha verso secondo la "regola della mano destra"

A partire dalle coordinate $\mathbf{v} = (a_{\mathbf{v}}, b_{\mathbf{v}}, c_{\mathbf{v}})$ e $\mathbf{w} = (a_{\mathbf{w}}, b_{\mathbf{w}}, c_{\mathbf{w}})$ si calcola così:

$$\mathbf{w} = \left(\det \begin{pmatrix} \cancel{a_{\mathbf{v}}} & \cancel{a_{\mathbf{w}}} \\ b_{\mathbf{v}} & b_{\mathbf{w}} \\ c_{\mathbf{v}} & c_{\mathbf{w}} \end{pmatrix}, \quad -\det \begin{pmatrix} a_{\mathbf{v}} & a_{\mathbf{w}} \\ \cancel{b_{\mathbf{v}}} & \cancel{b_{\mathbf{w}}} \\ c_{\mathbf{v}} & c_{\mathbf{w}} \end{pmatrix}, \quad \det \begin{pmatrix} a_{\mathbf{v}} & a_{\mathbf{w}} \\ b_{\mathbf{v}} & b_{\mathbf{w}} \\ \cancel{c_{\mathbf{v}}} & \cancel{c_{\mathbf{w}}} \end{pmatrix} \right)$$

Esercizi

Esercizio 19.1. (base) Scrivere una rappresentazione in forma cartesiana e una in forma parametrica del piano passante per i punti $A(1,0,0)$, $B(0,1,2)$, $C(1,-2,-1)$.

Esercizio 19.2. (base) Scrivere una rappresentazione in forma cartesiana e una in forma parametrica della retta passante per $A(1,-2,3)$ e $B(-1,0,2)$.

Esercizio 19.3. (esame) Siano dati i punti $P(1,1,1)$, $Q(1,2,0)$ e le rette $r : (t, t+1, -t+1), t \in \mathbb{R}$, e $s : x+z-1 = x-3y = 0$

(a) Determinare il piano π passante per P e perpendicolare a s.

(b) Dire se r e s sono parallele.

(c) $P \in r$? $P \in s$? $Q \in r$? $Q \in s$?

Esercizio 19.4. I punti $A(1,1,0)$, $B(-1,-1,2)$, $C(1,1,3)$, $D(2,2,0)$ sono complanari? Se sì, determinare un'equazione del piano che li contiene.

Esercizio 19.5. Siano dati i piani $\pi : (s-t,\ 2s,\ s+t)\ s,t \in \mathbb{R}$, $\pi' : -x+y+z+6 = 0$, e la retta $r : x = 1-y+z = -1+2x$. Determinare $\pi \cap r$ e $\pi' \cap r$.

Esercizio 19.6. Dati il piano $\pi = (s-t,\ 2s,\ s+t)\quad s,t \in \mathbb{R}$ e il piano $\pi' : y-x+z-1 = 0$ determinare una rappresentazione della retta $r = \pi \cap \pi'$.

Esercizio 19.7. (esame) Dato il punto $P(0,1,2)$ nello spazio reale, determinare

(a) il piano passante per P e ortogonale alla retta $x = y = z-2$;

(b) un piano passante per P e parallelo alla retta $x = y = z-2$;

(c) il piano passante per P e parallelo al piano $x-3y+z = 0$;

(d) un piano passante per P e ortogonale al piano $x-3y+z = 0$.

Esercizio 19.8. (esame) Siano dati la retta $r : \begin{cases} x = t \\ y = 2t-1 \\ z = t+1 \end{cases} \quad t \in \mathbb{R}$

il punto $P(1,1,3)$.

(a) Determinare il piano $\pi \perp r$ e passante per P
(b) Determinare un piano π' contenente r e passante per P;
(c) Trovare una retta parallela a r e incidente l'asse y.

Esercizio 19.9. (esame) Siano dati nello spazio il punto $P(0,0,1)$ e il piano

$$\pi : \begin{cases} x = 2t+1 \\ y = s+1 \\ z = 3s-t \end{cases} \qquad t, s \in \mathbb{R}$$

(a) Dire se π passa per l'origine, e scrivere altri due punti appartenenti a π.
(b) Scrivere una rappresentazione del piano π in forma cartesiana. Verificare la risposta.
(c) Trovare la retta r passante per P e perpendicolare a π.
(d) Trovare un piano π'' passante per P e perpendicolare a π.

Esercizio 19.10. (esame) Siano dati nello spazio il punto $P(0,1,5)$ e la retta $r : \begin{cases} 4x - 3z = 0 \\ x + 2y = 1 \end{cases}$. Determinare:
(a) Il piano π passante per P e perpendicolare a r. Verificare la risposta.
(b) La retta r_2 parallela a r e passante per P. Verificare la risposta.
(c) Un piano π_2 passante per P e parallelo a r. Verificare la risposta.
(d) Una retta r_3 giacente su π. Verificare la risposta.

Risultati

Risultati Risultati

Esercizio 19.1: Param. $\begin{cases} x = -t+1 \\ y = t-2s \\ z = 2t-s \end{cases}$ $t, s \in \mathbb{R}$; **Cart.** $3x - y + 2z - 3 = 0$

Esercizio 19.2: Param. $\begin{cases} x = -2t+1 \\ y = 2t-2 \\ z = -t+3 \end{cases}$ $t \in \mathbb{R}$; **Cart.** $\begin{cases} y + 2z - 4 = 0 \\ x + y + 1 = 0 \end{cases}$

Esercizio 19.3: **(a)** $3x + y - 3z - 1 = 0$. **(b)** r e s non sono parallele. **(c)** $Q \in r$ e $P \notin r$; $Q \notin s$ e $P \notin s$.
Esercizio 19.4: A, B, C, D sono complanari e appartengono a $\pi : x - y = 0$.
Esercizio 19.5: $\pi \cap r = \emptyset$; $\pi' \cap r = (1, -\frac{5}{2}, -\frac{5}{2})$
Esercizio 19.6: $\pi \cap \pi' : (1/2 - 2t,\ 1 - 2t,\ 1/2)$ $t \in \mathbb{R}$;
equiv. $\pi \cap \pi' : \begin{cases} y - x + z - 1 = 0 \\ x - y + z = 0 \end{cases}$
Esercizio 19.7:
(a) $x + y + z - 3 = 0$; **(b)** (per esempio) $(t, t+1, t+s+2)$ $s, t \in \mathbb{R}$;
(c) $x - 3y + z + 1 = 0$; **(d)** (per esempio) $(t, -3t+1, t+s+2)$ $s, t \in \mathbb{R}$.

Esercizio 19.8: **(a)** $x + 2y + z = 6$;
(b) $(t+s, 2t+2s-1, t+2s+1)$, $t, s \in \mathbb{R}$; **(c)** $(t, 2t+3, t)$ $t \in \mathbb{R}$
Esercizio 19.9: **(a)** $O \notin \pi$. $Q_1(3,1,-1)$ e $Q_2(1,1,0) \in \pi$;
(b) $\pi : x - 6y + 2z + 5 = 0$;
(c) $r : (t, -6t, 2t+1)$ $t \in \mathbb{R}$;
(d) (per esempio) $\pi" : 2x - z + 1 = 0$.
Esercizio 19.10: **(a)** $\pi : (4t+s, 2s+1, -3t+5)$ $t, s \in \mathbb{R}$;
(b) $r_2 : \begin{cases} 4x - 3z + 15 = 0 \\ x + 2y - 2 = 0 \end{cases}$;
(c) $\pi_2 : 4x - 3z + 15 = 0$;
(d) $r_3 : (4t, 1, -3t+5)$ $t \in \mathbb{R}$.

Soluzioni

Soluzioni Soluzioni

Esercizio 19.1: SOLUZIONE

Forma parametrica: il piano è parallelo ai vettori $(B-A) = (-1,1,2)$ e $(C-A) = (0,-2,-1)$ e passante per il punto $A(1,0,0)$; una rappresentazione è $(x,y,z) = t \cdot (-1,1,2) + s \cdot (0,-2,-1) + (1,0,0)$

Conclusione: $\begin{cases} x = -t+1 \\ y = t - 2s \\ z = 2t - s \end{cases}$ $t, s \in \mathbb{R}$

Forma cartesiana: sappiamo che $\mathbf{v} = (B-A) \times (C-A)$ è $\perp$ $(B-A)$ e $\perp$ $(C-A)$. Allora il piano cercato è il piano perpendicolare a $\mathbf{v} = (-1,1,2) \times (0,-2,-1) = (3,-1,2)$ e passante per $A(1,0,0)$, quindi la sua forma cartesiana è $(x-1, y, z) \cdot (3,-1,2) = 0$

Conclusione: $3x - y + 2z - 3 = 0$

Esercizio 19.2: SOLUZIONE

Forma parametrica: retta parallela a $(B-A) = (-2,2,-1)$ e passante per $A(1,-2,3)$ $\rightarrow$ $(x,y,z) = t(-2,2,-1) + (1,-2,3)$

Conclusione: $r : \begin{cases} x = -2t+1 \\ y = 2t - 2 \\ z = -t+3 \end{cases}$ $t \in \mathbb{R}$

Verifica: A e B in r: infatti per t=0 otteniamo A e per $t = 1$ otteniamo B.

Forma cartesiana: per due vettori perpendicolari a $(B-A) = (-2,2,-1)$ e non paralleli tra loro, per esempio $\mathbf{u} = (0,1,2)$ e $\mathbf{v} = (1,1,0)$, si ha che $(x-1, y+2, z-3) \cdot \mathbf{u} = 0$ e $(x-1, y+2, z-3) \cdot \mathbf{v} = 0$ sono le equazioni di due piani passanti per A e B, e perpendicolari a $\mathbf{u}$ e $\mathbf{v}$, quindi $\parallel$ $(B-A)$.

Conclusione: $r : \begin{cases} y + 2z - 4 = 0 \\ x + y + 1 = 0 \end{cases}$

Verifica: $A \in r$: infatti $\begin{cases} (-2) + 2(3) - 4 = -2 + 6 - 4 = 0 \\ (1) + (-2) + 1 = 1 - 2 + 1 = 0 \end{cases}$

$B \in r$: infatti $\begin{cases} (0) + 2(2) - 4 = 4 - 4 = 0 \\ (-1) + (0) + 1 = -1 + 1 = 0 \end{cases}$

Esercizio 19.3: SOLUZIONE

(a) *Primo modo (in forma parametrica):*
Osserviamo che $s \perp \mathbf{v} = (1,0,1)$ e $s \perp \mathbf{w} = (1,-3,0)$, quindi il piano cercato è parallelo a $\mathbf{v}$ e $\mathbf{w}$.

Imponendo il passaggio per $P(1,1,1)$ abbiamo $(x,y,z) - P = a\mathbf{v} + b\mathbf{w}$ con $a, b \in \mathbb{R}$, quindi
Conclusione: il piano π passante per P e perpendicolare a s ha forma parametrica $\pi : \begin{cases} x = a + b + 1 \\ y = -3b + 1 \\ z = a + 1 \end{cases} \quad a, b \in \mathbb{R}$

Secondo modo (in forma cartesiana):

Cerchiamo un vettore direzionale di s: la retta appartiene ai due piani $x + z - 1 = 0$ e $x - 3y = 0$, quindi s è perpendicolare a $\mathbf{v} = (1,0,1)$ e a $\mathbf{w} = (1,-3,0)$, allora $\mathbf{v}_s = \mathbf{v} \times \mathbf{w} = (...) = (3,1,-3)$. Allora il piano cercato è il piano $\perp \mathbf{v}_s = (3,1,-3)$ e passante per $P(1,1,1)$, cioè $((x,y,z) - P) \cdot \mathbf{v}_s = 0$
Conclusione: il piano π passante per P e perpendicolare a s ha equazione $3x + y - 3z - 1 = 0$.

L'equazione cartesiana si poteva ottenere dalla rappresentazione parametrica "eliminando i parametri", cioè ricavando $a = z - 1$ *e* $b = \frac{1-y}{3}$ *dalla* 2^a *e* 3^a *equazione e sostituendoli nella* 1^a: $x = (z-1) + (\frac{1-y}{3}) + 1 \longrightarrow 3x = 3z + 1 - y$

(b) Un vettore direzionale della retta r è $\mathbf{v}_r = (1,1,-1)$, e un vettore direzionale della retta s è $\mathbf{v}_s = (3,1,-3)$. $\mathbf{v}_r$ non è parallelo a $\mathbf{v}_s$ perché non sono uno multiplo dell'altro.
Conclusione: Le rette r e s non sono parallele.

(c) Per sapere se un punto sta sulla retta r (f. param.) basta vedere se le sue coordinate sono uguali a $(t,\ t+1,\ -t+1)$ per un certo t:

P: $(t,\ t+1,\ -t+1) = (1,1,1)$ non ha soluzioni perché se $t = 1$ (prima) allora $t+1 = 2 \neq 1$ (seconda)
Q: $(t,\ t+1,\ -t+1) = (1,2,0)$ per $t = 1$
Conclusione: $Q \in r$ e $P \notin r$.

Per sapere se un punto sta sulla retta s (f. cart.) basta vedere se le sue coordinate sono soluzioni del sistema $\begin{cases} x+z-1=0 \\ x-3y=0 \end{cases}$. Né le coordinate di P né quelle di Q soddisfano la seconda equazione: $1-3 \neq 0$, $1-6 \neq 0$
Conclusione: $Q \notin s$ e $P \notin s$.

Esercizio 19.4: SOLUZIONE
I punti $A(1,1,0)$, $B(-1,-1,2)$, $C(1,1,3)$, $D(2,2,0)$ *sono complanari?*
Per scrivere il piano per A, B, C in forma cartesiana cerchiamo un vettore $\mathbf{v}$ perpendicolare a $(A-B)$ e $(C-B)$:

$$\mathbf{v} = (A-B) \times (C-B) = (2,2,-2) \times (2,2,1) = (6,-6,0) \parallel \mathbf{v} = (1,-1,0).$$

Verifica: $\mathbf{v}\cdot(2,2,-2) = 2-2 = 0$ e $\mathbf{v}\cdot(2,2,1) = 2-2 = 0$.

Il piano cercato è il piano $\perp \mathbf{v}$ e passante per A cioè:
$\pi : ((x,y,z) - A) \cdot (1,-1,0) = 0$, quindi $\pi : x - y = 0$

Verifica: $A \in \pi$? $x_A - y_A = 1-1 = 0 \rightarrow$ sì!
$B \in \pi$? $x_B - y_B = -1-(-1) = 0 \rightarrow$ sì!
$C \in \pi$? $x_C - y_C = 1-1 = 0 \rightarrow$ sì!

Ora controlliamo: $D \in \pi$? $x_D - y_D = 2-2 = 0 \rightarrow$ Sì!
Conclusione: A, B, C, D sono complanari e stanno sul piano $\pi : x - y = 0$.

Esercizio 19.5: SOLUZIONE

$$r : \begin{cases} x = 1 - y + z \\ 1 - y + z = -1 + 2x \end{cases} \rightarrow r : \begin{cases} x + y - z - 1 = 0 \\ -2x - y + z + 2 = 0 \end{cases}$$

L'intersezione di rette e piani nello spazio si risolve in modo analogo all'intersezione di rette nel piano (come abbiamo visto nell'esercizio 18.4).

$\boldsymbol{\pi} \cap \boldsymbol{r}$: per *param*$\cap$*cart* si sostituiscono le coordinate del punto generico nell'equazione cartesiana:

$$\begin{cases} (s-t) + (2s) - (s+t) - 1 = 0 \\ -2(s-t) - (2s) + (s+t) + 2 = 0 \end{cases} \rightarrow \begin{cases} 2s - 2t - 1 = 0 \\ -3s + 3t + 2 = 0 \end{cases}$$

$\rightarrow$ il sistema non ha soluzioni: questo significa che nessun punto di π appartiene a r.
Conclusione: $\pi \cap r = \emptyset$.

$\boldsymbol{\pi}' \cap \boldsymbol{r}$: per *cart*$\cap$ *cart*: tutte le equazioni a sistema:
$$\begin{cases} -x+y+z+6=0 \\ x+y-z-1=0 \\ -2x-y+z+2=0 \end{cases}$$
si risolve il sistema (...) e si ottiene la soluzione $(1, -\frac{5}{2}, -\frac{5}{2})$.
Conclusione: $\pi' \cap r = P(1, -\frac{5}{2}, -\frac{5}{2})$.

Verifica: $P \in \pi'$? $-1 - \frac{5}{2} - \frac{5}{2} + 6 = -1 - 5 + 6 = 0$ vero!
$P \in r$? $\begin{cases} 1 + \frac{5}{2} - \frac{5}{2} - 1 = 0 \\ -2 - \frac{5}{2} + \frac{5}{2} + 2 = 0 \end{cases}$ vero!

Esercizio 19.6: SOLUZIONE
Dati il piano $\pi = (s-t,\ 2s,\ s+t)\quad s,t \in \mathbb{R}$ e il piano $\pi' : y - x + z - 1 = 0$ determinare una rappresentazione della retta $r = \pi \cap \pi'$.

param$\cap$ *cart*: si sostituiscono le coordinate del punto generico nell'equazione cartesiana: $(2s) - (s-t) + (s+t) - 1 = 0 \to 2s + 2t - 1 = 0 \to s = -t + \frac{1}{2}$ questo significa che per $s = -t + \frac{1}{2}$ troviamo i punti in comune a π e π', cioè $\pi \cap \pi' = (-t + \frac{1}{2} - t,\ 2(-t + \frac{1}{2}),\ -t + \frac{1}{2} + t)\quad t \in \mathbb{R}$
Conclusione: $\pi \cap \pi' = r : (\frac{1}{2} - 2t,\ 1 - 2t,\ \frac{1}{2})\quad t \in \mathbb{R}$.

Metodo alternativo: si scrive π in forma cartesiana (*svolgere i conti*) e si mettono a sistema le equazioni di π e π' (*cart*$\cap$ *cart*).
Conclusione: $\pi \cap \pi' = r : \begin{cases} y - x + z - 1 = 0 \\ x - y + z = 0 \end{cases}$.

Esercizio 19.7: SOLUZIONE
Dato il punto $P(0,1,2)$.

(a) *il piano passante per* P *e ortogonale alla retta* $x = y = z - 2$

$r : \begin{cases} x = y \\ y = z-2 \end{cases} \to r : \begin{cases} x-y = 0 \\ y-z+2 = 0 \end{cases}$ allora $r \perp (1,-1,0)$ e $r \perp (0,1,-1)$.

Cerchiamo un vettore $\mathbf{v} \parallel r$: sia $\mathbf{v}=(\,(1,-1,0) \times (0,1,-1)\,)=(1,1,1)$: si ha $\mathbf{v} \perp (1,-1,0)$ e $\mathbf{v} \perp (0,1,-1)$ (*verificare*), quindi $\mathbf{v} \parallel r$.

Il piano cercato è ortogonale a $\mathbf{v}$ e passante per P: $(x, y-1, z-2)\cdot\mathbf{v} = 0$.
Conclusione: $x + y + z - 3 = 0$

(b) *un piano passante per* P *e parallelo alla retta* $x = y = z - 2$.

Ci sono molti piani paralleli a $\mathbf{v}$ e passanti per P. Scegliamo un qualsiasi altro vettore $\mathbf{w}$ che non sia parallelo a $\mathbf{v}$, per esempio $\mathbf{w} = (0,0,1)$, e quindi abbiamo che il piano $\pi : (x, y-1, z-2) = \mathbf{v}t + \mathbf{w}s$, che è parallelo a $\mathbf{v}$ e $\mathbf{w}$, soddisfa le richieste.

Conclusione: (per esempio) $\pi : (t, t+1, t+s+2)\ s, t \in \mathbb{R}$

(c) *il piano passante per* P *e parallelo al piano* $x - 3y + z = 0$;

Il piano di equazione $x{-}3y{+}z{=}0$ è perpendicolare al vettore $\mathbf{u} = (1, -3, 1)$.

Quindi anche il piano cercato è perpendicolare a $\mathbf{v}$: in forma cartesiana è $(x, y{-}1, z{-}2) \cdot (1, -3, 1) = 0$
Conclusione: $x - 3y + z + 1 = 0$

(d) *un piano passante per* P *e ortogonale al piano* $x - 3y + z = 0$.

Qualunque piano parallelo a $\mathbf{u}$ è ortogonale a $x - 3y + z = 0$. Scegliamo quindi un qualsiasi altro vettore $\mathbf{w}$ che non sia parallelo a $\mathbf{u}$, per esempio $\mathbf{w} = (0, 0, 1)$, e quindi abbiamo che il piano $\pi' : (x, y{-}1, z{-}2) = \mathbf{u}t + \mathbf{w}s$, che è parallelo a $\mathbf{u}$, soddisfa le richieste.
Conclusione: (per esempio) $\pi' : (t,\ -3t+1,\ t+s+2)\ s, t \in \mathbb{R}$.

Esercizio 19.8: Soluzione

(a) La retta r ha vettore direzionale $\mathbf{w} = (1, 2, 1)$ (i coefficienti di t), il piano per P perpendicolare a $\mathbf{w}$ ha equazione $(x{-}1, y{-}1, z{-}3) \cdot \mathbf{w} = 0$. Dunque $1 \cdot (x-1) + 2 \cdot (y-1) + 1 \cdot (z-3) = 0$
Conclusione: $x + 2y + z = 6$.

(b) Cerchiamo due punti A e B di r: per $t = 0$ otteniamo $A(0, -1, 1)$; per $t = -1$ otteniamo $B(-1, -3, 0)$. Ogni piano contenente A e B contiene tutta r.

Quindi il piano π' è il piano che passa per P, A e B. In forma parametrica: piano parallelo a $(A - B) = (1, 2, 1)$ e $(P - A) = (1, 2, 2)$ e passante per $A(0, -1, 1)$ è $(x, y, z) = t \cdot (1, 2, 1) + s \cdot (1, 2, 2) + (0, -1, 1)$

Conclusione: $\begin{cases} x = t + s \\ y = 2t + 2s - 1 \qquad t, s \in \mathbb{R} \\ z = t + 2s + 1 \end{cases}$

Verifica: Per $s = 0$ abbiamo la rappresentazione di r, quindi $r \subset \pi'$.
Per $t = 0,\ s = 1$ abbiamo $x = 1,\ y = 1,\ z = 3$, quindi $P \in \pi'$

Metodo alternativo: Forma cartesiana del piano per i tre punti A, B, P come nell'Esercizio 19.1.

(c) Cerchiamo una retta s parallela a $\mathbf{w}$ (vettore direzionale di r) e passante per un punto qualsiasi sull'asse y, scegliamo $Q(0, 3, 0)$.
Allora s ha equazioni parametriche $(x, y, z) - Q = t \cdot \mathbf{w}\quad t \in \mathbb{R}$
Conclusione: $s : (t, 2t + 3, t)\ t \in \mathbb{R}$

Esercizio 19.9: SOLUZIONE

Punto $P(0,0,1)$ e piano $\pi : \begin{cases} x = 2t+1 \\ y = s+1 \\ z = 3s-t \end{cases} \quad t, s \in \mathbb{R}$.

Allora $\pi \parallel \mathbf{v}_1 = (2,0,-1)$ e $\pi \parallel \mathbf{v}_2 = (0,1,3)$.

(a) *Dire se π passa per l'origine, e scrivere altri due punti appartenenti a π.*

Cerchiamo, se esistono, s, t tali che:

$$\begin{cases} 0 = 2t+1 \\ 0 = s+1 \\ 0 = 3s-t \end{cases} \rightarrow \begin{cases} 2t = -1 \\ s = -1 \\ t = 3s \end{cases} \rightarrow \begin{cases} t = -\frac{1}{2} \\ s = -1 \\ t = -3 \end{cases}$$

$\rightarrow$ il sistema non ha soluzioni, quindi $O \notin \pi$.

Per $s = 0, t = 1$ si ottiene il punto $Q_1(3,1,-1)$.
Per $s = 0, t = 0$ si ottiene il punto $Q_2(1,1,0)$.
Conclusione: $O \notin \pi$. $Q_1(3,1,-1)$ e $Q_2(1,1,0) \in \pi$.

(b) *Scrivere una rappresentazione del piano π in forma cartesiana.*

Cerchiamo un vettore $\mathbf{w}$ perpendicolare a $\mathbf{v}_1$ e a $\mathbf{v}_2$:
$\mathbf{w} = \mathbf{v}_1 \times \mathbf{v}_2 = (\det \begin{pmatrix} 0 & -1 \\ 1 & 3 \end{pmatrix}, -\det \begin{pmatrix} 2 & -1 \\ 0 & 3 \end{pmatrix}, \det \begin{pmatrix} 2 & 0 \\ 0 & 1 \end{pmatrix}) = (1,-6,2)$

Verifica: $\mathbf{w} \cdot \mathbf{v}_1 = (1,-6,2)(2,0,-1) = 2-2 = 0$;
$\mathbf{w} \cdot \mathbf{v}_2 = (1,-6,2)(0,1,3) = -6+6 = 0$.

Allora la forma cartesiana è
$((x,y,z)-Q_2)\cdot\mathbf{w}=0 \rightarrow (x-1,y-1,z)\cdot(1,-6,2)=0 \rightarrow x-1-6(y-1)+2z=0$
Conclusione: $\pi : x - 6y + 2z + 5 = 0$.

Verifica: $2t+1-6(s+1)+2(3s-t)+5 = \cancel{2t}+1-\cancel{6s}-6+\cancel{6s}-\cancel{2t}+5 = 0$
indipendentemente da t e da s.

(c) *Trovare la retta r passante per P e perpendicolare a π.*

$r \perp \pi$ quindi $r \parallel \mathbf{w}$, allora scriviamo in forma parametrica:
$((x,y,z)-P) = \mathbf{w}t \;\; t \in \mathbb{R} \rightarrow (x,y,z-1) = (1,-6,2)t \;\; t \in \mathbb{R}$.
Conclusione: $r : (t, -6t, 2t+1) \;\; t \in \mathbb{R}$

Verifica: Per costruzione $r \| \mathbf{w}$ e passa per P, e si ha $\mathbf{w} \perp \pi$, quindi $r \perp \pi$.

(d) *Trovare un piano π'' passante per P e perpendicolare a π.*

Ci sono molti piani passanti per P e perpendicolari a π. In particolare il piano perpendicolare a $\mathbf{v}_1$ è ortogonale a π. Scriviamo in forma cartesiana:
$\pi" : (x,y,z-1)\cdot\mathbf{v}_1 = 0$
Conclusione: (per esempio) $\pi" : 2x - z + 1 = 0$

Verifica: $\pi" \perp \mathbf{v}_1$ e $\mathbf{v}_1 \parallel \pi$, quindi $\pi" \perp \pi$,
e $P \in \pi"$: infatti $2(0) - (1) + 1 = 0$.

Esercizio 19.10: SOLUZIONE

Retta $r : \begin{cases} 4x - 3z = 0 \\ x + 2y = 1 \end{cases}$ e punto $P(0,1,5)$.

Allora $r \perp \mathbf{v}_1 = (4,0,-3)$ e $r \perp \mathbf{v}_2 = (1,2,0)$.

(a) *Trovare il piano π passante per P e perpendicolare a r.*

Ogni piano parallelo a $\mathbf{v}_1$ e a $\mathbf{v}_2$ è perpendicolare a r, allora il piano cercato, in forma parametrica, è

$\pi : \mathbf{v}_1 t + \mathbf{v}_2 s + P \;\; t \in \mathbb{R} \to \pi : (4,0,-3)t + (1,2,0)s + (0,1,5) \;\; t, s \in \mathbb{R}$.

Conclusione: $\pi : (4t + s, 2s + 1, -3t + 5) \;\; t, s \in \mathbb{R}$.

Verifica: $\pi \parallel \mathbf{v}_1$ e $\pi \parallel \mathbf{v}_2$ quindi $\pi \perp r$, e per $t = s = 0$ si ottiene P.

(b) *Trovare la retta r_2 parallela a r e passante per P.*

Ogni retta perpendicolare a $\mathbf{v}_1$ e a $\mathbf{v}_2$ è parallela a r, allora la retta cercata, in forma cartesiana, è

$$r_2 : \begin{cases} ((x,y,z) - P) \cdot \mathbf{v}_1 = 0 \\ ((x,y,z) - P) \cdot \mathbf{v}_2 = 0 \end{cases} \longrightarrow r_2 : \begin{cases} (x, y-1, z-5) \cdot (4,0,-3) = 0 \\ (x, y-1, z-5) \cdot (1,2,0) = 0 \end{cases}$$

Conclusione: $r_2 : \begin{cases} 4x - 3z + 15 = 0 \\ x + 2y - 2 = 0 \end{cases}$

Verifica: $r_2 \perp \mathbf{v}_1$ e $r_2 \perp \mathbf{v}_2$ quindi $r_2 \parallel r$.

$P \in r$: infatti $\begin{cases} 4(0) - 3(5) + 15 = 0 \\ (0) + 2(1) - 2 = 0 \end{cases}$

(c) *Trovare un piano π_2 passante per P e parallelo a r.*

Ci sono molti piani passanti per P e paralleli a r. In particolare il piano perpendicolare a $\mathbf{v}_1$ è parallelo a r.

Quindi il piano $\pi_2 : (x - 0, y - 1, z - 5) \cdot (4,0,-3) = 0$ soddisfa le ipotesi.

Conclusione: $\pi_2 : 4x - 3z + 15 = 0$.

Verifica: $\pi \perp \mathbf{v}_1$ quindi $\pi \parallel r$, e passa per P: infatti $4(0) - 3(5) + 15 = 0$.

(d) *Trovare una retta r_3 giacente su π.*

Dal punto (a): $\pi : (4t + s, 2s + 1, -3t + 5) \;\; t, s \in \mathbb{R}$.

Per trovare una retta su π basta fissare un parametro, per esempio $s = 0$.

Conclusione: $r_3 : \begin{cases} x = 4t \\ y = 1 \\ z = -3t + 5 \end{cases} \quad t \in \mathbb{R}$

Verifica: r_3 giace su π perché parallela a $\mathbf{v}_1$ e passante per P che appartiene a π. (*si può anche dire:* perché tutti i punti di r_3 si ottengono in π per $s = 0$ e lo stesso valore di t)

Capitolo 20

Algebra lineare: matrici

Una **matrice** in $\mathrm{Mat}_{r,c}(\mathbb{R})$ è una tabella $r \times c$ di numeri in $\mathbb{R}$ (cioè con r righe e c colonne). Definiamo somma e prodotto di due matrici che abbiano dimensioni *compatibili*.

La **somma** è "termine a termine", cioè l'elemento in posizione (i, j) in $A+B$ è la somma degli elementi in posizione (i, j) di A e di B:

$$\begin{pmatrix} a_{11} & a_{12} \\ a_{21} & a_{22} \end{pmatrix} + \begin{pmatrix} b_{11} & b_{12} \\ b_{21} & b_{22} \end{pmatrix} = \begin{pmatrix} a_{11}+b_{11} & a_{12}+b_{12} \\ a_{21}+b_{21} & a_{22}+b_{22} \end{pmatrix}$$

Compatibilità: A e B devono avere lo stesso numero di righe r e lo stesso numero di colonne c, e in conseguenza anche $A + B \in \mathrm{Mat}_{r,c}(\mathbb{R})$.

Il **prodotto** è "righe per colonne", cioè l'elemento in posizione (i, j) in $A \cdot B$ è il prodotto scalare di R_i, la i-ma riga di A, e C_j, la j-ma colonna di B:

$$\begin{pmatrix} a_{11} & a_{12} \\ a_{21} & a_{22} \end{pmatrix} \cdot \begin{pmatrix} b_{11} & b_{12} \\ b_{21} & b_{22} \end{pmatrix} = \begin{pmatrix} R_1 \cdot C_1 & R_1 \cdot C_2 \\ R_2 \cdot C_1 & R_2 \cdot C_2 \end{pmatrix}$$

Compatibilità: condizione per poter calcolare i prodotti scalari $R_i \cdot C_j$ è che le righe di A e le colonne di B abbiano la stessa lunghezza. Quindi il numero delle colonne di A deve essere uguale al numero delle righe di B, per esempio $A \in \mathrm{Mat}_{2,5}(\mathbb{R})$ e $B \in \mathrm{Mat}_{5,4}(\mathbb{R})$, e $A \cdot B \in \mathrm{Mat}_{2,4}(\mathbb{R})$.

La matrice quadrata $I_n \in \mathrm{Mat}_n(\mathbb{R})$ con "1" sulla diagonale e "0" altrove, viene chiamata **identità** perché è l'identità moltiplicativa, cioè si comporta come "1" nel prodotto in $\mathbb{R}$: $A \cdot I = A$ e $I \cdot B = B$ (per ogni A con n colonne e B con n righe).

Per queste operazioni valgono *quasi tutte* le proprietà di somma e prodotto di numeri in $\mathbb{R}$: se A, B e C sono di tipo compatibile con le operazioni, si ha

- la somma è associativa $(A + B) + C = A + (B + C)$
- la somma è commutativa $A + B - B + A$
- il prodotto è associativo $(A \cdot B) \cdot C = A \cdot (B \cdot C)$
- il prodotto NON è commutativo: in generale $A \cdot B \neq B \cdot A$

e c'è qualche altra *sorpresa* che andiamo a scoprire.

Esercizi

Esercizi Esercizi

Esercizio 20.1. (base) Siano date le matrici $A = \begin{pmatrix} 1 & 2 \\ 0 & 2 \end{pmatrix}$ e $B = \begin{pmatrix} 1 & 0 \\ -1 & 1 \end{pmatrix}$.

(a) Calcolare $A+B$, $B+A$ e osservare che la somma è commutativa.

(b) Calcolare AB e BA e osservare che il prodotto non è commutativo.

(c) Verificare che $(A+B)(A-B) \neq A^2 - B^2$.

Esercizio 20.2. (base) Siano date le matrici $A = \begin{pmatrix} 1 & -2 & 3 \\ 0 & -1 & 2 \end{pmatrix} \in \mathrm{Mat}_{2,3}(\mathbb{R})$ e $B = \begin{pmatrix} 2 & -3 \\ -1 & 0 \\ 1 & 0 \end{pmatrix} \in \mathrm{Mat}_{3,2}(\mathbb{R})$.

Calcolare AB e BA. È possibile calcolare $A+B$?

Esercizio 20.3. (base) Calcolare A^2 e B^2 con $A = \begin{pmatrix} 1 & 1 \\ -1 & -1 \end{pmatrix}$ e $B = \begin{pmatrix} 2 & -1 \\ 3 & -2 \end{pmatrix}$.

Esercizio 20.4. Siano date le matrici $A = \begin{pmatrix} 1 & 2 \\ 0 & 1 \end{pmatrix}$; $B = \begin{pmatrix} 0 & 1 & 2 \\ 1 & 1 & 3 \end{pmatrix}$; $C = \begin{pmatrix} 1 \\ 4 \\ 3 \end{pmatrix}$.

(a) Calcolare $A \cdot (B \cdot C)$.

(b) Calcolare $(A \cdot B) \cdot C$.

Esercizio 20.5. (extra) Data la matrice $A = \begin{pmatrix} 3 & 0 \\ 0 & 5 \end{pmatrix}$ determinare tutte le matrici B tali che $AB = BA$.

Esercizio 20.6. (extra) Sia $A = \begin{pmatrix} 1 & 2 \\ -1 & -2 \end{pmatrix} \in \mathrm{Mat}_2(\mathbb{Q})$. Determinare una matrice $B \in \mathrm{Mat}_2(\mathbb{Q})$ tale che $A \cdot B$ sia la matrice nulla.

Esercizio 20.7. (extra) Date due matrici quadrate e invertibili A e B in $\mathrm{Mat}_n(\mathbb{R})$, mostrare che $(A \cdot B)^{-1} = (B)^{-1} \cdot (A)^{-1}$.

Risultati

Risultati Risultati

Esercizio 20.1: **(a)** $A+B = B+A = \begin{pmatrix} 2 & 2 \\ -1 & 3 \end{pmatrix}$

(b) $AB = \begin{pmatrix} -1 & 2 \\ -2 & 2 \end{pmatrix} \neq BA = \begin{pmatrix} 1 & 2 \\ -1 & 0 \end{pmatrix}$ (*sorpresa!*)

(c) $(A+B)(A-B) = \begin{pmatrix} 2 & 6 \\ 3 & 1 \end{pmatrix} \neq A^2 - B^2 = \begin{pmatrix} 0 & 6 \\ 2 & 3 \end{pmatrix}$ (*sorpresa!*)

Esercizio 20.2: $AB = \begin{pmatrix} 7 & -3 \\ 3 & 0 \end{pmatrix}$; $BA = \begin{pmatrix} 2 & -1 & 0 \\ -1 & 2 & -3 \\ 1 & -2 & 3 \end{pmatrix}$; non si può fare $A+B$.

Esercizio 20.3: $A^2 = \begin{pmatrix} 0 & 0 \\ 0 & 0 \end{pmatrix}$ (*sorpresa!*); $B^2 = \begin{pmatrix} 1 & 0 \\ 0 & 1 \end{pmatrix} = I$ (*sorpresa!*).

Esercizio 20.4: **(a)** $A \cdot (B \cdot C) = \begin{pmatrix} 38 \\ 14 \end{pmatrix}$; **(b)** $(A \cdot B) \cdot C = \begin{pmatrix} 38 \\ 14 \end{pmatrix}$

Esercizio 20.5: $B \in \left\{ \begin{pmatrix} a & 0 \\ 0 & d \end{pmatrix} \mid a, d \in \mathbb{R} \right\}$

Esercizio 20.6: $B = \begin{pmatrix} -2 & -6 \\ 1 & 3 \end{pmatrix}$

Esercizio 20.7: Vedere la soluzione.

Soluzioni

Soluzioni Soluzioni

Esercizio 20.1: SOLUZIONE

(a) $A + B = \begin{pmatrix} 1+1 & 2+0 \\ 0-1 & 2+1 \end{pmatrix} = \begin{pmatrix} 2 & 2 \\ -1 & 3 \end{pmatrix}$

$B + A = \begin{pmatrix} 1+1 & 0+2 \\ -1+0 & 1+2 \end{pmatrix} = \begin{pmatrix} 2 & 2 \\ -1 & 3 \end{pmatrix}$.

Così abbiamo verificato che *in questo caso* $A + B = B + A$.

Verificare che la somma è sempre commutativa è più complicato: bisogna verificarlo su due matrici A *e* B *generiche.*

(b) $AB = \begin{pmatrix} (1,2)\cdot(1,-1) & (1,2)\cdot(0,1) \\ (0,2)\cdot(1,-1) & (0,2)\cdot(0,1) \end{pmatrix} = \begin{pmatrix} -1 & 2 \\ -2 & 2 \end{pmatrix}$

$BA = \begin{pmatrix} (1,0)\cdot(1,0) & (1,0)\cdot(2,2) \\ (-1,1)\cdot(1,0) & (-1,1)\cdot(2,2) \end{pmatrix} = \begin{pmatrix} 1 & 2 \\ -1 & 0 \end{pmatrix}$ Allora $AB \neq BA$.

Il prodotto di matrici in generale non è commutativo, ma in alcuni casi speciali può esserlo, per esempio $AI_2 = I_2A$.

(c) $(A + B)(A - B) = \begin{pmatrix} 2 & 2 \\ -1 & 3 \end{pmatrix} \begin{pmatrix} 0 & 2 \\ 1 & 1 \end{pmatrix} = \begin{pmatrix} 2 & 6 \\ 3 & 1 \end{pmatrix}$

$A^2 - B^2 = \begin{pmatrix} 1 & 6 \\ 0 & 4 \end{pmatrix} - \begin{pmatrix} 1 & 0 \\ -2 & 1 \end{pmatrix} = \begin{pmatrix} 0 & 6 \\ 2 & 3 \end{pmatrix}$

Conclusione: $(A + B)(A - B) \neq A^2 - B^2$

Esercizio 20.2: SOLUZIONE

$A = \begin{pmatrix} 1 & -2 & 3 \\ 0 & -1 & 2 \end{pmatrix} \in \mathrm{Mat}_{2,3}(\mathbb{R})$ e $B = \begin{pmatrix} 2 & -3 \\ -1 & 0 \\ 1 & 0 \end{pmatrix} \in \mathrm{Mat}_{3,2}(\mathbb{R})$.

$$AB = \begin{pmatrix} 1 & -2 & 3 \\ 0 & -1 & 2 \end{pmatrix} \begin{pmatrix} 2 & -3 \\ -1 & 0 \\ 1 & 0 \end{pmatrix} = \begin{pmatrix} (1,-2,3)(2,-1,1) & (1,-2,3)(-3,0,0) \\ (0,-1,2)(2,-1,1) & (0,-1,2)(-3,0,0) \end{pmatrix} = \begin{pmatrix} 7 & -3 \\ 3 & 0 \end{pmatrix}$$

$$BA = \begin{pmatrix} 2 & -3 \\ -1 & 0 \\ 1 & 0 \end{pmatrix} \begin{pmatrix} 1 & 2 & 3 \\ 0 & -1 & 2 \end{pmatrix} = \begin{pmatrix} (2,-3)(1,0) & (2,-3)(-2,-1) & (2,-3)(3,2) \\ (-1,0)(1,0) & (-1,0)(-2,-1) & (-1,0)(3,2) \\ (1,0)(1,0) & (1,0)(-2,-1) & (1,0)(3,2) \end{pmatrix} =$$

$$= \begin{pmatrix} 2 & -1 & 0 \\ -1 & 2 & -3 \\ 1 & -2 & 3 \end{pmatrix}.$$

In questo esercizio vediamo nuovamente che $AB \neq BA$, e hanno anche dimensione diversa!

Non si può calcolare $A+B$ perché A ha due righe e B ne ha tre.

Esercizio 20.3: SOLUZIONE

$A=\begin{pmatrix} 1 & 1 \\ -1 & -1 \end{pmatrix}$, Allora $A^2 = \begin{pmatrix} (1,1)(1,-1) & (1,1)(1,-1) \\ (-1,-1)(1,-1) & (-1,-1)(1,-1) \end{pmatrix} = \begin{pmatrix} 0 & 0 \\ 0 & 0 \end{pmatrix}$

Sorpresa: per un numero $x \in \mathbb{R}$ sappiamo che $x^2 = 0$ se e solo se $x = 0$, invece osserviamo che una matrice non nulla può avere quadrato nullo!

$B=\begin{pmatrix} 2 & -1 \\ 3 & -2 \end{pmatrix}$. Allora $B^2 = \begin{pmatrix} (2,-1)(2,3) & (2,-1)(-1,-2) \\ (3,-2)(2,3) & (3,-2)(-1,-2) \end{pmatrix} = \begin{pmatrix} 1 & 0 \\ 0 & 1 \end{pmatrix} = I$

Sorpresa: per un numero $x \in \mathbb{R}$ sappiamo che $x^2 = 1$ se e solo se $x = 1$ oppure -1, invece osserviamo che una matrice diversa da I e $-I$ può avere quadrato uguale a I!

Esercizio 20.4: SOLUZIONE

$A \cdot (B \cdot C) = A \cdot \begin{pmatrix} 10 \\ 14 \end{pmatrix} = \begin{pmatrix} 38 \\ 14 \end{pmatrix}$

$(A \cdot B) \cdot C = \begin{pmatrix} 2 & 3 & 8 \\ 1 & 1 & 3 \end{pmatrix} \cdot C = \begin{pmatrix} 38 \\ 14 \end{pmatrix}$

Esercizio 20.5: SOLUZIONE

Osserviamo che, per poter calcolare sia AB che BA, B deve essere una matrice 2×2, quindi scriviamo la matrice generica $B = \begin{pmatrix} a & b \\ c & d \end{pmatrix}$.

Imponiamo l'uguaglianza di $AB = \begin{pmatrix} 3a & 3b \\ 5c & 5d \end{pmatrix}$ e $BA = \begin{pmatrix} 3a & 5b \\ 3c & 5d \end{pmatrix}$: $\begin{cases} 3a = 3a \\ 3b = 5b \\ 5c = 3c \\ 5d = 5d \end{cases}$

$\Longrightarrow b = 0,\ c = 0$.

Conclusione: $AB = BA$ per $B \in \left\{ \begin{pmatrix} a & 0 \\ 0 & d \end{pmatrix} \mid a, d \in \mathbb{R} \right\}$

Esercizio 20.6: SOLUZIONE

Traccia: Impostiamo l'esercizio come il precedente e otteniamo $\begin{cases} a + 2c = 0 \\ b + 2d = 0 \\ -a - 2c = 0 \\ -b - 2d = 0 \end{cases}$

Per scrivere esplicitamente una matrice fissiamo due valori a caso per c e d, per esempio $c = 1$ e $d = 3$, e determiniamo di conseguenza $a = -2$ e $b = -6$.
Conclusione: Per $B = \begin{pmatrix} -2 & -6 \\ 1 & 3 \end{pmatrix}$ il prodotto $AB = \begin{pmatrix} 0 & 0 \\ 0 & 0 \end{pmatrix}$.

Esercizio 20.7: Prima di tutto osserviamo che, essendo tutte matrici quadrate $n \times n$, sono di taglia compatibile per il prodotto.

Per mostrare che $B^{-1}A^{-1}$ e AB sono una l'inversa dell'altra basta moltiplicarle tra loro e vedere se il risultato è la matrice identica. Possiamo "spostare le parentesi" per la proprietà associativa del prodotto, ma non possiamo cambiare l'ordine dei fattori:

$$(B^{-1}A^{-1})(AB) = B^{-1}(A^{-1}A)B = B^{-1}IB = B^{-1}(IB) = B^{-1}B = I$$

Nota: quindi in generale l'inversa di un prodotto $A \cdot B$ non è $A^{-1}B^{-1}$, ma in ordine contrario, cioè $B^{-1}A^{-1}$!!!

Capitolo 21

Algebra lineare: determinanti

Il determinante di una matrice $A = \begin{pmatrix} a & b \\ c & d \end{pmatrix} \in \mathrm{Mat}_2(\mathbb{R})$ è $\det(A) = ad - bc$.

In generale il determinante di una matrice quadrata $A = \begin{pmatrix} a_{11} & \dots & a_{1n} \\ \vdots & \dots & \vdots \\ a_{n1} & \dots & a_{nn} \end{pmatrix}$ si ottiene tramite lo **sviluppo rispetto alla i-ma riga (o colonna)**, secondo la formula $\det(A) = \boldsymbol{\sum_{j=1}^{n} (-1)^{i+j} \cdot a_{ij} \cdot \det(A_{ij})}$ dove A_{ij} è la sottomatrice che si ottiene cancellando la i-esima riga e la j-esima colonna di A. Si dimostra che è indipendente dalla riga o colonna scelta, quindi conviene svilupparlo rispetto a una riga o colonna con tanti zeri.

Spesso conviene effettuare qualche operazione elementare per aumentare il numero di zeri e applicare il **teorema di Binet**: $\det(AB) = \det(A) \cdot \det(B)$.

Esercizi

Esercizi Esercizi

Esercizio 21.1. Calcolare i determinanti delle seguenti matrici:
$A = \begin{pmatrix} 1 & 2 \\ 3 & 4 \end{pmatrix}$; $B = \begin{pmatrix} 1 & 2 \\ 4 & 8 \end{pmatrix}$; $C = \begin{pmatrix} 1 & 2 & 0 \\ 4 & 0 & 1 \\ -1 & 1 & 2 \end{pmatrix}$; $D = \begin{pmatrix} 1 & 2 & 3 \\ 4 & 5 & 6 \\ 7 & 8 & 9 \end{pmatrix}$.

Esercizio 21.2. Data la matrice $A = \begin{pmatrix} 2 & 1 & 0 \\ 4 & 0 & 1 \\ 7 & 1 & 3 \end{pmatrix}$ calcolare $\det(A)$ e

(a) Sia B come A **scambiando** R_1 e R_2. Verificare che $\det(B) = -\det(A)$.
(b) Sia B come A **moltiplicando** R_1 per 5. Verificare che $\det(B) = 5\det(A)$.
(c) Sia B come A **sommando** a R_2 $6R_3$. Verificare che $\det(B) = \det(A)$.

Esercizio 21.3. (extra) Sia data $M = \begin{pmatrix} x & y & z \\ 3 & 0 & 2 \\ 1 & 1 & 1 \end{pmatrix}$. Sapendo che $\det(M) = 1$, calcolare il determinante di

(a) $A = \begin{pmatrix} x & y & z \\ 6 & 0 & 4 \\ 3 & 3 & 3 \end{pmatrix}$ (b) $B = \begin{pmatrix} x-1 & y-1 & z-1 \\ 4 & 1 & 3 \\ 1 & 1 & 1 \end{pmatrix}$ (c) $C = \begin{pmatrix} 2x & 2y & 2z \\ 1 & 1 & 1 \\ 3 & 0 & 2 \end{pmatrix}$

Risultati Risultati Risultati

Esercizio 21.1: $-2,\ 0,\ -19,\ 0.$
Esercizio 21.2: $\det(A) = -7$; **(a)** 7; **(b)** -35 **(c)** -7.
Esercizio 21.3: **(a)** 6; **(b)** 1; **(c)** -2.

Soluzioni Soluzioni Soluzioni

Esercizio 21.1: SOLUZIONE

$\det(A) = \det\begin{pmatrix}1 & 2\\3 & 4\end{pmatrix} = 1\cdot 4 - 2\cdot 3 = \boxed{\text{-2}}$

$\det(B) = \det\begin{pmatrix}1 & 2\\4 & 8\end{pmatrix} = 1\cdot 8 - 2\cdot 4 = \boxed{0}$

$\det(C) =$ *sviluppo rispetto alla prima riga*

$$1\det\begin{pmatrix}\cancel{1} & \cancel{2} & \cancel{0}\\ \cancel{4} & 0 & 1\\ -\cancel{1} & 1 & 2\end{pmatrix} - 2\det\begin{pmatrix}\cancel{1} & \cancel{2} & \cancel{0}\\ 4 & \cancel{0} & 1\\ -1 & \cancel{1} & 2\end{pmatrix} + 0\det\begin{pmatrix}\cancel{1} & \cancel{2} & \cancel{0}\\ 4 & 0 & \cancel{1}\\ -1 & 1 & \cancel{2}\end{pmatrix} = 1(-1)-2(9) = \boxed{\text{-19}}$$

$\det(D) =$ *sviluppo rispetto alla prima riga*

$$1\cdot\det\begin{pmatrix}5 & 6\\8 & 9\end{pmatrix} - 2\cdot\det\begin{pmatrix}4 & 6\\7 & 9\end{pmatrix} + 3\cdot\det\begin{pmatrix}4 & 5\\7 & 8\end{pmatrix} = -3 - 2(-6) + 3(-3) = \boxed{0}$$

Esercizio 21.2: SOLUZIONE

Sviluppo rispetto alla 1^a riga:

$$\det(A) = \det\begin{pmatrix}2 & 1 & 0\\4 & 0 & 1\\7 & 1 & 3\end{pmatrix} = 2\det\begin{pmatrix}0 & 1\\1 & 3\end{pmatrix} - \det\begin{pmatrix}4 & 1\\7 & 3\end{pmatrix} = \boxed{\text{-7}}$$

<u>Osservazione</u>: le operazioni elementari sulle righe corrispondono al prodotto per le matrici elementari $E_a = \begin{pmatrix}0 & 1 & 0\\1 & 0 & 0\\0 & 0 & 1\end{pmatrix}$; $E_b = \begin{pmatrix}5 & 0 & 0\\0 & 1 & 0\\0 & 0 & 1\end{pmatrix}$; $E_c = \begin{pmatrix}1 & 0 & 0\\0 & 1 & 6\\0 & 0 & 1\end{pmatrix}$
quindi per il teorema di Binet si ha

$$\det(E_aA) = \det(E_a)\det(A) = -\det(A),$$
$$\det(E_bA) = \det(E_b)\det(A) = 5\det(A),$$
$$\det(E_cA) = \det(E_c)\det(A) = \det(A).$$

Ma convinciamoci svolgendo tutti i conti!

(a) $A \xrightarrow{R_1 \leftrightarrow R_2} B$. Sviluppo rispetto alla 2^a riga:

$$\det(E_a\cdot A) = \det\begin{pmatrix}4 & 0 & 1\\2 & 1 & 0\\7 & 1 & 3\end{pmatrix} = -2\det\begin{pmatrix}0 & 1\\1 & 3\end{pmatrix} + \det\begin{pmatrix}4 & 1\\7 & 3\end{pmatrix} = \boxed{7}$$

(b) $A \xrightarrow{5R_1} B$. Sviluppo rispetto alla 1^a riga:

$$\det\begin{pmatrix}5{\cdot}2 & 5{\cdot}1 & 5{\cdot}0\\4 & 0 & 1\\7 & 1 & 3\end{pmatrix} = 5{\cdot}2\det\begin{pmatrix}0 & 1\\1 & 3\end{pmatrix} - 5\det\begin{pmatrix}4 & 1\\7 & 3\end{pmatrix} = 5\cdot(-7) = \boxed{\text{-35}}$$

(c) $A \overset{R_2+6R_3}{\longrightarrow} B$: Sviluppo rispetto alla 1^a riga:

$$\det\begin{pmatrix} 2 & 1 & 0 \\ 4+6\cdot 7 & 0+6 & 1+6\cdot 3 \\ 7 & 1 & 3 \end{pmatrix} = 2\det\begin{pmatrix} 0+6 & 1+6\cdot 3 \\ 1 & 3 \end{pmatrix} - \det\begin{pmatrix} 4+6\cdot 7 & 1+6\cdot 3 \\ 7 & 3 \end{pmatrix} = \boxed{-7}$$

<u>Attenzione al trabocchetto</u> $\det(5A) \neq 5 \cdot \det(A)$: moltiplicando una riga per 5 il determinante viene moltiplicato per 5, quindi moltiplicando tutte le righe di A per 5 si ottiene $\boxed{\det(5A)} = 5 \cdot 5 \cdot 5 \cdot \det(A) = \boxed{125 \cdot \det(A)}$

Esercizio 21.3: SOLUZIONE

Sia data $M = \begin{pmatrix} x & y & z \\ 3 & 0 & 2 \\ 1 & 1 & 1 \end{pmatrix}$. Sapendo che $\det(M) = 1$, calcolare i determinanti.

(a) $A = \begin{pmatrix} x & y & z \\ 6 & 0 & 4 \\ 3 & 3 & 3 \end{pmatrix}$ è uguale a M con la seconda riga moltiplicata per 2 e la terza riga moltiplicata per 3, procedendo come nello svolgimento dell'esercizio 21.2.(b), e ottenere che $\det(A) = 2\cdot 3\cdot \det(M) = \boxed{6}$

<u>Metodo alternativo</u>: osserviamo che $B = D\cdot M$ con $D = \begin{pmatrix} 1 & 0 & 0 \\ 0 & 2 & 0 \\ 0 & 0 & 3 \end{pmatrix}$ quindi per il teorema di Binet si ha $\det(A) = \det(D)\cdot \det(M) = 6\cdot \det(M) = \boxed{6}$.

(b) $B = \begin{pmatrix} x-1 & y-1 & z-1 \\ 4 & 1 & 3 \\ 1 & 1 & 1 \end{pmatrix}$ si ottiene da M sottraendo alla prima riga la terza ($R_1 - R_3$), e sommando alla seconda la terza ($R_2 + R_3$). Quindi, come nell'esercizio 21.2.(c), $\det(B) = \det(M) = \boxed{1}$

<u>Metodo alternativo</u>: $B = E_2\cdot E_1\cdot M$ con $E_1 = \begin{pmatrix} 1 & 0 & -1 \\ 0 & 1 & 0 \\ 0 & 0 & 1 \end{pmatrix}$ e $E_2 = \begin{pmatrix} 1 & 0 & 0 \\ 0 & 1 & 1 \\ 0 & 0 & 1 \end{pmatrix}$ quindi per il teorema di Binet si ha:
$\det(A) = \det(E_2)\cdot \det(E_1)\cdot \det(M) = 1\cdot \det(M) = \boxed{1}$.

(c) $C = \begin{pmatrix} 2x & 2y & 2z \\ 1 & 1 & 1 \\ 3 & 0 & 2 \end{pmatrix}$ è uguale a M con prima riga moltiplicata per 2, e seconda e terza riga scambiate, quindi combinando i punti dell'esercizio.21.2 (a) e (b), abbiamo che $\det(C) = 2\cdot(-1)\cdot \det(M) = \boxed{-2}$

<u>Metodo alternativo</u>: $C = E\cdot D\cdot M$ con $D = \begin{pmatrix} 2 & 0 & 0 \\ 0 & 1 & 0 \\ 0 & 0 & 1 \end{pmatrix}$ e $E = \begin{pmatrix} 1 & 0 & 0 \\ 0 & 0 & 1 \\ 0 & 1 & 0 \end{pmatrix}$ quindi si ha $\det(A) = \det(E)\cdot \det(D)\cdot \det(M) = 2\cdot(-1)\cdot \det(M) = \boxed{-2}$.

Capitolo 22

Algebra lineare: riduzione di Gauss

I sistemi lineari sono già conosciuti dalla scuola media e vengono spesso risolti "improvvisando" in base alla "comodità" dei coefficienti.

Però è bene conoscere un buon metodo, perché tanti problemi tecnici e tecnologici si risolvono tramite sistemi lineari molto grandi e che inoltre presentano coefficienti approssimati. Gauss se ne preoccupò perché doveva risolvere a mano questi calcoli e ideò un metodo per limitare il rischio di "errore umano" e il numero di operazioni (e quindi la propagazione e crescita delle approssimazioni).

Il metodo della riduzione Gaussiana si applica a molti problemi e consiste nel trasformare la matrice data in una equivalente "a scalini" (cioè: per ogni riga la prima entrata $\neq 0$ è più a destra di quella nella riga precedente) tramite operazioni elementari sulle righe e concentrando l'attenzione su una colonna per volta, dalla prima all'ultima. Più facile a farsi che a dirsi! Vediamo!

Esercizi

Esercizio 22.1. (base) Risolvere con la riduzione Gaussiana il sistema lineare

$$\begin{cases} 2x + 2y & = 0 \\ x + y + z & = 1 \\ 2x + 7y + z & = 0 \end{cases}$$

Esercizio 22.2. (base) Calcolare, se esiste, l'inversa di $A = \begin{pmatrix} 3 & 2 \\ 1 & 3 \end{pmatrix} \in \mathrm{Mat}_2(\mathbb{R})$.

Esercizio 22.3. (base) Calcolare, se esiste, l'inversa di $A = \begin{pmatrix} 1 & 2 \\ 2 & 4 \end{pmatrix} \in \mathrm{Mat}_2(\mathbb{R})$.

Esercizio 22.4. (base) Risolvere con la riduzione Gaussiana i sistemi lineari:

(a) $\begin{pmatrix} 2 & -1 \\ 2 & 3 \\ 4 & 2 \end{pmatrix} \begin{pmatrix} x \\ y \end{pmatrix} = \begin{pmatrix} 1 \\ -1 \\ 0 \end{pmatrix}$

(b) $\begin{pmatrix} 2 & -1 & 0 \\ 4 & 2 & 1 \end{pmatrix} \begin{pmatrix} x \\ y \\ z \end{pmatrix} = \begin{pmatrix} 1 \\ -2 \end{pmatrix}$

(c) $\begin{pmatrix} 2 & -1 & 0 \\ 2 & 3 & 1 \\ 4 & 2 & 1 \end{pmatrix} \begin{pmatrix} x \\ y \\ z \end{pmatrix} = \begin{pmatrix} 1 \\ -2 \\ 2 \end{pmatrix}$

Esercizio 22.5. (extra) Combinando atomi di rame (Cu) con molecole di acido solforico (H_2SO_4), si ottengono molecole di solfato di rame ($CuSO_4$), di acqua (H_2O) e di anidride solforosa (SO_2). Determinare il numero delle molecole che entrano a far parte della reazione.

Esercizio 22.6. (esame) Siano $a \in \mathbb{R}$ e $A_a = \begin{pmatrix} a & -1 & 3 \\ a & -2 & 6 \\ -1 & 2a & -6 \end{pmatrix}$

(a) Dire per quali valori del parametro $a \in \mathbb{R}$ la matrice A_a è invertibile.
(b) Calcolare l'inversa di A_{-1}.
(c) Sia $\beta = \pi^{\sqrt{2}}$. Quante soluzioni ha il sistema $(A_\beta)^9 \begin{pmatrix} x \\ y \\ z \end{pmatrix} = \begin{pmatrix} \sqrt[5]{7} \\ \sin(3.05) \\ \ln(3) \end{pmatrix}$?

Esercizio 22.7. (esame) Si consideri la famiglia di sistemi lineari

$$\mathcal{S}_a : \begin{cases} a\,x + y - z = 1 \\ y + (a-1)z = 2 \end{cases} \quad \text{al variare di } a \in \mathbb{R}.$$

(a) Verificare che il sistema $\mathcal{S}_0$ non ha soluzioni.
(b) Calcolare le soluzioni di $\mathcal{S}_2$.
(c) Aggiungere un'equazione lineare a $\mathcal{S}_2$ in modo che abbia un'unica soluzione.
(d) Aggiungere un'equazione lineare al sistema $\mathcal{S}_2$ in modo che non abbia soluzioni.

Esercizio 22.8. (esame) Dato un numero reale a si consideri il sistema:

$$\mathcal{S}_a : \begin{cases} 2x + y + az = 1 \\ ax + ay + z = -1 \\ 3x + 2y + 2az = 2 \end{cases}$$

(a) Determinare l'inversa della matrice dei coefficienti del sistema $\mathcal{S}_0$.
(b) Determinare le soluzioni del sistema per $a = 0$ e $a = -1$.
(c) Discutere al variare di $a \in \mathbb{R}$ il numero delle soluzioni del sistema.

Esercizio 22.9. (esame) Si consideri la famiglia di sistemi lineari

$$\mathcal{T}_a : \begin{cases} x + y - a\,z = 1 \\ x + z = 0 \\ 2x - y + (a-1)z = 2 \end{cases} \quad \text{al variare del parametro } a \in \mathbb{R}.$$

Denotiamo con $\mathcal{S}_a$ il sistema lineare dato dalle prime due equazioni.
(a) Quante soluzioni ha $\mathcal{T}_1$? Determinarle con il metodo di Gauss e verificare il risultato.
(b) Determinare le soluzioni di $\mathcal{S}_2$ e verificare il risultato.
(c) Verificare che tutti i sistemi $\mathcal{S}_a$ hanno almeno una soluzione.

Esercizio 22.10. (esame) Siano date le matrici $A_k = \begin{pmatrix} 1 & 2 & 2 \\ 3 & k & k \\ 0 & 0 & k \end{pmatrix}$, $X = \begin{pmatrix} x \\ y \\ z \end{pmatrix}$,

$B = \begin{pmatrix} 1 \\ 1 \\ 1 \end{pmatrix}$, e M_k formata dalle prime due righe di A_k con parametro $k \in \mathbb{R}$.

(a) Con il metodo di Gauss determinare le soluzioni del sistema $A_3 \cdot X = B$ e verificare il risultato.

(b) Determinare le soluzioni del sistema $M_3 \cdot X = \begin{pmatrix} 1 \\ 1 \end{pmatrix}$ e verificare il risultato.

(c) Per quali valori di k il sistema $A_k \cdot X = B$ ha infinite soluzioni? Per quali valori di k non ha soluzioni?

Risultati

Risultati Risultati

Esercizio 22.1: $(\frac{1}{5}, -\frac{1}{5}, 1)$

Esercizio 22.2: $\begin{pmatrix} 3/7 & -2/7 \\ -1/7 & 3/7 \end{pmatrix}$

Esercizio 22.3: Non è invertibile.

Esercizio 22.4: **(a)** $(\frac{1}{4}, -\frac{1}{2})$; **(b)** $\{(-\frac{t}{8}, -1 - \frac{t}{4}, t) \mid t \in \mathbb{R}\}$;
(c) Il sistema non ammette soluzioni.

Esercizio 22.5: $Cu : 1$; $H_2SO_4 : 2$; $CuSO_4 : 1$; $H_2O : 2$; $SO_2 : 1$

Esercizio 22.6: **(a)** A è invertibile per tutti e soli gli $a \in \mathbb{R}\setminus\{0, 1\}$;
(b) L'inversa di A_{-1} è la matrice $\begin{pmatrix} -2 & 1 & 0 \\ 1 & -\frac{3}{4} & -\frac{1}{4} \\ 0 & \frac{1}{12} & -\frac{1}{12} \end{pmatrix}$;
(c) il sistema ha un'unica soluzione.

Esercizio 22.7: **(a)** $\mathcal{S}_0 : \left(\begin{array}{ccc|c} 0 & 1 & -1 & 1 \\ 0 & 1 & -1 & 2 \end{array}\right) \to \left(\begin{array}{ccc|c} 0 & 1 & -1 & 1 \\ 0 & 0 & 0 & 1 \end{array}\right) \Rightarrow$ non ha soluzioni;
(b) $\{(-\frac{1}{2} + t, 2 - t, t) \mid t \in \mathbb{R}\}$;
(c) (per esempio) $z = 0$. **(d)** (per esempio) $y + z = 0$.

Esercizio 22.8: **(a)** $\begin{pmatrix} 2 & 0 & -1 \\ -3 & 0 & 2 \\ 0 & 1 & 0 \end{pmatrix}$; **(b)** Se $a = 0$ l'unica soluzione è $(0, 1, -1)$, se $a = -1$ ci sono infinite soluzioni $\{(0, t + 1, t) \mid t \in \mathbb{R}\}$.
(c) Se $a \in \mathbb{R}\setminus\{1, -1\}$ il sistema ha una sola soluzione (perché la matrice dei coefficienti è invertibile). Se $a = -1$ ci sono infinite soluzioni, se $a = 1$ non ci sono soluzioni.

Esercizio 22.9: **(a)** Il sistema ha una soluzione: $(\frac{3}{4}, -\frac{1}{2}, -\frac{3}{4})$;
(b) $\{(-t, 1 + 3t, t) \mid t \in \mathbb{R}\}$;
(c) Tutti i sistemi $\mathcal{S}_a$ hanno almeno la soluzione $(0, 1, 0)$, indipendentemente dal valore di $a \in \mathbb{R}$.

Esercizio 22.10: **(a)** Il sistema ha una soluzione: $(-\frac{1}{3}, \frac{1}{3}, \frac{1}{3})$;
(b) $\{(-\frac{1}{3}, \frac{2}{3} - t, t) \mid t \in \mathbb{R}\}$;
(c) Il sistema $A_k \cdot X = B$ non ha soluzioni per $k \in \{0, 6\}$, e per nessun $k \in \mathbb{R}$ ha infinite soluzioni.

Soluzioni

Soluzioni Soluzioni

Esercizio 22.1: SOLUZIONE

Scriviamo la **matrice completa** associata al sistema $C = \left(\begin{array}{ccc|c} 2 & 2 & 0 & 0 \\ 1 & 1 & 1 & 1 \\ 2 & 7 & 1 & 0 \end{array}\right)$

(1) con moltiplicazione di righe: (più passaggi, ma più semplici)

Prima colonna:

$$C \xrightarrow{R_1 \cdot \frac{1}{2}} \left(\begin{array}{ccc|c} 1 & 1 & 0 & 0 \\ 1 & 1 & 1 & 1 \\ 2 & 7 & 1 & 0 \end{array}\right) \xrightarrow{R_2 - R_1} \left(\begin{array}{ccc|c} 1 & 1 & 0 & 0 \\ 0 & 0 & 1 & 1 \\ 2 & 7 & 1 & 0 \end{array}\right) \xrightarrow{R_3 - 2R_1} \left(\begin{array}{ccc|c} 1 & 1 & 0 & 0 \\ 0 & 0 & 1 & 1 \\ 0 & 5 & 1 & 0 \end{array}\right)$$

Seconda colonna: $\xrightarrow{R_2 \leftrightarrow R_3} \left(\begin{array}{ccc|c} 1 & 1 & 0 & 0 \\ 0 & 5 & 1 & 0 \\ 0 & 0 & 1 & 1 \end{array}\right) \xrightarrow{R_2 \cdot \frac{1}{5}} \left(\begin{array}{ccc|c} 1 & 1 & 0 & 0 \\ 0 & 1 & 1/5 & 0 \\ 0 & 0 & 1 & 1 \end{array}\right)$

La matrice è "a scalini", e il sistema è equivalente a $\begin{cases} x + y = 0 \\ y + \frac{1}{5}z = 0 \\ z = 1 \end{cases}$

> Ora si può calcolare direttamente la soluzione del sistema, oppure continuare con la riduzione all'indietro: *i calcoli sono esattamente gli stessi.* Sapendo che la verifica finale potrebbe mostrarci (ahimé) che abbiamo fatto un errore di calcolo, continuiamo con la forma matriciale perché è molto più semplice da controllare e correggere.

Riduzione all'indietro: (in questa fase si usano solo operazioni elementari di somma) $\xrightarrow{R_2 - \frac{1}{5}R_3} \left(\begin{array}{ccc|c} 1 & 1 & 0 & 0 \\ 0 & 1 & 0 & -1/5 \\ 0 & 0 & 1 & 1 \end{array}\right) \xrightarrow{R_1 - R_2} \left(\begin{array}{ccc|c} 1 & 0 & 0 & 1/5 \\ 0 & 1 & 0 & -1/5 \\ 0 & 0 & 1 & 1 \end{array}\right)$

Quindi il sistema è equivalente a $\begin{cases} x = \frac{1}{5} \\ y = -\frac{1}{5} \\ z = 1 \end{cases}$

Conclusione: La soluzione del sistema è $\left(\frac{1}{5}, -\frac{1}{5}, 1\right)$.

Verifica: $\begin{cases} 2x + 2y = \frac{2}{5} - \frac{2}{5} = 0 \\ x + y + z = \frac{1}{5} - \frac{1}{5} + 1 = 1 \\ 2x + 7y + z = \frac{2}{5} - \frac{7}{5} + 1 = 0 \end{cases}$ *esatto!*

(2) Senza moltiplicazione di righe: (meno passaggi, ma più delicati)

Prima colonna: $C \xrightarrow{R_2 - \frac{1}{2}R_1} \left(\begin{array}{ccc|c} 2 & 2 & 0 & 0 \\ 0 & 0 & 1 & 1 \\ 2 & 7 & 1 & 0 \end{array}\right) \xrightarrow{R_3 - R_1} \left(\begin{array}{ccc|c} 2 & 2 & 0 & 0 \\ 0 & 0 & 1 & 1 \\ 0 & 5 & 1 & 0 \end{array}\right)$

Seconda colonna: $\xrightarrow{R_2 \leftrightarrow R_3} \left(\begin{array}{ccc|c} 2 & 2 & 0 & 0 \\ 0 & 5 & 1 & 0 \\ 0 & 0 & 1 & 1 \end{array}\right)$

Quindi il sistema è equivalente a $\begin{cases} 2x & +2y & & = & 0 \\ & 5y & +z & = & 0 \\ & & z & = & 1 \end{cases}$

Riduzione all'indietro: $\overset{R_2-R_3}{\longrightarrow} \left(\begin{array}{ccc|c} 2 & 2 & 0 & 0 \\ 0 & 5 & 0 & -1 \\ 0 & 0 & 1 & 1 \end{array}\right) \overset{R_1-\frac{2}{5}R_2}{\longrightarrow} \left(\begin{array}{ccc|c} 2 & 0 & 0 & 2/5 \\ 0 & 5 & 0 & -1 \\ 0 & 0 & 1 & 1 \end{array}\right)$

Quindi il sistema è equivalente a $\begin{cases} 2x & & & = & \frac{2}{5} \\ & 5y & & = & -1 \\ & & z & = & 1 \end{cases}$

<u>Conclusione</u>: La soluzione è $(\frac{1}{5}, -\frac{1}{5}, 1)$.

Esercizio 22.2: SOLUZIONE

Costruiamo $(A \mid I) \in \mathrm{Mat}_{2,4}(\mathbb{R})$ concatenando la matrice A e la matrice identica I, poi iniziamo la riduzione gaussiana sulle prime due colonne:

$$(A \mid I) = \left(\begin{array}{cc|cc} 3 & 2 & 1 & 0 \\ 1 & 3 & 0 & 1 \end{array}\right) \overset{R_1 \leftrightarrow R_2}{\longrightarrow} \left(\begin{array}{cc|cc} 1 & 3 & 0 & 1 \\ 3 & 2 & 1 & 0 \end{array}\right) \overset{R_2-3R_1}{\longrightarrow} \left(\begin{array}{cc|cc} 1 & 3 & 0 & 1 \\ 0 & -7 & 1 & -3 \end{array}\right)$$

Nelle prime due colonne abbiamo ottenuto una matrice triangolare con diagonale non nulla, che quindi è invertibile, allora anche A è **invertibile**.

Riduzione all'indietro:

$$\overset{R_2\cdot(-\frac{1}{7})}{\longrightarrow} \left(\begin{array}{cc|cc} 1 & 3 & 0 & 1 \\ 0 & 1 & -1/7 & 3/7 \end{array}\right) \overset{R_1-3R_2}{\longrightarrow} \left(\begin{array}{cc|cc} 1 & 0 & 3/7 & -2/7 \\ 0 & 1 & -1/7 & 3/7 \end{array}\right)$$

Nelle prime due colonne abbiamo la matrice I, allora nelle ultime due c'è l'inversa di A.

<u>Conclusione</u>: A è invertibile e la sua inversa è $A^{-1} = \begin{pmatrix} 3/7 & -2/7 \\ -1/7 & 3/7 \end{pmatrix}$

<u>Verifica</u>: $\begin{pmatrix} 3 & 2 \\ 1 & 3 \end{pmatrix} \cdot \begin{pmatrix} 3/7 & -2/7 \\ -1/7 & 3/7 \end{pmatrix} = (\ldots\textit{svolgere i conti}\ldots) = \begin{pmatrix} 1 & 0 \\ 0 & 1 \end{pmatrix}$

Esercizio 22.3: SOLUZIONE

$$(A \mid I) = \left(\begin{array}{cc|cc} 1 & 2 & 1 & 0 \\ 2 & 4 & 0 & 1 \end{array}\right) \overset{R_2-2R_1}{\longrightarrow} \left(\begin{array}{cc|cc} 1 & 2 & 1 & 0 \\ 0 & 0 & -2 & 1 \end{array}\right)$$

Nelle prime due colonne abbiamo una matrice con una riga nulla, quindi non è invertibile. Allora anche A non è invertibile.

<u>Conclusione</u>: A non è invertibile.

Esercizio 22.4: SOLUZIONE

(a) $\left(\begin{array}{cc|c} 2 & -1 & 1 \\ 2 & 3 & -1 \\ 4 & 2 & 0 \end{array}\right) \xrightarrow{R_2-R_1} \left(\begin{array}{cc|c} 2 & -1 & 1 \\ 0 & 4 & -2 \\ 4 & 2 & 0 \end{array}\right) \xrightarrow{R_3-2R_1} \left(\begin{array}{cc|c} 2 & -1 & 1 \\ 0 & 4 & -2 \\ 0 & 4 & -2 \end{array}\right) \xrightarrow{R_3-R_2} \left(\begin{array}{cc|c} 2 & -1 & 1 \\ 0 & 4 & -2 \\ 0 & 0 & 0 \end{array}\right)$

$\xrightarrow{R_2\cdot(\frac{1}{4})} \left(\begin{array}{cc|c} 2 & -1 & 1 \\ 0 & 1 & -\frac{1}{2} \\ 0 & 0 & 0 \end{array}\right) \xrightarrow{R_1+R_2} \left(\begin{array}{cc|c} 2 & 0 & \frac{1}{2} \\ 0 & 1 & -\frac{1}{2} \\ 0 & 0 & 0 \end{array}\right)$ che corrisponde a $\begin{cases} x = \frac{1}{4} \\ y = -\frac{1}{2} \end{cases}$

Conclusione: $(\frac{1}{4}, -\frac{1}{2})$;

Verifica: $\begin{pmatrix} 2 & -1 \\ 2 & 3 \\ 4 & 2 \end{pmatrix} \begin{pmatrix} \frac{1}{4} \\ -\frac{1}{2} \end{pmatrix} = \begin{pmatrix} 2(\frac{1}{4}) - 1(-\frac{1}{2}) \\ 2(\frac{1}{4}) + 3(-\frac{1}{2}) \\ 4(\frac{1}{4}) + 2(-\frac{1}{2}) \end{pmatrix} = \begin{pmatrix} \frac{1}{2} + \frac{1}{2} \\ \frac{1}{2} - \frac{3}{2} \\ 1 - 1 \end{pmatrix} = \begin{pmatrix} 1 \\ -1 \\ 0 \end{pmatrix}$

(b) $\left(\begin{array}{ccc|c} 2 & -1 & 0 & 1 \\ 4 & 2 & 1 & -2 \end{array}\right)$ (rid. prima colonna) $\xrightarrow{R_2-2R_1} \left(\begin{array}{ccc|c} 2 & -1 & 0 & 1 \\ 0 & 4 & 1 & -4 \end{array}\right)$

$\xrightarrow{R_1\cdot(\frac{1}{2})} \left(\begin{array}{ccc|c} 1 & -\frac{1}{2} & 0 & \frac{1}{2} \\ 0 & 4 & 1 & -4 \end{array}\right)$ (rid. seconda colonna) $\xrightarrow{R_2\cdot(\frac{1}{4})} \left(\begin{array}{ccc|c} 1 & -\frac{1}{2} & 0 & \frac{1}{2} \\ 0 & 1 & \frac{1}{4} & -1 \end{array}\right)$

(rid. all'indietro) $\xrightarrow{R_1+\frac{1}{2}R_2} \left(\begin{array}{ccc|c} 1 & 0 & \frac{1}{8} & 0 \\ 0 & 1 & \frac{1}{4} & -1 \end{array}\right) \to$ sistema $\begin{cases} x + \frac{1}{8}z = 0 \\ y + \frac{1}{4}z = -1 \end{cases}$

z non è associato a un pivot, quindi lo uguagliamo a un parametro libero $z = t \in \mathbb{R}$ e le infinite soluzioni del sistema sono $\begin{cases} x &= -\frac{1}{8}t \\ y &= -1 - \frac{1}{4}t \quad t \in \mathbb{R} \\ z &= t \end{cases}$

Conclusione: $\{(-\frac{t}{8}, -1 - \frac{t}{4}, t) \mid t \in \mathbb{R}\}$;

Verifica: $\begin{pmatrix} 2 & -1 & 0 \\ 4 & 2 & 1 \end{pmatrix} \begin{pmatrix} -\frac{t}{8} \\ -1-\frac{t}{4} \\ t \end{pmatrix} = \begin{pmatrix} 2(-\frac{t}{8}) - (-1-\frac{t}{4}) + 0 \\ 4(-\frac{t}{8}) + 2(-1-\frac{t}{4}) + t \end{pmatrix} = \begin{pmatrix} -\frac{t}{4}+1+\frac{t}{4} \\ -\frac{t}{2} - 2 - \frac{t}{2}+t \end{pmatrix} = \begin{pmatrix} 1 \\ -2 \end{pmatrix}$

indipendentemente dal valore di $t \in \mathbb{R}$.

(c) $\left(\begin{array}{ccc|c} 2 & -1 & 0 & 1 \\ 2 & 3 & 1 & -2 \\ 4 & 2 & 1 & 2 \end{array}\right) \xrightarrow{R_2-R_1} \left(\begin{array}{ccc|c} 2 & -1 & 0 & 1 \\ 0 & 4 & 1 & -3 \\ 4 & 2 & 1 & 2 \end{array}\right) \xrightarrow{R_3-2R_1} \left(\begin{array}{ccc|c} 2 & -1 & 0 & 1 \\ 0 & 4 & 1 & -3 \\ 0 & 4 & 1 & 0 \end{array}\right)$

che corrisponde al sistema $\begin{cases} 2x - y = 1 \\ 4y + z = -3 \\ 4y + z = 0 \end{cases}$

Le ultime due equazioni sono incompatibili, cioè non hanno soluzioni in comune.

Conclusione: Il sistema non ammette soluzioni.

Esercizio 22.5: SOLUZIONE

Indichiamo il numero di molecole di Cu, H_2SO_4, $CuSO_4$, H_2O, SO_2 con x_1, x_2, x_3, x_4, x_5 rispettivamente. La reazione viene espressa con una uguaglianza del tipo

$$x_1\mathrm{Cu} + x_2\mathrm{H_2SO_4} = x_3\mathrm{CuSO_4} + x_4\mathrm{H_2O} + x_5\mathrm{SO_2}$$

Contiamo i numeri di atomi a primo e secondo membro: otteniamo

$$\begin{array}{c} \text{Cu} \\ \text{S} \\ \text{H} \\ \text{O} \end{array} \left\{ \begin{array}{cccccl} x_1 & & -x_3 & & & = 0 \\ & x_2 & -x_3 & & -x_5 & = 0 \\ & 2x_2 & & -2x_4 & & = 0 \\ & 4x_2 & -4x_3 & -x_4 & -2x_5 & = 0 \end{array} \right.$$

Scriviamo la matrice completa $C = \left(\begin{array}{ccccc|c} 1 & 0 & -1 & 0 & 0 & 0 \\ 0 & 1 & -1 & 0 & -1 & 0 \\ 0 & 2 & 0 & -2 & 0 & 0 \\ 0 & 4 & -4 & -1 & -2 & 0 \end{array} \right)$

Seconda colonna:

$$C \overset{R_3-2R_2}{\longrightarrow} \left(\begin{array}{ccccc|c} 1 & 0 & -1 & 0 & 0 & 0 \\ 0 & 1 & -1 & 0 & -1 & 0 \\ 0 & 0 & 2 & -2 & 2 & 0 \\ 0 & 4 & -4 & -1 & -2 & 0 \end{array} \right) \overset{R_4-4R_2}{\longrightarrow} \left(\begin{array}{ccccc|c} 1 & 0 & -1 & 0 & 0 & 0 \\ 0 & 1 & -1 & 0 & -1 & 0 \\ 0 & 0 & 2 & -2 & 2 & 0 \\ 0 & 0 & 0 & -1 & 2 & 0 \end{array} \right)$$

Riduzione all'indietro:

$$\overset{R_3-2R_4}{\longrightarrow} \left(\begin{array}{ccccc|c} 1 & 0 & -1 & 0 & 0 & 0 \\ 0 & 1 & -1 & 0 & -1 & 0 \\ 0 & 0 & 2 & 0 & -2 & 0 \\ 0 & 0 & 0 & -1 & 2 & 0 \end{array} \right) \overset{R_2+\frac{1}{2}R_3}{\longrightarrow} \cdots \overset{R_1+\frac{1}{2}R_3}{\longrightarrow} \left(\begin{array}{ccccc|c} 1 & 0 & 0 & 0 & -1 & 0 \\ 0 & 1 & 0 & 0 & -2 & 0 \\ 0 & 0 & 2 & 0 & -2 & 0 \\ 0 & 0 & 0 & -1 & 2 & 0 \end{array} \right)$$

Quindi il sistema è equivalente a $\left\{ \begin{array}{ccccl} x_1 & & & & = x_5 \\ & x_2 & & & = 2x_5 \\ & & 2x_3 & & = 2x_5 \\ & & & -x_4 & = -2x_5 \end{array} \right.$

Allora per ogni molecola di SO_2 ($x_5{=}1$) abbiamo $x_1{=}1$, $x_2{=}2$, $x_3{=}1$, $x_4{=}2$.
Conclusione: $Cu + 2H_2SO_4 = CuSO_4 + 2H_2O + SO_2$

Esercizio 22.6: SOLUZIONE

(a) La matrice è invertibile se e solo se il suo determinante è $\neq 0$.

$A_a = \begin{pmatrix} a & -1 & 3 \\ a & -2 & 6 \\ -1 & 2a & -6 \end{pmatrix}$ Sviluppiamo il determinante rispetto alla prima colonna: $\det(A_a) = a \det \begin{pmatrix} -2 & 6 \\ 2a & -6 \end{pmatrix} - a \det \begin{pmatrix} -1 & 3 \\ 2a & -6 \end{pmatrix} - \det \begin{pmatrix} -1 & 3 \\ -2 & 6 \end{pmatrix} \Longrightarrow$
$\det(A_a) = a(12 - 12a) - a(6{-}6a) - ({-}6{+}6) = a(6{-}6a)$

Quindi $\det(A_a) = 0$ se e solo se $a(6a{-}6) = 0$, ossia per $a = 0, a = 1$.
Conclusione: A è invertibile per tutti e soli gli $a \in \mathbb{R} \setminus \{0, 1\}$.

(b) $(A_{-1} \mid I) = \left(\begin{array}{ccc|ccc} -1 & -1 & 3 & 1 & 0 & 0 \\ -1 & -2 & 6 & 0 & 1 & 0 \\ -1 & -2 & -6 & 0 & 0 & 1 \end{array} \right) \overset{R_2-R_1}{\longrightarrow} \left(\begin{array}{ccc|ccc} 1 & -1 & 3 & 1 & 0 & 0 \\ 0 & -1 & 3 & -1 & 1 & 0 \\ -1 & -2 & -6 & 0 & 0 & 1 \end{array} \right)$

$$\overset{R_1 \leftrightarrow R_3}{\longrightarrow} \left(\begin{array}{ccc|ccc} -1 & -2 & -6 & 0 & 0 & 1 \\ 0 & -1 & 3 & -1 & 1 & 0 \\ -1 & -1 & 3 & 1 & 0 & 0 \end{array} \right) \overset{R_3-R_1}{\longrightarrow} (\ldots) \overset{R_3-R_2}{\longrightarrow} \left(\begin{array}{ccc|ccc} -1 & -2 & -6 & 0 & 0 & 1 \\ 0 & -1 & 3 & -1 & 1 & 0 \\ 0 & 2 & 6 & 2 & -1 & -1 \end{array} \right)$$

$$\xrightarrow{R_3+2R_2} \left(\begin{array}{ccc|ccc} -1 & -2 & -6 & 0 & 0 & 1 \\ 0 & -1 & 3 & -1 & 1 & 0 \\ 0 & 0 & 12 & 0 & 1 & -1 \end{array}\right)$$

$$\xrightarrow{R_1\cdot(-1)} (\ldots) \xrightarrow{R_2\cdot(-1)} (\ldots) \xrightarrow{R_3\cdot(\frac{1}{12})} \left(\begin{array}{ccc|ccc} 1 & 2 & 6 & 0 & 0 & -1 \\ 0 & 1 & -3 & 1 & -1 & 0 \\ 0 & 0 & 1 & 0 & \frac{1}{12} & -\frac{1}{12} \end{array}\right)$$

$$\xrightarrow{R_2+3R_3} \left(\begin{array}{ccc|ccc} 1 & 2 & 6 & 0 & 0 & -1 \\ 0 & 1 & 0 & 1 & -\frac{3}{4} & -\frac{1}{4} \\ 0 & 0 & 1 & 0 & \frac{1}{12} & -\frac{1}{12} \end{array}\right)$$

$$\xrightarrow{R_1-2R_2} \left(\begin{array}{ccc|ccc} 1 & 0 & 6 & -2 & \frac{3}{2} & -\frac{1}{2} \\ 0 & 1 & 0 & 1 & -\frac{3}{4} & -\frac{1}{4} \\ 0 & 0 & 1 & 0 & \frac{1}{12} & -\frac{1}{12} \end{array}\right) \xrightarrow{R_1-6R_3} \left(\begin{array}{ccc|ccc} 1 & 0 & 0 & -2 & 1 & 0 \\ 0 & 1 & 0 & 1 & -\frac{3}{4} & -\frac{1}{4} \\ 0 & 0 & 1 & 0 & \frac{1}{12} & -\frac{1}{12} \end{array}\right)$$

Conclusione: L'inversa di A_{-1} è la matrice $\begin{pmatrix} -2 & 1 & 0 \\ 1 & -\frac{3}{4} & -\frac{1}{4} \\ 0 & \frac{1}{12} & -\frac{1}{12} \end{pmatrix}$

Verifica: $\begin{pmatrix} -1 & -1 & 3 \\ -1 & -2 & 6 \\ -1 & -2 & -6 \end{pmatrix} \cdot \begin{pmatrix} -2 & 1 & 0 \\ 1 & -\frac{3}{4} & -\frac{1}{4} \\ 0 & \frac{1}{12} & -\frac{1}{12} \end{pmatrix} = (\ldots) = \begin{pmatrix} 1 & 0 & 0 \\ 0 & 1 & 0 \\ 0 & 0 & 1 \end{pmatrix}$

(c) Se $\beta = \pi^{\sqrt{2}}$ la matrice A_β è invertibile, e quindi il suo determinante è non nullo. Semplifichiamo la notazione: sia $M = (A_\beta)^9$.

Allora anche M è invertibile perché $\det(M) = (\det(A_\beta))^9 \neq 0$. Ricordiamo che fissato un qualsiasi $B \in \mathrm{Mat}_{3,1}(\mathbb{R})$, il sistema $Mx = B$ ha una unica soluzione, che precisamente è $x = M^{-1}B$ (*fortunatamente il testo non ci chiede di calcolarlo!!!*)

Conclusione: Il sistema ha un'unica soluzione.

Esercizio 22.7: SOLUZIONE

Famiglia di sistemi lineari $\mathcal{S}_a : \begin{cases} ax + y - z = 1 \\ y + (a-1)z = 2 \end{cases}$ al variare di $a \in \mathbb{R}$.

(a) *Verificare che il sistema $\mathcal{S}_0$ non ha soluzioni.*

$\mathcal{S}_0 : \left(\begin{array}{ccc|c} 0 & 1 & -1 & 1 \\ 0 & 1 & -1 & 2 \end{array}\right) \xrightarrow{R_2-R_1} \left(\begin{array}{ccc|c} 0 & 1 & -1 & 1 \\ 0 & 0 & 0 & 1 \end{array}\right)$ che corrisponde al sistema $\begin{cases} y - z & = 1 \\ 0 & = 1 \end{cases}$

Conclusione: L'equazione 0=1 non ha soluzioni, quindi il sistema $\mathcal{S}_0$ non ha soluzioni.

(b) *Calcolare le soluzioni di $\mathcal{S}_2$* : $\begin{cases} 2x + y - z = 1 \\ y + z = 2 \end{cases}$

$\left(\begin{array}{ccc|c} 2 & 1 & -1 & 1 \\ 0 & 1 & 1 & 2 \end{array}\right) \xrightarrow{R_1-R_2} \left(\begin{array}{ccc|c} 2 & 0 & -2 & -1 \\ 0 & 1 & 1 & 2 \end{array}\right) \rightarrow$ sistema $\begin{cases} 2x - 2z & = -1 \\ y + z & = 2 \end{cases}$

z non corrisponde a un pivot, quindi lo uguagliamo a un parametro libero $z = t \in \mathbb{R}$; allora il sistema ha infinite soluzioni che sono $\begin{cases} x & = -\frac{1}{2} + t \\ y & = 2 - t \\ z & = t \end{cases} \quad t \in \mathbb{R}$

Conclusione: $\{(-\frac{1}{2}+t, 2-t, t) \mid t \in \mathbb{R}\}$.

Verifica: $\begin{cases} 2(-\frac{1}{2}+t)+(2-t)-t=1 \\ (2-t)+t=2 \end{cases} \to \begin{cases} -1+2t+2-t-t=1 \\ 2-t+t=2 \end{cases} \to \begin{cases} 1=1 \\ 2=2 \end{cases}$

Verificato!

(c) *Aggiungere un'equazione lineare a $\mathcal{S}_2$ in modo che abbia un'unica soluzione.*

Ci sono diverse possibilità, ricordando che, affinché un sistema 3×3 abbia soluzioni, basta che la matrice dei coefficienti abbia determinante $\neq 0$.

Aggiungendo la riga $(0\ \ 0\ \ 1)$ otteniamo una matrice triangolare che ha determinante $2 \neq 0$, e possiamo scegliere qualsiasi valore reale per il termine noto.

Conclusione: (per esempio) $z = 0$.

(d) *Aggiungere un'equazione lineare al sistema $\mathcal{S}_2$ in modo che non abbia soluzioni.*

Ci sono diverse possibilità, ricordando che, affinché un sistema 3×3 non abbia soluzioni, la matrice dei coefficienti deve necessariamente avere determinante $= 0$.

Per esempio possiamo aggiungere l'equazione $0 = 1$ che già da sola non ha soluzioni.

Oppure l'equazione $y + z = 0$ che duplica la seconda riga della matrice dei coefficienti: $(0\ \ 1\ \ 1)$ e ha diverso termine noto, quindi le due equazioni sono incompatibili.

Conclusione: (per esempio) $y + z = 0$

Esercizio 22.8: SOLUZIONE

$$\mathcal{S}_a : \begin{cases} 2x + y + az = 1 \\ ax + ay + z = -1 \\ 3x + 2y + 2az = 2 \end{cases}$$

(a) *Determinare l'inversa della matrice dei coefficienti del sistema $\mathcal{S}_0$.*

$$\left(\begin{array}{ccc|ccc} 2 & 1 & 0 & 1 & 0 & 0 \\ 0 & 0 & 1 & 0 & 1 & 0 \\ 3 & 2 & 0 & 0 & 0 & 1 \end{array}\right) \xrightarrow{R_2 \leftrightarrow R_3} \left(\begin{array}{ccc|ccc} 2 & 1 & 0 & 1 & 0 & 0 \\ 3 & 2 & 0 & 0 & 0 & 1 \\ 0 & 0 & 1 & 0 & 1 & 0 \end{array}\right)$$

$$\xrightarrow{R_1(\frac{1}{2})} \left(\begin{array}{ccc|ccc} 1 & \frac{1}{2} & 0 & \frac{1}{2} & 0 & 0 \\ 3 & 2 & 0 & 0 & 0 & 1 \\ 0 & 0 & 1 & 0 & 1 & 0 \end{array}\right) \xrightarrow{R_2 - 3R_1} \left(\begin{array}{ccc|ccc} 1 & \frac{1}{2} & 0 & \frac{1}{2} & 0 & 0 \\ 0 & \frac{1}{2} & 0 & -\frac{3}{2} & 0 & 1 \\ 0 & 0 & 1 & 0 & 1 & 0 \end{array}\right)$$

$$\xrightarrow{R_1 - R_2} \left(\begin{array}{ccc|ccc} 1 & 0 & 0 & 2 & 0 & -1 \\ 0 & \frac{1}{2} & 0 & -\frac{3}{2} & 0 & 1 \\ 0 & 0 & 1 & 0 & 1 & 0 \end{array}\right) \xrightarrow{R_2 \cdot 2} \left(\begin{array}{ccc|ccc} 1 & 0 & 0 & 2 & 0 & -1 \\ 0 & 1 & 0 & -3 & 0 & 2 \\ 0 & 0 & 1 & 0 & 1 & 0 \end{array}\right)$$

Conclusione: L'inversa della matrice dei coefficienti di $\mathcal{S}_0$ è $\begin{pmatrix} 2 & 0 & -1 \\ -3 & 0 & 2 \\ 0 & 1 & 0 \end{pmatrix}$

Verifica: $\begin{pmatrix} 2 & 1 & 0 \\ 0 & 0 & 1 \\ 3 & 2 & 0 \end{pmatrix} \cdot \begin{pmatrix} 2 & 0 & -1 \\ -3 & 0 & 2 \\ 0 & 1 & 0 \end{pmatrix} = (\ldots svolgere\ i\ conti\ldots) = \begin{pmatrix} 1 & 0 & 0 \\ 0 & 1 & 0 \\ 0 & 0 & 1 \end{pmatrix}$

(b) *Determinare le soluzioni del sistema per $a = 0$ e $a = -1$.*

$\boldsymbol{a = 0}$: Abbiamo calcolato l'inversa di A_0, quindi

$\mathcal{S}_0 : A_0 \begin{pmatrix} x \\ y \\ z \end{pmatrix} = \begin{pmatrix} 1 \\ -1 \\ 2 \end{pmatrix}$ è equivalente a

$$\begin{pmatrix} x \\ y \\ z \end{pmatrix} = (A_0)^{-1} \cdot \begin{pmatrix} 1 \\ -1 \\ 2 \end{pmatrix} = \begin{pmatrix} 2 & 0 & -1 \\ -3 & 0 & 2 \\ 0 & 1 & 0 \end{pmatrix} \cdot \begin{pmatrix} 1 \\ -1 \\ 2 \end{pmatrix} = \begin{pmatrix} 2-0-2 \\ -3-0+4 \\ 0-1+0 \end{pmatrix} = \begin{pmatrix} 0 \\ 1 \\ -1 \end{pmatrix}$$

$$\boldsymbol{a = -1}: \left(\begin{array}{ccc|c} 2 & 1 & -1 & 1 \\ -1 & -1 & 1 & -1 \\ 3 & 2 & -2 & 2 \end{array}\right) \xrightarrow{R_1 \leftrightarrow R_2} \left(\begin{array}{ccc|c} -1 & -1 & 1 & -1 \\ 2 & 1 & -1 & 1 \\ 3 & 2 & -2 & 2 \end{array}\right)$$

$$\xrightarrow{R_1 \cdot (-1)} \left(\begin{array}{ccc|c} 1 & 1 & -1 & 1 \\ 2 & 1 & -1 & 1 \\ 3 & 2 & -2 & 2 \end{array}\right) \xrightarrow{R_2 - 2R_1} \left(\begin{array}{ccc|c} 1 & 1 & -1 & 1 \\ 0 & -1 & 1 & -1 \\ 3 & 2 & -2 & 2 \end{array}\right)$$

$$\xrightarrow{R_3 - 3R_1} \left(\begin{array}{ccc|c} 1 & 1 & -1 & 1 \\ 0 & -1 & 1 & -1 \\ 0 & -1 & 1 & -1 \end{array}\right) \xrightarrow{R_3 - R_2} \left(\begin{array}{ccc|c} 1 & 1 & -1 & 1 \\ 0 & -1 & 1 & -1 \\ 0 & 0 & 0 & 0 \end{array}\right)$$

$$\xrightarrow{R_2 \cdot (-1)} \left(\begin{array}{ccc|c} 1 & 1 & -1 & 1 \\ 0 & 1 & -1 & 1 \\ 0 & 0 & 0 & 0 \end{array}\right) \xrightarrow{R_1 - R_2} \left(\begin{array}{ccc|c} 1 & 0 & 0 & 0 \\ 0 & 1 & -1 & 1 \\ 0 & 0 & 0 & 0 \end{array}\right)$$

che corrisponde al sistema $\begin{cases} x & = 0 \\ y - z & = 1 \\ 0 & = 0 \end{cases}$

L'equazione $0 = 0$ è soddisfatta per qualunque $x, y, z \in \mathbb{R}$. Inoltre z non è associato a un pivot, quindi lo uguagliamo a un parametro libero $z = t \in \mathbb{R}$ e le infinite soluzioni del sistema sono $\begin{cases} x & = 0 \\ y & = 1 + t \\ z & = t \end{cases} \quad t \in \mathbb{R}$

Verifica: $\begin{pmatrix} 2 & 1 & -1 \\ -1 & -1 & 1 \\ 3 & 2 & -2 \end{pmatrix} \cdot \begin{pmatrix} 0 \\ t+1 \\ t \end{pmatrix} = \begin{pmatrix} 0 + t + 1 - t \\ 0 - t - 1 + t \\ 0 + 2t + 2 - 2t \end{pmatrix} = \begin{pmatrix} 1 \\ -1 \\ 2 \end{pmatrix}$

Conclusione: Se $a = 0$ l'unica soluzione è $(0, 1, -1)$, se $a = -1$ ci sono infinite soluzioni $\{(0, t+1, t) \mid t \in \mathbb{R}\}$.

(c) *Discutere al variare di $a \in \mathbb{R}$ il numero delle soluzioni del sistema.*

Calcoliamo il determinante della matrice dei coefficienti $A_a = \begin{pmatrix} 2 & 1 & a \\ a & a & 1 \\ 3 & 2 & 2a \end{pmatrix}$ rispetto alla prima riga:

$\det(A_a) = 2\det\begin{pmatrix} a & 1 \\ 2 & 2a\end{pmatrix} - 1\det\begin{pmatrix} a & 1 \\ 3 & 2a\end{pmatrix} + a\det\begin{pmatrix} a & a \\ 3 & 2\end{pmatrix} = 2(2a^2-2)-1(2a^2-3) + a(2a-3a) = 4a^2 - 4 - \cancel{2a^2} + 3 + \cancel{2a^2} - 3a^2 = a^2 - 1 = (a+1)(a-1)$

Allora se $a \in \mathbb{R}\backslash\{1,-1\}$ il sistema ha una sola soluzione perché $\det(A_a) \neq 0$.

Per $a = -1$ abbiamo già visto che esistono infinite soluzioni. Resta il caso:

$$\boldsymbol{a = 1}: \left(\begin{array}{ccc|c} 2 & 1 & 1 & 1 \\ 1 & 1 & 1 & -1 \\ 3 & 2 & 2 & 2 \end{array}\right) \xrightarrow{R_1 \leftrightarrow R_2} \left(\begin{array}{ccc|c} 1 & 1 & 1 & -1 \\ 2 & 1 & 1 & 1 \\ 3 & 2 & 2 & 2 \end{array}\right)$$

$$\xrightarrow{R_2 - 2R_1} \left(\begin{array}{ccc|c} 1 & 1 & 1 & -1 \\ 0 & -1 & -1 & 3 \\ 3 & 2 & 2 & 2 \end{array}\right) \xrightarrow{R_3 - 3R_1} \left(\begin{array}{ccc|c} 1 & 1 & 1 & -1 \\ 0 & -1 & -1 & 3 \\ 0 & -1 & -1 & 5 \end{array}\right)$$

Il sistema equivalente ha due equazioni incompatibili $-y-z=3$ e $-y-z=5$, quindi $\mathcal{S}_1$ non ha soluzioni.

<u>Conclusione</u>: Se $a \in \mathbb{R}\backslash\{1,-1\}$ il sistema ha una sola soluzione.
Se $a = -1$ ci sono infinite soluzioni, se $a = 1$ non ci sono soluzioni.

Esercizio 22.9: Soluzione

Famiglia di sistemi lineari $\mathcal{T}_a : \begin{cases} x + y - a\,z = 1 \\ x + z = 0 \\ 2x - y + (a-1)z = 2 \end{cases} \qquad a \in \mathbb{R}$.

Denotiamo con $\mathcal{S}_a$ il sistema lineare dato dalle prime due equazioni.

(a) *Quante soluzioni ha $\mathcal{T}_1$? Determinarle con il metodo di Gauss e verificare.*

$$\mathcal{T}_1 : \begin{cases} x + y - z = 1 \\ x + z = 0 \\ 2x - y = 2 \end{cases} \quad \rightarrow \quad \left(\begin{array}{ccc|c} 1 & 1 & -1 & 1 \\ 1 & 0 & 1 & 0 \\ 2 & -1 & 0 & 2 \end{array}\right)$$

Riduzione della prima colonna:

$$\xrightarrow{R_2 - R_1} \left(\begin{array}{ccc|c} 1 & 1 & -1 & 1 \\ 0 & -1 & 2 & -1 \\ 2 & -1 & 0 & 2 \end{array}\right) \xrightarrow{R_3 - 2R_1} \left(\begin{array}{ccc|c} 1 & 1 & -1 & 1 \\ 0 & -1 & 2 & -1 \\ 0 & -3 & 2 & 0 \end{array}\right)$$

Riduzione della seconda colonna: Riduzione della terza colonna:

$$\xrightarrow{R_2 \cdot (-1)} \left(\begin{array}{ccc|c} 1 & 1 & -1 & 1 \\ 0 & 1 & -2 & 1 \\ 0 & -3 & 2 & 0 \end{array}\right) \xrightarrow{R_3 + 3R_2} \left(\begin{array}{ccc|c} 1 & 1 & -1 & 1 \\ 0 & 1 & -2 & 1 \\ 0 & 0 & -4 & 3 \end{array}\right) \xrightarrow{R_3 \cdot (-\frac{1}{4})} \left(\begin{array}{ccc|c} 1 & 1 & -1 & 1 \\ 0 & 1 & -2 & 1 \\ 0 & 0 & 1 & -\frac{3}{4} \end{array}\right)$$

Riduzione all'indietro:

$$\xrightarrow{R_1 - R_2} \left(\begin{array}{ccc|c} 1 & 0 & 1 & 0 \\ 0 & 1 & -2 & 1 \\ 0 & 0 & 1 & -\frac{3}{4} \end{array}\right) \xrightarrow{R_1 - R_3} \left(\begin{array}{ccc|c} 1 & 0 & 0 & \frac{3}{4} \\ 0 & 1 & -2 & 1 \\ 0 & 0 & 1 & -\frac{3}{4} \end{array}\right) \xrightarrow{R_2 + 2R_3} \left(\begin{array}{ccc|c} 1 & 0 & 0 & \frac{3}{4} \\ 0 & 1 & 0 & -\frac{1}{2} \\ 0 & 0 & 1 & -\frac{3}{4} \end{array}\right)$$

<u>Conclusione</u>: Il sistema ha una soluzione: $(\frac{3}{4}, -\frac{1}{2}, -\frac{3}{4})$

<u>Verifica</u>: $\begin{pmatrix} 1 & 1 & -1 \\ 1 & 0 & 1 \\ 2 & -1 & 0 \end{pmatrix} \begin{pmatrix} \frac{3}{4} \\ -\frac{1}{2} \\ -\frac{3}{4} \end{pmatrix} = \begin{pmatrix} \frac{3}{4} - \frac{1}{2} + \frac{3}{4} \\ \frac{3}{4} - \frac{3}{4} \\ 2\frac{3}{4} + \frac{1}{2} \end{pmatrix} = \begin{pmatrix} 1 \\ 0 \\ 2 \end{pmatrix}$ *Verificato!*

(b) *Determinare le soluzioni di* $\mathcal{S}_2$ *e verificare il risultato.*

$$\mathcal{S}_2 : \begin{cases} x + y - 2z = 1 \\ x + z = 0 \end{cases} \quad \rightarrow \quad \left(\begin{array}{ccc|c} 1 & 1 & -2 & 1 \\ 1 & 0 & 1 & 0 \end{array}\right)$$

Rid. prima colonna: Rid. seconda colonna: Rid. all'indietro:

$$\xrightarrow{R_2-R_1} \left(\begin{array}{ccc|c} 1 & 1 & -2 & 1 \\ 0 & -1 & 3 & -1 \end{array}\right) \xrightarrow{R_2\cdot(-1)} \left(\begin{array}{ccc|c} 1 & 1 & -2 & 1 \\ 0 & 1 & -3 & 1 \end{array}\right) \xrightarrow{R_1-R_2} \left(\begin{array}{ccc|c} 1 & 0 & 1 & 0 \\ 0 & 1 & -3 & 1 \end{array}\right)$$

che corrisponde a $\begin{cases} x + z = 0 \\ y - 3z = 1 \end{cases}$

z non corrisponde a un pivot, quindi lo uguagliamo a un parametro libero $z = t \in \mathbb{R}$; allora il sistema ha infinite soluzioni che sono $\begin{cases} x &= -t \\ y &= 1 + 3t \\ z &= t \end{cases}$ $t \in \mathbb{R}$

Conclusione: $\{(-t, 1 + 3t, t) \mid t \in \mathbb{R}\}$.

Verifica: $\begin{pmatrix} 1 & 1 & -2 \\ 1 & 0 & 1 \end{pmatrix} \begin{pmatrix} -t \\ 1 + 3t \\ t \end{pmatrix} = \begin{pmatrix} -t + 1{+}3t - 2t \\ -t + 0 + t \end{pmatrix} = \begin{pmatrix} 1 \\ 0 \end{pmatrix}$ *Verificato!*

(c) *Verificare che tutti i sistemi* $\mathcal{S}_a$ *hanno almeno una soluzione.*

$$\mathcal{S}_a : \begin{cases} x + y - a\,z = 1 \\ x + z = 0 \end{cases}$$

Proviamo a fissare un valore, $z = 0$, questo equivale a cercare, tra le soluzioni di $\mathcal{S}_a$, quelle che hanno $z = 0$: il sistema diventa $\begin{cases} x + y = 1 \\ x = 0 \\ z = 0 \end{cases}$ e ha soluzione $(0, 1, 0)$.

Conclusione: Tutti i sistemi $\mathcal{S}_a$ hanno almeno la soluzione $(0, 1, 0)$, indipendentemente dal valore di $a \in \mathbb{R}$.

Verifica: $\mathcal{S}_a : \begin{cases} 0 + 1 - a\,0 = 1 \\ 0 + 0 = 0 \end{cases}$ *Verificato!*

Esercizio 22.10: SOLUZIONE

$A_k = \begin{pmatrix} 1 & 2 & 2 \\ 3 & k & k \\ 0 & 0 & k \end{pmatrix}$, $X = \begin{pmatrix} x \\ y \\ z \end{pmatrix}$, $B = \begin{pmatrix} 1 \\ 1 \\ 1 \end{pmatrix}$, e M_k prime due righe di A_k.

(a) *Con il metodo di Gauss determinare le soluzioni del sistema* $A_3 \cdot X = B$ *e verificare il risultato.*

Rid. prima colonna: Rid. seconda colonna:

$$(A_3 \mid B) = \left(\begin{array}{ccc|c} 1 & 2 & 2 & 1 \\ 3 & 3 & 3 & 1 \\ 0 & 0 & 3 & 1 \end{array}\right) \xrightarrow{R_2-3R_1} \left(\begin{array}{ccc|c} 1 & 2 & 2 & 1 \\ 0 & -3 & -3 & -2 \\ 0 & 0 & 3 & 1 \end{array}\right) \xrightarrow{R_2\cdot(-\frac{1}{3})} \left(\begin{array}{ccc|c} 1 & 2 & 2 & 1 \\ 0 & 1 & 1 & \frac{2}{3} \\ 0 & 0 & 3 & 1 \end{array}\right)$$

Riduzione all'indietro:

$$\xrightarrow{R_3\cdot(\frac{1}{3})}\left(\begin{array}{ccc|c}1&2&2&1\\0&1&1&\frac{2}{3}\\0&0&1&\frac{1}{3}\end{array}\right)\xrightarrow{R_1-2R_2}\left(\begin{array}{ccc|c}1&0&0&-\frac{1}{3}\\0&1&1&\frac{2}{3}\\0&0&1&\frac{1}{3}\end{array}\right)\xrightarrow{R_2-R_3}\left(\begin{array}{ccc|c}1&0&0&-\frac{1}{3}\\0&1&0&\frac{1}{3}\\0&0&1&\frac{1}{3}\end{array}\right)$$

Conclusione: Il sistema ha una soluzione: $(-\frac{1}{3},\frac{1}{3},\frac{1}{3})$.

Verifica: $\begin{pmatrix}1&2&2\\3&3&3\\0&0&3\end{pmatrix}\begin{pmatrix}-\frac{1}{3}\\\frac{1}{3}\\\frac{1}{3}\end{pmatrix}=\begin{pmatrix}-\frac{1}{3}+2\frac{1}{3}+2\frac{1}{3}\\-1+1+1\\0+0+1\end{pmatrix}=\begin{pmatrix}1\\1\\1\end{pmatrix}$ *Verificato!*

(b) *Determinare le soluzioni del sistema* $M_3\cdot X=\begin{pmatrix}1\\1\end{pmatrix}$ *e verificare il risultato.*

Ripetiamo alcuni passaggi del punto precedente:

Rid. prima colonna: Rid. seconda colonna:

$$(M_3\mid B)=\left(\begin{array}{ccc|c}1&2&2&1\\3&3&3&1\end{array}\right)\xrightarrow{R_2-3R_1}\left(\begin{array}{ccc|c}1&2&2&1\\0&-3&-3&-2\end{array}\right)\xrightarrow{R_2\cdot(-\frac{1}{3})}\left(\begin{array}{ccc|c}1&2&2&1\\0&1&1&\frac{2}{3}\end{array}\right)$$

Riduzione all'indietro:

$$\xrightarrow{R_1-2R_2}\left(\begin{array}{ccc|c}1&0&0&-\frac{1}{3}\\0&1&1&\frac{2}{3}\end{array}\right)\to \text{sistema}\begin{cases}x&=-\frac{1}{3}\\y+z&=\frac{2}{3}\end{cases}$$

z non corrisponde a un pivot, quindi lo uguagliamo a un parametro libero $z=t\in\mathbb{R}$; allora il sistema ha infinite soluzioni che sono $\begin{cases}x&=-\frac{1}{3}\\y&=\frac{2}{3}-t\\z&=t\end{cases}$ $t\in\mathbb{R}$

Conclusione: $\{(-\frac{1}{3},\frac{2}{3}-t,t)\mid t\in\mathbb{R}\}$.

Verifica: $\begin{cases}1(-\frac{1}{3})+2(\frac{2}{3}-t)+2t=1\\3(-\frac{1}{3})+3(\frac{2}{3}-t)+3t=1\end{cases}\to\begin{cases}-\frac{1}{3}+\frac{4}{3}-2t+2t=1\\-1+2-3t+3t=1\end{cases}\to\begin{cases}1=1\\1=1\end{cases}$ *OK!*

(c) *Per quali valori di* k *il sistema* $A_k\cdot X=B$ *ha infinite soluzioni? Per quali valori di* k *non ha soluzioni?*

Il sistema può avere infinite o nessuna soluzione se e solo se $\det(A_k)=0$. Calcoliamo il determinante con lo sviluppo rispetto alla terza riga:

$$\det(A_k)=0-0+k\det\begin{pmatrix}1&2\\3&k\end{pmatrix}=k(k-6)$$

Quindi il sistema ha una sola soluzione per $k\in\mathbb{R}\setminus\{0,6\}$ e può avere infinite o nessuna soluzione se e solo se $k=0$ oppure $k=6$. Svolgiamo i due casi:

$\boldsymbol{k=0}$: $(A_0\mid B)=\left(\begin{array}{ccc|c}1&2&2&1\\3&0&0&1\\0&0&0&1\end{array}\right)\to$ sistema $\begin{cases}x+2y+2z&=1\\3x&=1\\0=1\end{cases}$

L'equazione 0=1 non ha soluzioni, quindi il sistema non ha soluzioni.

$\boldsymbol{k=6}$: $(A_6\mid B)=\left(\begin{array}{ccc|c}1&2&2&1\\3&6&6&1\\0&0&6&1\end{array}\right)\xrightarrow{R_2-3R_1}\left(\begin{array}{ccc|c}1&2&2&1\\0&0&0&-2\\0&0&6&1\end{array}\right)$

$\rightarrow$ sistema $\begin{cases} x + 2y + 2z & = 1 \\ 0 & = 1 \\ 6z = 1 \end{cases}$

L'equazione 0=1 non ha soluzioni, quindi il sistema non ha soluzioni.
Conclusione: Il sistema $A_k \cdot X = B$ non ha soluzioni per $k \in \{0, 6\}$, e per nessun $k \in \mathbb{R}$ ha infinite soluzioni.

Capitolo 23

Testi di esame

Diamo qui alcuni testi di esame che sono stati dati nei nostri corsi.

Ci sono tre diverse tipologie di esami con diversi programmi:

A: Farmacia
   6 CFU.
   Programma capitoli 1-14, esclusi i capitoli 7 (Numeri complessi) e 13 (de l'Hôpital).
   Tempo: due ore

B: CTF
   8 CFU.
   Programma capitoli 1-16, esclusi il capitolo 7 (Numeri complessi)
   Tempo: due ore

C: Sc. Amb, Nat, Geo
   9 CFU.
   Programma: tutto il libro a esclusione del capitolo 3 (Probabilità), con minore approfondimento su funzioni.
   Tempo: due ore e mezza.

A - 6 CFU

Esame A1.

Esercizio 1. Data la funzione $f(x) = 2e^{-x} + x$

(a) determinare il dominio D, $\lim_{x\to+\infty} f(x)$ e calcolare $f(0)$, $f(-1)$;

(b) indicare gli intervalli di crescenza, decrescenza e gli eventuali massimi e/ o minimi;

(c) studiare il tipo di concavità e individuare gli eventuali punti di flesso;

(d) da (b) e (c) si possono trarre informazioni circa $\lim_{x\to-\infty} f(x)$?

(e) *facoltativo.* Calcolare $f(-2)$. Dire se l'affermazione seguente è vera: $f(x) < 0$ per ogni $x \in D$ (dare motivazioni).

Esercizio 2. Sia P la parabola di equazione $y = ax^2 + 2x - 1$.

(a) Dire se esistono, e in caso affermativo indicarli, valori reali di a per i quali siano soddisfatte entrambe le condizioni seguenti: la parabola P ha concavità verso il basso; vi sono su P punti di ordinata uguale a 2.

(b) È vero che il numero reale $a = -1$ non verifica quanto richiesto in (a)?

Esercizio 3. Si lanciano 20 dadi. Considerare gli eventi:

- A: esce un numero minore di 3 solo sui primi cinque dadi.
- B: esce un numero minore di 3 solo su cinque dadi.
- C: esce un numero maggiore o uguale a 3 sui primi cinque dadi e un numero minore di 3 sui dadi rimanenti.

(a) Calcolare $P(A)$.

(b) Calcolare $P(B)$.

(c) Dire se è vero che A e C sono complementari nello spazio dei campioni.

SOLUZIONI.

Esercizio 1. Esercizio 14.11;

Esercizio 2. Esercizio 4.8;

Esercizio 3. Esercizio 3.2.

Esame A2.

Funzione: Esercizio 14.13
Disequazione: Esercizio 4.7. Esercizio 5.5
Probabilità: Esercizio 3.8

Esame A3.

Funzione: Esercizio 14.2 (a)
Disequazione: Esercizio 4.6 Esercizio 5.3 (a)
Probabilità: Esercizio 3.4

Esame A4.

Funzione: Esercizio 14.4
Disequazione: Esercizio 5.3 (b) Esercizio 11.7
Probabilità: Esercizio 3.6

Esame A5.

Funzione: Esercizio 14.9
Disequazione: Esercizio 11.6
Probabilità: Esercizio 3.13

Esame A6.

Funzione: Esercizio 14.12
Disequazione: Esercizio 11.8
Probabilità: Esercizio 3.15

B - 8 CFU

Esame B1.

Esercizio 1. Data la funzione $f(x) = \ln(x^2 + 3x + 3)$
(a) determinare il dominio D e i limiti agli estremi di D;
(b) studiare il segno di $f(x)$;
(c) indicare gli intervalli di crescenza, decrescenza e gli eventuali massimi e/ o minimi relativi o assoluti;
(d) studiare il tipo di concavità e individuare gli eventuali punti di flesso;
(e) tracciare l'andamento del grafico rispetto a un sistema di coordinate fissato.
(f) *facoltativo*: dire per quali numeri reali k il grafico di $f(x)$ ha intersezione non vuota con la retta di equazione $y = \ln(k)$. Trovare i punti di intersezione tra il grafico di $f(x)$ e la retta di equazione $y = \ln(\frac{3}{4})$.

Esercizio 2. Determinare una primitiva di $\sin(\sqrt{x})$ e verificare il risultato

Esercizio 3. In un ufficio postale, 100 biglietti etichettati : $1, 2, \ldots, 100$ sono disponibili per il pubblico. Una persona A e successivamente una persona B prendono un biglietto. Sia n_1 il numero del biglietto di A e n_2 quello di B. Calcolare la probabilità dei seguenti eventi:
X: $n_1 = 40$ e $n_2 \geq 75$
Y: $55 \leq n_1 \leq 60$ e $n_2 \geq n_1 + 35$.

SOLUZIONI.

Esercizio 1. Esercizio 14.14;

Esercizio 2. Esercizio 15.16;

Esercizio 3. Esercizio 3.11.

Esame B2.

Funzione: Esercizio 14.7
Integrale: Esercizio 15.15
Probabilità: Esercizio 3.12

Esame B3.

Funzione: Esercizio 14.5
Integrale: Esercizio 15.17
Probabilità: Esercizio 3.10

Esame B4.

Funzione: Esercizio 14.6
Integrale: Esercizio 15.18
Probabilità: Esercizio 3.9

Esame B5.

Funzione: Esercizio 14.10
Integrale: Esercizio 15.21 (b)
Probabilità: Esercizio 3.16

Esame B6.

Funzione: Esercizio 14.8
Integrale: Esercizio 15.24
Probabilità: Esercizio 3.15

C - 9 CFU

Esame C1.

Esercizio di sbarramento

(a) Trovare una primitiva di $f(x) = (3x-2)^2$ e verificare la risposta.
(b) Dato $z = 2 + 3i \in \mathbb{C}$, determinare la forma algebrica di $\frac{1}{z}$.
(c) Sia dato il polinomio $p(x) = x^3 - \frac{5}{2}x^2 + \frac{1}{2}$. Mostrare che $\frac{1}{2}$ è radice di $p(x)$.

Esercizio 1. Siano dati la retta $r: \begin{cases} x = t \\ y = 2t - 1 \\ z = t + 1 \end{cases}$ $t \in \mathbb{R}$ il punto $P(1, 1, 3)$.

(a) Determinare il piano $\pi \perp r$ e passante per P
(b) Determinare un piano π' contenente r e passante per P;
(c) Trovare una retta parallela a r e incidente l'asse y.

Esercizio 2. Si consideri la famiglia di sistemi lineari
$$\mathcal{S}_a : \begin{cases} a\,x + y - z = 1 \\ y + (a-1)z = 2 \end{cases} \quad \text{al variare di } a \in \mathbb{R}.$$

(a) Verificare che il sistema $\mathcal{S}_0$ non ha soluzioni.
(b) Calcolare le soluzioni di $\mathcal{S}_2$.
(c) Aggiungere un'equazione lineare a $\mathcal{S}_2$ in modo che abbia un'unica soluzione.
(d) Aggiungere un'equazione lineare al sistema $\mathcal{S}_2$ in modo che non abbia soluzioni.

Esercizio 3. Data la funzione $f(x) = \ln(4 - \frac{3}{x})$

(a) determinarne il dominio, il segno e i limiti agli estremi;
(b) dire per quali x si ha $f(x) < \ln(4)$;
(c) dire dove f è continua e dove è derivabile e determinarne la derivata prima quando esiste;
(d) determinare gli intervalli di crescenza, decrescenza e dire se vi sono punti di massimo o minimo relativo o assoluto;
(e) disegnare il grafico.

SOLUZIONI. Esercizio di sbarramento: 15.2.(a), 7.2, 8.3.(a)

Geometria: Esercizio 19.8

Matrici: Esercizio 22.7

Funzioni: Esercizio 14.6 (a,b,c,d,f)

Esame C2.

Esercizio di sbarramento: Esercizi 18.5 (b), 8.2, 2.6
Geometria: Esercizio 19.7
Algebra Lineare: Esercizio 22.6
Funzioni: Esercizio 14.4 (a,b,c,d,g)

Esame C3.

Esercizio di sbarramento: Esercizi 18.5 (a), 8.9 (a), 15.4
Geometria: Esercizio 19.10
Algebra Lineare: Esercizio 22.9
Funzioni: Esercizio 14.14

Esame C4.

Esercizio di sbarramento: Esercizi 19.2, 15.3, 22.4 (b)
Geometria: Esercizio 19.9
Algebra Lineare: Esercizio 22.8
Funzioni: Esercizio 14.15

Esame C5.

Esercizio di sbarramento: Esercizi 18.5 (c), 22.2, 11.2
Geometria: Esercizio 19.8
Algebra Lineare: Esercizio 22.10 + Esercizio 2.15
Funzioni: Esercizio 14.2 (b)

Bibliografia

Vogliamo sottolineare che per fare bene gli esercizi bisogna aver capito bene la teoria.
Questo libro riporta i necessari richiami di teoria, ma questi sono da intendersi appunto come *richiami* a una completa spiegazione dei concetti: per esempio a buoni appunti presi seguendo le lezioni, oppure a un testo di teoria, per esempio

Anna M. Bigatti, Lorenzo Robbiano
Matematica di base
CEA-Zanichelli

Made in the USA
Coppell, TX
10 November 2026

11820429R10118